教育部　财政部职业院校教师素质提高计划职教师资培养资源开发项目

通信工程专业职教师资培养资源开发（VTNE027）（负责人：曾翎）

移动通信技术 ⃝与 网络维护

YIDONG TONGXIN JISHU
YU WANGLUO WEIHU

主　编　曾　翎　陈小东

副主编　段景山　李　媛　施　刚

邓晓红　曾海彬

University of Electronic Science and Technology of China Press

·成都·

图书在版编目（CIP）数据

移动通信技术与网络维护 / 曾翎，陈小东主编. --
成都：电子科技大学出版社，2018.8
（教育部财政部职业院校教师素质提高计划成果系列
丛书）
ISBN 978-7-5647-5604-8

Ⅰ. ①移… Ⅱ. ①曾… ②陈… Ⅲ. ①移动通信 – 通
信技术 – 高等职业教育 – 教材②移动网 – 维修 – 高等职业
教育 – 教材 Ⅳ. ①TN929.5

中国版本图书馆 CIP 数据核字（2018）第 015997 号

内 容 提 要

本书为教育部、财政部职业院校教师素质提高计划成果系列丛书之一。本书以工作过程系统化
的行动导向教学理念为指导思想，将职教师资培养的"专业性、职业性、师范性"三性融合。本书
主要聚焦移动通信技术与网络维护，包括3G、4G无线网维护，网络优化，基站配套系统及铁塔维护
四个学习情境，十余个学习任务。本书旨在提高职教本科学生的移动通信技术与网络维护专业能力
和教学能力。本书可以作为通信工程职教师资本科的教学培训用书，也可以供非师范类通信工程专
业学生及其他通信行业相关人员学习、参考使用。

移动通信技术和网络维护

曾　翎　陈小东　主　编

策划编辑　郭蜀燕　杨仪玮
责任编辑　杨仪玮　魏　彬

出版发行　电子科技大学出版社
　　　　　成都市一环路东一段159号电子信息产业大厦九楼　邮编：610051
主　　页　www.uestcp.com.cn
服务电话　028-83203399
邮购电话　028-83201495

印　　刷　四川煤田地质制图印刷厂
成品尺寸　185mm×260mm
印　　张　22.25
字　　数　480千字
版　　次　2018年8月第一版
印　　次　2018年8月第一次印刷
书　　号　ISBN 978-7-5647-5604-8
定　　价　88.00元

教育部　财政部职业院校教师素质提高计划成果系列丛书

通信工程专业职教师资培养资源开发（VTNE027）

项目牵头单位：电子科技大学

项目负责人：曾　翎

项目专家指导委员会

主　任：刘来泉

副主任：王宪成　郭春鸣

成　员：（按姓氏笔画排列）

刁哲军	王继平	王乐夫	邓泽民
石伟平	卢双盈	汤生玲	米　靖
刘正安	刘君义	孟庆国	沈　希
李仲阳	李栋学	李梦卿	吴全全
张元利	张建荣	周泽扬	姜大源
郭杰忠	夏金星	徐　流	徐　朔
曹　晔	崔世钢	韩亚兰	

出 版 说 明

《国家中长期教育改革和发展规划纲要（2010—2020年）》颁布实施以来，我国职业教育进入加快构建现代职业教育体系、全面提高技能型人才培养质量的新阶段。加快发展现代职业教育，实现职业教育改革发展新跨越，对职业学校"双师型"教师队伍建设提出了更高的要求。为此，教育部明确提出，要以推动教师专业化为引领，以加强"双师型"教师队伍建设为重点，以创新制度和机制为动力，以完善培养培训体系为保障，以实施素质提高计划为抓手，统筹规划，突出重点，改革创新，狠抓落实，切实提升职业院校教师队伍整体素质和建设水平，加快建成一支师德高尚、素质优良、技艺精湛、结构合理、专兼结合的高素质、专业化的"双师型"教师队伍，为建设具有中国特色、世界水平的现代职业教育体系提供强有力的师资保障。

目前，我国共有60余所高校正在开展职教师资培养，但由于教师培养标准的缺失和培养课程资源的匮乏，制约了"双师型"教师培养质量的提高。为完善教师培养标准和课程体系，教育部、财政部在"职业院校教师素质提高计划"框架内专门设置了职教师资培养资源开发项目，中央财政划拨1.5亿元，系统开发用于本科专业职教师资的培养标准、培养方案、核心课程和特色教材等系列资源。其中，包括88个专业项目、12个资格考试制度开发等公共项目。该项目由42家开设职业技术师范专业的高等学校牵头，组织近千家科研院所、职业学校、行业企业共同研发，一大批专家学者、优秀校长、一线教师、企业工程技术人员参与其中。

经过3年的努力，培养资源开发项目取得了丰硕成果。一是开发了中等职业学校88个专业（类）职教师资本科培养资源项目，内容包括专业教师标准、专业教师培养标准、评价方案，以及一系列专业课程大纲、主干课程教材及数字化资源；二是取得了6项公共基础研究成果，内容包括职教师资培养模式、国际职教师资培养、教育理论课程、质量保障体系、教学资源中心建设和学习平台开发等；三是完成了18个专业大类职教师资资格标准及认证考试标准开发。上述成果，形成了共计800多本正式出版物。总体来说，培养资源开发项目实现了高效益：形成了一大批资源，填补了相关标准和资源的空白；凝聚了一支研发队伍，强化了教师培养的"校—企—校"协同；引领了一批高校的教学改革，带动了"双师型"教师的专业化培养。职教师资培养资源开发项目是支撑专业化培养的一项系统化、基础性工程，是加强职教教师培养培训一体化建设的关键环节，也是对职教师资培养培训基地教师专业化培养实践、教师教育研究能力的系统检阅。

自2013年项目立项开题以来，各项目承担单位、项目负责人及全体开发人员做了大量深入细致的工作，结合职教教师培养实践，研发出很多填补空白、体现科学性和前瞻性的成果，有力推进了"双师型"教师专门化培养向更深层次发展。同时，专家指导委员会的各位专家以及项目管理办公室的各位同志，克服了许多困难，按照两部对项目开发工作的总体要求，为实施项目管理、研发、检查等投入了大量时间和心血，也为各个项目提供了专业的咨询和指导，有力地保障了项目实施和成果质量。在此，我们一并表示衷心的感谢。

编写委员会
2016年3月

前　　言

移动通信技术是当今通信技术与网络研究领域的热点之一。3G移动通信技术在我国已经普及应用，4G技术的应用推广与网络建设也越来越快。可以说，移动通信技术在我们的工作与生活中占据了重要的位置，对社会发展起着巨大的推动作用。

本书以通信电源系统设计、安装、维护的我国国家标准和行业标准、各营运商维护规程及通信行业的职业资格标准为依据，改革教学内容；根据行业企业发展需要和完成职业岗位实际工作任务所需的知识、能力和素质要求，选取教学内容；并按课程目标和涵盖的工作任务要求，确定教材内容。

结合专业建设和课程建设的需求与特色，本教材数字化资源内容包括课程基本信息、课程导学、教材任务、课程总结共四个部分的配套数字化资源。

本书编写体例采用理实一体化的任务驱动式教学模式。教材中每个任务包括以下几个主要环节：任务描述→任务分析→相关知识→技能训练→任务完成→评价→教学策略→习题。

本书由曾翎、陈小东主编。本书学习情境一的三个任务由李媛执笔，学习情境二和学习情境三的学习任务由陈小东执笔，学习情境四的三个学习任务由陈小东、施刚、邓晓红、张超、曾海彬共同执笔，附录1由李媛执笔，附录2由陈小东执笔。本教材数字化资源由陈小东、曾海彬、施刚、邓晓红、张超、谭东等完成。全书由陈小东统稿，段景山统审。

在本书的编写过程中，得到了电子科技大学、四川邮电职业技术学院和通信企业很多同志的大力支持。本书的素材来自大量的参考文献和相关企业的产品资料。在此一并表示衷心感谢！

由于作者水平有限，书中难免存在缺点和欠妥之处，敬请读者批评指正。

编　者

2018年5月

目　　录

学习情境一　3G无线网络维护

学习情境概述

从2008年迄今，我国第三代移动通信已经历了6年的发展，据工信部数据，我国2014年新增3G移动电话用户8364.4万户，总数达到4.9亿户，在移动电话用户中的渗透率逐步提高；新增3G基站14万个，总数达到123.4万个，网络覆盖继续提升。随着3G的演进，3G网络复杂性更高，维护工作量更大，3G无线网络维护工作对通过网络优化提高服务质量的意义也更重要。

本学习情境聚焦3G无线网络维护工作，以WCDMA、CDMA2000-1X和TD-SCDMA无线网络为载体，以无线网络维护工作过程为导向，引入3G无线网络日常维护、天馈维护、基站主设备维护等典型工作任务，让学习者掌握3G无线网络的基础知识，具备维护3G基站的工作技能。如图1.1.1所示。

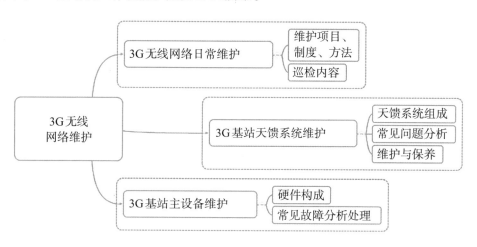

图1.1.1　3G无线网络维护学习知识结构图

主要学习任务(如表1.1.1所示)

表1.1.1 "3G无线网络维护"学习情境主要学习任务列表

序号	任务名称	任务主要内容	建议学时	任务成果
1	完成3G无线网络日常维护	按不同周期的维护项目对基站进行巡检,根据巡检情况进行故障判断和处理	2课时	(1)维护过程中测得的各类数据和发现的各种现象 (2)填写完整的基站维护作业计划表
2	完成3G无线网络天馈系统维护	完成对3G基站天馈线系统的维护(含外观检查、驻波比测试、方位角和俯仰角测量与调整等)	4课时	(1)驻波比、天线方位角、天线俯仰角的测量结果 (2)天馈线维护记录表
3	完成3G无线网络基站主设备维护	对在OMC上观察到的CDMA2000紧凑型基站ZXC10 CBTS I2主设备故障进行分析、定位和处理	6课时	故障处理报告

任务1.1　完成3G无线网络日常维护

【任务描述】

日常维护是指按照每种设备不同的检测项目和周期进行巡视检查，改善设备运行环境，以及及时发现隐患和抢修设备的过程。只有加强日常维护，才能及时发现问题，缩短故障时间，避免重大的通信事故发生，有效地保持设备完好，如图1.1.2所示。小王作为从事网络维护工作的技术人员，请和同事们配合，共同完成对3G无线网络的日常维护工作。

图1.1.2　3G无线网络设备图示

【任务分析】

1. 任务的目标

（1）知识目标：

● 掌握无线网络设备维护项目的种类；

● 掌握常用的维护方法；

● 掌握巡检的基本内容。

（2）能力目标

● 能够制订巡检计划；

● 能够利用各种维护方法发现故障；

● 能够按要求填写巡检记录表；

● 能够在巡检结束后进行总结和改进。

2. 完成任务的流程步骤

完成本次任务的主要流程步骤，如图1.1.3所示。

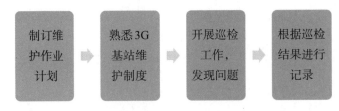

图 1.1.3　任务流程示意图

（1）对不同目标的维护作业计划而言，其维护项目可能不同，应根据维护作业的目标制订计划，明确项目，具体可参考【知识链接与拓展】中的"一、维护项目"以及"四、巡检内容"。

（2）维护制度可以对维护人员的日常工作进行规范，针对不同对象的维护制度可能不同，可参考【知识链接与拓展】中的"二、维护制度"来了解环境监控、防雷接地、网管口令和仪器仪表等详细的制度规范。

（3）对于在巡检中发现的问题，需要运用不同的维护方法来进行判断和处理，特别是用参数来衡量的特性，可以通过与参考标准进行对比来判断工作状态，具体可参考【知识链接与拓展】中的"三、维护方法"和本学习情境后面两个任务。

（4）除了维护对象会影响维护作业计划外，维护周期也是比较重要的影响因素，故要按月、季度和年分别开展巡检工作并记录巡检结果，具体可参考【知识链接与拓展】中的各周期基站维护作业计划表。

3.任务的重点

本次任务的重点在于按维护作业计划完成巡检工作，并做好记录，以便及时发现问题，缩短故障时间。

【必备知识】

1.3G 无线网络结构与主要设备基础知识，主要包括 3G 无线网络结构、BTS 主要设备结构与单板基本功能等。

2.无线网络日常维护项目的定义、常用维护制度规范条目、维护周期的要求。

3.常用维护仪器的安全操作规范。

4.常用维护方法的定义。

【任务成果】

1.任务成果

成果1：巡检过程中测得的各类数据和发现的各种现象。

成果2：填写完整的基站维护作业计划表。

2. 成果评价（如表1.1.2所示）

表1.1.2 "完成3G无线网络日常维护"任务成果评价参考表

序号	任务成果名称	评价标准			
		优秀	良好	一般	较差
1	维护过程中测得的各类数据和发现的各种现象	能完成90%-100%的维护项目，测试数据无误，观察现象到位	能完成70%-90%的维护项目，测试数据正确，观察现象到位	能完成50%-60%的维护项目，测试数据基本正确，观察现象到位	只完成不到50%的维护项目，测试数据基本正确，能观察到某些突出现象
2	填写完整的基站维护作业计划表	填写正确率为90%-100%	填写正确率为70%-90%	填写正确率为50%-60%	填写正确率低于50%

【教学策略】

本部分建议老师在实施教学时采用任务驱动法。

1. 将学生进行分组，要求每组完成不同的维护任务。

2. 布置任务时，给每组学生发任务工单，工单由老师根据学生情况自行设计，内容应包括任务完成人、任务说明、任务成果的记录（含基站维护作业计划表）等。

3. 任务完成后，以组为单位填写任务工单，并以组为单位对任务进行汇报总结。

4. 任务成果评价的方式可以是组内互评、组间互评和教师评价相结合。

本部分侧重于从技能训练、团队合作、工作规范等角度提升学生的专业能力和职业能力，并在此任务完成的基础上，通过任务拓展的方式，举一反三，扩展到2G和4G基站的日常维护领域。

【任务习题】

1. 3G无线网络的日常维护分为哪几类？

2. 3G基站传输设备的巡检包括哪些内容？

3. 3G基站主设备的巡检包括哪些内容？

4. 简述3G室内覆盖系统的一般构成。

5. 维护中备品备件的检查一般有哪些内容？

6. 机房温度的标准一般是多少？

【知识链接与拓展】

任何设备从开通的第一天起，就受到各种各样环境因素的影响。对移动通信设备来讲，影响设备正常工作的因素可分为外部因素和内部因素，外部因素有电力、传输、机房的温度、湿度、灰尘，以及水、火、雷、盗等；内部因素有设备本身元器件的老化、软件故障和参数设置等，诸多因素使得暴露或潜伏的故障伴随着设备的运行。日常维护作为维护工作的"重中之重"，是指按照每种设备不同的检测项目和周期进行巡视检查，改善设备运行环境，以及及时发现隐患，抢修设备的过程。只有加强日常维护，才能及时发现问题，缩短故障时间，避免重大的通信事故发生，有效地保持设备完好，如图1.1.4所示。

图1.1.4　3G无线网络日常维护场景图

3G无线网络的日常维护可以分为例行维护、通知信息处理、告警信息处理和常见问题处理。

● 例行维护是对设备运行情况的周期性检查。对检查中出现的问题应及时处理，以达到发现隐患、预防事故发生和及时发现故障尽早处理的目的。

● 通知信息处理是对系统在运行过程中的各种通知信息进行分析，判断是否有异常，并作出相应的处理。

● 告警信息处理是对设备在运行过程中的各种告警信息进行分析，判断设备运行情况并作出相应的处理。

● 常见问题处理是指发现故障后进行分析、处理、解决的过程。

一、维护项目

根据移动通信网的特点，无线网络设备维护项目分为室外站区设备及配套设施、室内覆盖系统、直放站及配套设施三大类。

（1）室外站区由主设备及相关配套设备组成，包括BTS主设备、传输设备、电源配套、动力环境监控、铁塔及天馈（含铁塔、支架塔、抱杆、增高架、各类天线、馈线、GPS天馈线）、机房设施、机房安全及消防设施等。

（2）室内覆盖系统部分由信源设备、室内分布系统以及相关配套设备组成，主要设备包括BTS（含微蜂窝、耦合信源及其他信源设备）、传输设备、电源设备、室内分布系统（含干放、天线、馈线、接头、耦合器、功分器、合路器等）和相关配套设备（含动力环境监控和消防设施等）。

（3）直放站及配套设施由信源设备、天馈系统及相关配套设备组成，主要设备包括直放站主机、传输设备、供电设备、天馈系统（含天线、馈线、接头、功分器、耦合器等）和相关配套设备（含动力环境监控和消防设施等）。如图1.1.5所示的环境温度、湿度检测仪。

图1.1.5 基站机房环境温度、湿度检测仪

二、维护制度

（1）保持机房的正常温湿度，保持环境清洁干净，防尘防潮，防止鼠虫进入机房。

（2）保证系统一次电源的稳定可靠，定期检查系统接地和防雷接地的情况。尤其是在雷雨季节来临前和雷雨后，应检查防雷系统，确保设施完好。

（3）建立完善的机房维护制度，对维护人员的日常工作进行规范。应有详细的值班日志，对系统的日常运行情况、版本情况、数据变更情况、升级情况和问题处理情况等做好详细的记录，便于问题的分析和处理。应有接班记录，做到责任分明。

（4）严禁在计算机终端上玩游戏、上网等，禁止在计算机终端安装、运行和复制其他任何与系统无关的软件，禁止将计算机终端挪作他用。

（5）网管口令应该按级设置，严格管理，定期更改，并只能向维护人员开放。

（6）维护人员应该进行上岗前的培训，了解一定的设备和相关网络知识，维护操作时要按照设备相关手册的说明来进行，接触设备硬件前应佩戴防静电手环，避免因人为因素而造成事故。维护人员应该有严谨的工作态度和较高的维护水平，并通过不断学习提高维护技能。

（7）不要盲目对设备复位、加载或改动数据，尤其不能随意改动网管数据库数据。改动数据前要做数据备份，修改数据后应在一定的时间内（一般为一周）确认设备运行正常，才能删除备份数据。改动数据时要及时做好记录。

（8）应配备常用的工具和仪表，如螺丝刀（一字、十字）、信令仪、网线钳、万用表、维护用交流电源、电话线和网线等。应定期对仪表进行检测，确保仪表的准确性。

（9）经常检查备品备件，要保证常用备品备件的库存和完好性，防止受潮、霉变等情况的发生。备品备件与维护过程中更换下来的坏品坏件应分开保存，并做好标记进行区别，常用的备品备件在用完时要及时补充。

（10）维护过程中可能用到的软件和资料应该指定位置就近存放，在需要使用时能及时获得。

（11）机房照明应达到维护的要求，平时灯具损坏应及时修复，不要有照明死角，防止给维护带来不便。

（12）发现故障应及时处理，无法处理的问题应及时与设备厂商当地办事处联系。

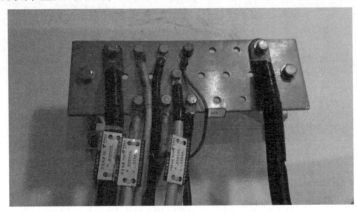

图1.1.6　基站机房系统接地排

三、维护方法

1.故障现象分析法

一般说来，无线网络设备包含多个设备实体，各设备实体出现问题或故障，表现出来的现象是有区别的。维护人员发现了故障，或者接到出现故障的报告，可对故障现象进行分析，判断何种设备实体出现问题才导致此现象，进而重点检查出现问题的设备实体。在出现突发性故障时，这一点尤其重要，只有经过仔细的故障现象分析，准确定位故障的设备实体，才能避免对运行正常的设备实体进行错误操作，缩短解决故障时间。

2.指示灯状态分析法

为了帮助维护人员了解设备的运行状况，设备都提供了状态指示灯。例如基站各单板中，如图1.1.7所示，大多数单板有状态指示灯，用于指示设备的运行状态；有的单板有错误指示灯，用于指示单板是否出现故障；有的单板有电源指示灯，用于指示电源是否已经供电；有的单板有闪烁灯，指示单板是否进入正常工作状态。后台服务器有电源指示灯和故障指示灯。根据提供的状态指示灯，可以分析故障产生的部位，甚至分析产生的原因。

图1.1.7　基站单板

3. 告警和日志分析法

无线网络设备能够记录运行中出现的错误信息和重要的运行参数。错误信息和重要运行参数主要记录在后台服务器的日志记录文件（包括操作日志和系统日志）和告警数据库中。告警管理的主要作用是检测基站系统、后台服务器节点、数据库以及外部电源的运行状态，收集运行中产生的故障信息和异常情况，并将这些信息以文字、图形、声音、灯光等形式显示出来，以便操作维护人员能及时了解，并作出相应处理，从而保证基站系统正常可靠地运行。同时告警管理部分还将告警信息记录在数据库中以备日后查阅分析。通过日志管理系统，维护人员可以查看操作日志、系统日志，并且可以按过滤条件过滤日志和按照先进先出或先进后出的顺序显示日志，使得维护人员可以方便地查看到有用的日志信息。通过分析告警和日志，可以帮助分析产生故障的根源，同时发现系统的隐患。

4. 业务观察分析法

业务观察可以协助维护人员进行系统资源分析观察、呼叫观察、呼叫释放观察、切换观察、BSS软切换观察、指定范围的业务数据（呼叫、呼叫释放、切换、BSS软切换）观察、指定进程数据区观察和历史数据的查看等。它可提供尽可能多的信息以帮助维护人员了解系统的运行情况，解决系统中存在的问题。

5. 信令跟踪分析法

信令跟踪工具是系统提供的有效分析定位故障的工具，从信令跟踪中，可以很容易知道信令流程是否正确，信令流程各消息是否正确，消息中的各参数是否正确，通过分析就可查明产生故障的根源。

6. 仪器仪表测试分析法

仪器仪表测试是最常见的查找故障的方法，可测量系统运行指标及环境指标，将测量结果与正常情况下的指标进行比较，分析产生差异的原因。

7. 对比互换法

用正常的部件更换可能有问题的部件，如果更换后问题解决，即可定位故障。此方法简单、实用。另外，可以比较相同部件的状态、参数以及日志文件、配置参数，检查是否有不一致的地方。可以在安全时间里进行修改测试，解决故障。

四、巡检内容

例行维护项目是从设备环境、软硬件状况、业务功能等方面制定的。由于各地实际局的情况不尽相同，开展的业务也不一样，维护人员可以参照以下说明结合实际情况自行制定例行维护项目。

维护人员应按季或月完成对所有基站的巡检工作，在巡检前制订巡检计划，计划应详细、可行，并平均分布在每月中的各个时间段，避免过于集中于某个时段。在巡检过程中，如发现问题，应尽可能地解决问题，如有不能解决的情况，需要提出相应的解决方案。在巡检周期完毕后，应提出巡检工作总结，并提出相关的改进意见和下一周期的巡检计划。

（一）机房环境清洁、安全的巡检

1.进出入机房要求

● 维护人员进入基站后，应立即通知电信公司，以便记录；在完成巡检工作后也必须通知电信公司。

● 如在夜间，出现门碰告警或烟感告警，应立即前往告警基站，进行进一步处理。

2.机房卫生

● 在完成机房卫生的检查、清洁后，做好记录。

● 主设备机架内外部的清洁除尘。

● 检查空调运行是否正常，温度设置是否符合要求，湿度是否异常。

3.机房照明、消防安全等方面

● 检查照明线路是否正常、有无破损，并确保照明线路与设备用电不在同一回路上。

● 检查灯管及插座有无损坏，发现故障及时处理。

● 检查应急灯是否正常，并进行放电测试和相应的处理。

● 不允许太阳光直射入机房。

● 检查灭火器、消防面具质量、摆放位置、外观及是否过期，过期的或质量不过关的应及时更换，以消灭任何火灾隐患。

● 检查机房温、湿度是否正常，如异常应立即找出原因并处理，如遇到特殊情况不能处理，或处理无效应立即通知电信公司。

● 进行温度、水浸、门碰、停电等告警探头的检测。在检测前通知机房开始检测，在检测后通知结束检测。

● 检查机房内是否有杂物，并按要求处理。

● 检查其他配套设备的完整性（如人字铝梯、铁皮柜等）。

4.外部环境及天面

● 检查机房四周和天面有否积水，有否堆放杂物，天面排水孔不能堵塞；发现积水和有危及基站安全的杂物堆放要及时清理并汇报。

● 检查室外走线架，支撑杆架、螺丝有否生锈、松动，如图1.1.8所示；做好检查记录，并及时整改、报告。

图1.1.8　基站抱杆及天线

● 检查铁塔、通信杆底座是否有杂物（杂草生长和杂物堆放）；检查底座螺丝是否有松动，外观是否有异常；螺丝有无紧固、生锈；铁塔的铁件是否被盗；做好检查记录，对发现问题的地方限期整改、报告。

● 检查地线连接情况。

5.检查机房内外各类标签及警告标志是否正确、遗漏或脱落

6.建立档案，每次清洁及检查后，到场人员都应在相应表格上签名

（二）动力系统及监控的巡检

1.交流引入部分（包括高压线路、变压器）

检查范围：从高压杆至变压器高压侧的高压线路，变压器至基站内交流配电箱的低压线路。

● 检查高低压线杆是否稳固，电缆外皮是否破损，检查线路沿线是否有杂草、施工、盗窃破坏等不安全因素，发现问题进行整治。

● 在安全范围内观察跌落保险、避雷器、变压器、电缆接头是否正常，如设备是否有变形、漏油等。

●检查安全警告标志是否完好，安全防护设施是否完好（防盗），发现问题进行整治。

2. 交流系统

●检查基站外电线路引入是否存在安全隐患、并做好记录。

●检查交流配电屏、稳压器、整流架、电源防雷设备的警告标志。

●检查三相交流电压、电流是否正常，并做好记录。

●检查裸露的交流电线是否有破损。

●检查总电表是否正常，记录电表读数，分析读数是否有问题；电表箱是否有漏水和损坏、漏电现象。

●检查交流屏有否烧焦的痕迹。

●检查稳压器是否工作正常（包括稳压器三相输入、输出电压指示，手动升压、降压，自动转旁路测试。打开稳压器门，检查内部是否有异味或异常情况），清洁机械部件，并加油，检查防雷装置。

●对基站进线空开或保险丝进行检查，要使用专用的保险丝，严禁使用铜线、铁丝等代替。

●试点期内对稳压器进行一次停电的保养和维护，保养维护的具体内容参照稳压设备的说明书。

●检查各空气开关和电源线是否存在发热、接触不良、破损等现象；空气开关温度（要求小于50度，用红外线测温仪进行测试）；电缆接头温度（要求小于50度，用红外线测温仪进行测试）。

●检查地线排接线是否稳固、美观。

3. 直流系统

●检查一次直流电压和总输出电流是否正常记录，并校准输出电压，检查各接点是否接触良好。

●检查各空气开关和电源线是否存在发热、接触不良、线路破损等现象。

●检查各整流器的工作情况。模块均流、总容量是否符合要求，是否有容量不足、过热、损坏等情况。

●检查参数设置（浮充电压、均充电压、限流、下电电压等重要参数）是否正确，检查防雷保护。

●检查各接线端子接线是否正确。

●功率因素合谐波电流测量。

4.电池

●检查电池是否漏液、变形，连接件是否紧固、生锈、腐蚀。

●检查极柱、安全阀周围是否有酸雾逸出。

●记录每单体的浮充电压。如有落后单体电池，做好记录并立即通知相关人员。

● 对一个季度以来放电的电池组进行均衡充电。

● 用蓄电池容量测试仪（离线测试）对电池进行一次核对性充放电试验，并测量电缆压降，放出额定容量的30%-40%，并做好详细记录（具体要求到单只电池的电压、容量、放电曲线），如图1.1.9所示。

● 清洁电池表面。

图1.1.9　基站动力之蓄电池部分

5. 地阻测试

● 检查工作地线及防雷地线是否接触良好，接触点是否生锈；室外地线的连接、走线有无松动。（每巡检周期1次）

● 在试点期内对地阻进行一次测试，要求：

①测试时记录当天温度、湿度，及天气晴朗情况；

②对无条件使用地线桩测试的基站，可以使用钳形表地阻测试仪进行测试；

③基站接地电阻如超出规程要求值，应进行书面反映。

6. UPS

● 检查UPS的输入输出电压，UPS运行指示灯，风扇运转是否正常，是否有异味，异响。

● 检查UPS电池的情况（参照电池部分），如发现电池有异常，立即向相关人员反映。

● 检查UPS运行状态，是否运行在逆变状态。

● 功率因素合谐波电流测量。

7. 动力环境监控

● 检查采集线、接地线、串口线、电源线插头是否紧固，如图1.1.10所示。

● 检查采集器、协议转换器工作指示灯是否正常。

● 检查传感器、变换器是否能正常工作。

● 与监控中心配合进行门碰、市电缺相等方面的告警测试。

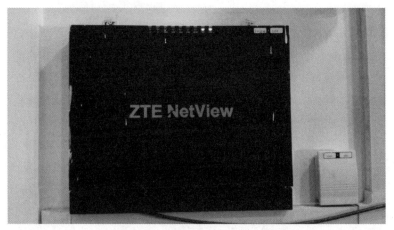

图1.1.10　基站系统监控模块

8.发电机（每月）

● 按照随机附件或技术说明书对发电机进行保养和检查工作。

● 对闲置时间超过1月的油机进行空载试机15-30分钟。

● 对采用电启动的油机，检查启动电池电压、比重，添加蒸馏水或进行充电；检查电池连接头的腐蚀和松动。

● 检查油机的过滤器、滤清器和水箱（水冷）。

● 对每台发电机要有维护记录卡，维护人员每次例行维护必须签名确认。

（三）空调设备巡检

1.检查制冷是否良好，设置是否正确，来电自启动是否正常

2.管路是否有跑、冒、滴、漏现象

3.室内机部分

● 检查风机运行情况。运转是否有异响，运转是否平稳。

● 检查清洗蒸发器的滤网并清洁。检查清洗回风口、送风口并清洁。

● 检查、清洁风机部分。

● 检查并清洁空调蒸发器的冷却水盘，如有阻塞，进行处理。

4. 室外机部分

● 检查风机运行情况。运转是否有异响，运转是否平稳，如图1.1.11所示。

● 清洗冷凝器。接自来水，再加洗涤剂（不可以用有腐蚀性的洗涤剂）用高压水泵向冷凝器的散热片喷射进行清洗。调校喷射压力，使喷射嘴的出水成雾状，以防止因喷射使散热片折叠，影响冷凝器散热效果。

● 检查冷媒管道保温层（用肉眼观察，要求冷媒管道的保温层完好无损）。

● 检查外机支架的稳固情况。

● 检查室内机与室外机连接铜管的穿墙洞的密封（用肉眼观察，要求密封良好）。

图1.1.11   基站环境之空调室外机部分

5.空调电源部分

● 检查空调机的电源接线是否接在开关电源内的空开内，接头是否松动、老化、发热。

● 检查空调设备用电部分的标签（用肉眼观察，要求用电部分贴的标签准确和贴得牢固）。

● 试点期内测量基站空调设备运行时工作电流、电压，并根据巡检情况形成"基站空调测试表"。

● 检查空调设备的保护接地是否牢固。

● 检查空调设备的压缩机运行情况。

● 蒸发器、冷凝器的翅片（清除灰尘，用肉眼观察蒸发器的翅片无折叠为正常）。

● 对主机支架、室外机托架进行一次涂防锈漆保养工作（先涂一层防锈漆，再涂一层防腐油漆，要求主机支架室外机托架和防盗网无锈迹和腐蚀现象）。

（四）天馈线、铁塔及室外走线架部分的巡检

1.代维初期

● 每季检查走线梯、避雷针及铁塔等是否牢固，及时修补（如紧固螺栓）并做好防锈处理；每季检查馈线接头、避雷接地线，更换老化或变质的防水胶布，胶泥；填写每个小区的天线的数量与型号、横担的数量与型号、室内与室外的跳线的数量、室内与室外接头的数量、室内与室外的接地数量、功分器的数量与型号、天线杆的数量、馈线的数量、避雷针的数量（按实际安装的数量填写）；室外走线梯长度（按实际测量的室外走线梯长度填写）。

● 每季检查走线梯、避雷针及铁塔等是否牢固，及时修补（如紧固螺栓）并做好

防锈处理。对于小面积的生锈，在发现后应立即做防锈处理。

● 每季检查馈线头、避雷接地线，更换老化或变质的防水胶布、胶泥。

● 检查天线所在的楼层和天线的安装高度、GPS 坐标、天线型号等，并做相应的数据记录。天线的安装高度、方向角、倾角、型号、GPS 坐标的测量数据，检查每载扇的方向性是否一致，不一致时要即时调整，如图 1.1.12 所示。

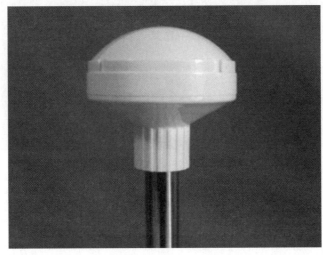

图 1.1.12　GPS 天线

● 照片的要求：使用数码相机拍摄基站天线情况，每载扇拍两张，按小区方向从天线正后方拍一张，正侧面拍一张（要求将每小区的所有天线都拍摄在一张照片中），有铁塔的不拍天线侧面，拍摄整座完整的铁塔，所有照片将作为基站的现场档案资料存档记录（每季度提交一次"基站天线数码照片档案"光盘一份）。另外根据实际情况，需要拍摄基站有问题或存在隐患的照片（包括室内渗漏和室外馈线被踩踏的情况，需要及时提交）。所有照片大小存储为：640*480 像素的图片。

● 试点期内对基站天馈线进行 1 次测试，主要用测试仪表（如 Sitemaster）测量驻波比及隔离度等，原始数据应保存在电脑磁盘中，整理后保存。填写相应记录。测试所得出的 VSWR 值不能超过 1.5，超过该值必须进行处理。

2. 每巡检周期

● 检查天馈线外观，是否有破损或移位（被风刮歪、刮倒等），支撑杆或横杆是否牢固，有无断裂弯折，如发现应及时修正。

● 周围环境是否发生变化，是否出现大型阻挡物等。

● 每月测试天线的方向、下倾角，以及牢固程度（螺丝是否有锈蚀），做好记录，并与上次测试做比较，（符合最新的网优调整要求）并提交电信公司核实。

● 检查天面防水处理情况，如有渗水应及时处理。

● 检查天线的接头防水与标签情况（接头是否渗水；标签是否按实际对应的小区粘贴、无脱落）。

● 检查走线架、铁塔（室内走线架安装要牢固；室外走线架、铁塔安装要牢固，要接地与防锈）。

● 检查天线支架（天线支撑杆安装要牢固、要接地与防锈；天线横担安装要牢固、要防锈；铁塔安装要牢固、要防锈）。

● 检查铁塔、通信杆的铁件是否有松脱或被盗，如有发现应及时处理。

● 遇大风、雷暴雨等特殊天气情况，过后一周内要及时进行上述前5项检查。

（五）基站主设备的巡检

1. 代维初期

● 对基站所有设备清洁一次，设备滤网必须清洗干净。

● 最少对所有设备进行一次资产清点。

2. 每巡检周期

● 检查基站设备是否正常运行，设备供电是否正常。

● 每次巡检都必须在基站所在各小区用电话拨打五次以上的当地固定电话、联通手机和移动手机。确认基站通话正常、切换正常，每次通话时长要超过2分钟。

● 检查基站无线设备机架（要求安装牢固、无松动）。

● 检查基站无线设备机架各种连线，包括内部连线、机架顶机架间的连线、传输连线、天线跳线、各类地线（要求标签清晰，连接牢固，无锈斑）。

● 检查基站所有设备机架标签（资产标签是否齐全、没有残旧脱落）

● 清除机架内外的灰尘，清洗机架空气滤网。

● 检查未安装设备的插槽挡板是否齐全。

3. 设备调整及坏件送修

● 设备调整等作业纳入日常设备维护代维工作，必须根据工作单的要求完成。

● 涉及固定资产的设备调整，必须准确填写在机房的《固定资产调拨记录表》，设备档案资料记录员做好记录。

● 每月将有关调整情况和报告报送电信公司。

● 维护过程中的坏件要在1个工作日内送电信公司，以便即时维修，同时填写送修单并做好送修记录。

（六）基站传输设备的巡检

1. 光端机设备

● 定位和处理传输设备故障，如图1.1.13所示。

● 配合传输进行电路割接。

● 整理并规范传输设备2M传输端口的标签，提高传输故障的处理效率。

2. ODF及DDF架

● 所有光纤均应在ODF架上成端。架内布线整齐。纤上应有标签，字迹清楚，盘绕整齐，曲率半径符合要求。接插件齐全、稳固。DDF架端子焊接牢固光滑，无虚焊、漏焊，标签准确、清楚，同轴头与连接电缆类型匹配、连接牢固。

图1.1.13　基站传输设备图示

3. 其他

● 根据要求对附属设备、音频电缆、射频电缆不合理、不规范的情况进行整改。

（七）直放站巡检（每巡检周期）

1. 例行维护

● 负责对主设备进行巡查维护，包括检查直放站及室内覆盖设备是否运行正常，设备供电是否正常、电源供电系统是否安全，设备是否过热。

● 检查天馈系统有否损坏，接头是否良好，位置是否移动，以及接地、防水的情况。

● 天馈线的位置和方向是否正确，是否有大型阻挡物，确保施主信号为主导信号，保证信号接收电平以及通话质量。

● 清洁设备表面及周围环境，检查安装点的防盗措施情况、设备标签有无缺漏或脱落、设备安装固定器件是否牢固等。

● 对不符合工程管理规范或存在安全隐患的问题及时进行处理。

2. 现场测试

● 负责对直放站及室内覆盖系统进行测试检查，包括覆盖区域拨测，检查覆盖效果、通话质量、接通和掉话情况，确认系统运行稳定。

● 测试信号源的变化情况，如图1.1.14所示。

图1.1.14　基站现场无线信号测试图示

3. 基站维护作业计划表

基站维护作业计划表如表1.1.3、表1.1.4和表1.1.5所示。

表1.1.3　基站维护作业计划表—每月

基站名：		维护时间：		维护人员：
维护项目	子项目	操作指导	参考标准	巡检结果记录
更新基站记录		按要求更新基站档案表	是否更新	
基站的单板运行状况检查		在后台的告警管理系统中检查，对于有问题的单板可以通过诊断测试系统检查；在基站现场观察前台各个单板的面板灯状态	检查结果无异常，且单板灯运行正常	
检查语音业务和数据业务	业务观察	通过网管的业务观察，察看是否有异常的呼叫失败情况	无异常情况	
	呼叫和上网测试	通过手机进行拨打测试和上网业务测试	能正常地呼叫和上网	
检查电源的运行情况	电源机架和供电模块	主要检查给BTS供电的电源架的运行情况	无告警	
检查风扇运行情况	风扇的硬件和散热情况	在后台检查基站风扇的运行情况；在基站现场检查风扇的运行情况	风扇硬件正常，且有散热效果	
检查接地、防雷系统		检查接地系统、防雷系统的工作情况，连接是否可靠，避雷器有无烧焦的痕迹等	无异常	
标签检查		标签是否模糊不清	清楚可见	

续表

基站名:		维护时间:	维护人员:	
维护项目	子项目	操作指导	参考标准	巡检结果记录
GPS	告警检查	有无GPS告警和失步告警	无告警	
	单板检查	检查GCM单板是否正常	无告警，面板灯运行正常	
	GPS设备检查	检查GPS设备是否正常	无告警	
	连接检查	检查连接是否正常	牢固	
基站发射功率	扇区1	后台检查各个扇区DPA的功率，检查是否存在过高或过低的情况	是否有告警	
	扇区2		是否有告警	
	扇区3		是否有告警	
故障情况及处理				
遗留问题				
班长核查				

表1.1.4　基站维护作业计划表——每季度

基站名:		维护时间:	维护人员:	
维护项目	子项目	操作指导	参考标准	巡检结果记录
接地电阻阻值测试及地线检查	地阻值	使用地阻测试仪进行地阻测量，检查是否合格	地阻值合格	
	接头	检查每个接地线的接头是否有松动现象和老化程度	安全、整齐、牢固	
一次电源检查		测量一次电源的输出电压，测量每一块电池的电压，并检查直流电源线的老化程度	输出电压应该在–43V、5V 到 –55V、2V 之间。电池电压差的绝对值小于0V、3V	
检查电池组的运行情况		主要检查电池组是否有泄漏，连接是否可靠有没有脱落，电池是否正常，充放电是否正常	具体参考电池厂家提供的技术说明书	

基站名：		维护时间：	维护人员：	
维护项目	子项目	操作指导	参考标准	巡检结果记录
基站周围路测		使用测试手机测试基站的切换和覆盖范围是否正常	无异常情况	
防雷检查		避雷接地线连接是否可靠，连接处的防锈检查	安全、整齐、牢固	
天线覆盖方向		天线覆盖方向是否有遮挡	无遮挡	
GPS天馈	天线安装固定检查	观察的方式	固定件无松动、锈蚀现象	
	天线周围环境检查	观察的方式	对空视野开阔，仰视角在150°范围内无阻挡物；当GPS安装在铁塔上时，抱杆距离铁塔水平距离应大于30厘米	
	馈线、小跳线安装固定检查	观察的方式	固定件无松动、锈蚀现象	
	天馈系统防雨、密封性能检查	观察的方式	各连接头处密封胶泥、密封胶带无开裂、老化现象	
	馈线回水弯检查	观察的方式	满足工程要求	
	馈线接头检查	观察的方式	满足工程要求	
	馈线损坏程度检查	观察的方式	满足工程要求	
	馈线标识	观察的方式	清晰可见	
故障情况及处理				
遗留问题				
班长核查				

表 1.1.5　基站维护作业计划表——每年

基站名：		维护时间：	维护人员：	
维护项目	子项目	操作指导	参考标准	巡检结果记录
天馈驻波比		检查是否有驻波比告警，发现有告警的，测量每一个天馈系统的驻波比，特别注意驻波比测试完毕后要将馈线连接可靠	驻波比小于1.5	
天线、馈线	馈线、小跳线安装固定检查	馈线布放符合规范	符合规范	
		馈线有无外伤	无	
		馈线卡固定是否牢固	安全、整齐、牢固	
		馈线卡是否缺损	安全、整齐、牢固	
		馈线与室外跳线连接是否牢固	安全、整齐、牢固	
		馈线与室内跳线连接是否牢固	安全、整齐、牢固	
	防雨、密封性能检查	馈线密封性检查	密封性达到要求	
		机房馈线密封窗及密封圈检查	密封性达到要求	
	回水弯检查	馈线及跳线的弯曲是否符合标准	符合要求	
		馈线是否有回水弯	符合要求	
	馈线接头检查	馈线接头是否松动	安全、整齐、牢固	
		馈线接头是否锈蚀	安全、整齐、牢固	
	馈线标识	馈线标识是否	清晰可见	
	天线抱杆检查	安装牢固	安全、整齐、牢固	
	天线安装固定检查	天线紧固件齐全，无缺损、锈蚀等现象	安全、整齐、牢固	
	防水检查	天线无漏水现象，天线各端口的密封程度良好	安全、整齐、牢固	
	俯仰角检查	检查俯仰角与设计是否相符	设计值	
			实测值	
	方位角检查	检查方位角与设计是否相符	设计值	
			实测值	
	高度检查	检查天线挂高是否与设计相符	设计值	
			实测值	
	天线周围环境检查	天线周围是否无杂物、无障碍物；天线之间的水平距离、垂直距离；天线垂直度检查；天线与塔身的距离检查	障碍物阻挡情况	

基站名：		维护时间：	维护人员：	
维护项目	子项目	操作指导	参考标准	巡检结果记录
天线、馈线			天线间最小水平距离(m)	
			天线间最小垂直距离(m)	
			垂直度	
			天线与塔身最小距离(m)	
故障情况及处理				
遗留问题				
班长核查				

任务 1.2　完成 3G 无线网络天馈系统维护

【任务描述】

　　天馈系统是移动基站的重要组成部分，它负责把 BTS 信号传送至天线，或者接收信号传送给 BTS，如图 1.2.1 所示。天馈系统的维护是移动通信网络优化的关键任务，其技术要求高，工作具有长期性和艰巨性，对移动网络运行良好与否至关重要。小王作为某通信公司网络部的技术人员，请完成对 3G 基站天馈系统的维护与保养工作。

图 1.2.1　基站天馈系统图示

【任务分析】

　　1. 任务的目标

　　（1）知识目标：

　　● 掌握基站天馈线系统的结构和各部分功能；

　　● 掌握天线的组成和各部分功能；

　　● 掌握驻波比、方向图、下倾角等天线主要参数的含义；

　　● 掌握 3G 基站天馈系统例行维护的项目。

　　（2）能力目标：

　　● 能够进行驻波比测试和分析；

　　● 能够按要求完成天线方位角、下倾角的调整；

● 能够发现和处理3G天馈系统常见故障；

● 能够按要求填写维护记录表。

2. 完成任务的流程步骤

完成本次任务的主要流程步骤如图1.2.2所示。

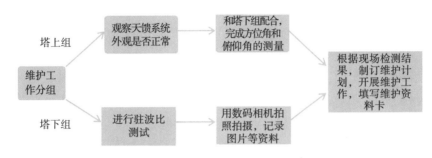

图1.2.2　任务流程示意图

要完成本次任务，需将人员分为塔上组和塔下组，各组完成不同的任务。本任务【知识链接与拓展】中"一、基站天馈系统的组成"介绍了天馈系统塔上、塔下的组成部分，在维护操作前应对所要维护对象的组成有足够的认识，在维护过程中，也可参照实物进行相关知识的学习。

（1）塔上组上塔进行下列内容的观察检查：天馈线外观是否损坏、老化、裂缝；馈线卡安装是否牢固；馈线及接头是否变形、损坏、进水，接头包扎是否严密、合乎规范；馈线接地是否足数，接地位置是否合乎规范，接地线是否盘圈；天线是否被置于避雷保护角内等。

其中天线馈线头的质量直接影响整个天馈系统的质量，且容易损坏，其制作和替换需要专业的工具和操作规范，请熟练完成本任务【技能训练】的制作馈线头。

（2）塔上组到达天线位置附近后可做下列工作：仔细检查天线支架的锈蚀程度和受力情况；在确定能够安全作业后，方可进行方位角、俯仰角的测量或调整。

天线方位角、俯仰角对基站的电磁覆盖会产生决定性的影响，相关知识请阅读【知识链接与拓展】中的天线基础知识，尤其是方向和波瓣。本任务针对天线方位角和俯仰角的测量有专项技能训练，需熟练掌握。

（3）塔下组进行驻波比测试时，应用驻波比测试仪从发射机端口跳线接头处进行连接测试。测试前仪表应确定频率范围，做开路、短路及负载校正，再进行匹配测试。如测试结果合格，可收表记录；如测试结果不合格，应逐段向上连接进行故障定位测试。如接头、避雷器问题，可用酒精、棉球清洁或做更换处理；如天馈线问题，明确后可做更换处理，直至指标合格。塔下组负责用数码相机拍摄、记录相关图片资料。

驻波比用来检测天馈线系统、射频接头以及所有的连接到基站的射频设备的工作状态。驻波比过高会导致掉话、高误码率，而且由此引入的发射/接收功率的衰减会导致小区覆盖半径缩小。关于驻波比的知识要点请参考本任务【知识链接与拓展】中

"天线的参数"，驻波比的测试在本任务【技能训练】"3.测量驻波比并定位故障点"有专项训练。

（4）塔上塔下两组应根据现场检测结果，制订出维修计划：属常规范围内的馈线卡紧固、补装；馈线接地拉直、补装；接头处理；天线支架紧固；除锈刷漆；方位角、俯仰角调整；天线支架、天线、馈线更换应即时完成。对超出常规维护范围的，如天馈线的安装载体（铁塔、简易支架等）发生严重变形而引起的一段时间内无法进行的维护，可写出整治方案。

（5）在以上各项工作完毕后，应进行《天馈线维护记录表》的填写。

3. 任务的重点

本次任务的重点是驻波比测试及驻波比超标问题处理。

【必备知识】

1. 基站天馈系统的主要结构与功能。

2. 馈线的种类、结构、基本原理。

3. 天线的种类、结构及主要参数的定义。

4. 天馈系统维护作业规程及安全作业规程。

5. 方位角、坡度仪、驻波比测试仪等基本工作原理。

【技能训练】

1. 测量天线方位角

【使用仪器】指南针或罗盘仪，如图1.2.3所示。

图1.2.3　罗盘仪

【测量原则】

（1）指南针或罗盘仪应尽量保持在同一水平面上。

（2）指南针或罗盘仪的指针指向必须与天线所指的正前方成一条直线。

（3）指北针或罗盘仪应尽量远离铁体及电磁干扰源。

【测量方法】

（1）建议测量方式（直角拐尺测量法）。

①前方测量。在方位角的测量时，两人配合测量。其中一人站在天线的背面近天线位置，另外一人站在天线正前方较远的位置。靠近天线背面的工程师把直角拐尺一条边紧贴天线背面，用另一条边所指的方向（即天线的正前方）来判断前端测试者的站位，这样有利于判断测试者的站位。测试者应手持指北针或地质罗盘仪保持水平，北极指向天线方向，待指针稳定后读数，即为天线的方位角。

②侧面测量。当正前方无法站位时，可以考虑侧面测量。在方位角的测量时，两人配合测量。其中一人站在天线的侧面近天线位置，另外一人站在天线另一侧较远的位置。靠近天线的工程师把直角拐尺一条边紧贴天线背面，用拐尺所指的方向（即天线的平行方向）来判断前端测试者的站位，这样有利于判断测试者的站位。测试者应手持指北针或地质罗盘仪保持水平，北极指向天线方向，待指针稳定后读数，然后加或减90度即为天线的方位角。

（2）不同天线安装方式的方位角测量（结合现场环境）。

①落地铁塔天线方位角测量。落地铁塔基本上建在地势较平坦、视野较开阔的地方，测量者遵循测量原则，方法如下：测量时寻找天线正前方的最佳测试位置，测量位置选在铁塔底部，罗盘仪与被测天线点对点距离大于20米；罗盘仪与铁塔塔体直线距离大于10米，确保测量者的双眼、罗盘仪、被测天线在一条直线上；在测试时身体一定要保持平衡；罗盘仪应尽量保持在同一水平面上，同时避免手的颤动（使罗盘仪内的气泡保持在中央位置），保持30秒，待指针的摆动完全静止；读数时视线要垂直罗盘仪，读取当前指针所对应的读数，并及时记录数据。

②楼顶墙沿桅杆天线方位角测量。测量者遵循测量原则，测量位置选在楼层底部，测量者与被测天线直视距离内无遮挡，指北针或罗盘仪与被测天线点对点距离大于20米，然后参照落地铁塔天线方位角测量方法进行测量。

③楼顶铁塔、楼顶简易铁塔、楼顶拉线铁塔、楼顶桅杆塔、楼顶增高架、楼顶炮台桅杆天线方位角测量。

测量者在楼层底部能直观看到被测天线，则按照楼顶墙沿桅杆天线方位角测量对天线进行测量。

测量者在楼层底部无法直观地（或被其他建筑物遮挡）看到被测天线，无法到达测量位置时，可以选用以下两种方法。

● 寻找一个与被测天线平行的规则状物体作为参照物，然后按照落地铁塔天线方位角测量方法对参照物进行测量，并对测量的数据，注明由测量参照物得到。

● 按照落地铁塔天线方位角测量方法，测量者可在楼顶上被测天线的正前方或正后方寻找一个最佳位置，进行测量，但必须遵循测量原则。

2. 测量机械天线俯仰角

【使用仪器】斜度测量仪（坡度仪），如图1.2.4。

图1.2.4　坡度仪

【测量方法】测量者手握坡度仪安全站在天线的背后，用侧面紧靠在天线背面的平直面，取上、中、下三点进行测量，取三个测试数据值的平均值，精确到小数点后一位。

【注意事项】

（1）由于各天线厂家生产的天线型号、规格、形状不尽相同，测量者必须选择天线背面的平直面进行测量。

（2）斜度测量仪必须每年进行一次检验和校准。

（3）电调天线的俯角是天线机械俯角与天线内置角或电调角之和。天线内置角度需从天线厂家或客户资料中获取；电调角度根据厂家使用说明用专业工具读取。

3. 测量驻波比并定位故障点

【测量仪器】Site Master 安利S331D，设备键位说明如图1.2.5所示。

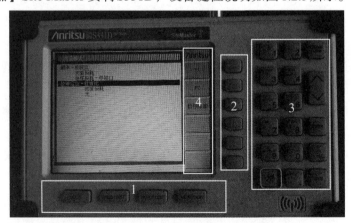

1区为功能键　2区为软键区　3区为硬键区　4区为软键的菜单选项

图1.2.5　Site Master 安利S331D设备键位

【测量方法】

（1）开机自检。

按ON/OFF键（3区）开机，设备进行自检。自检完毕后按ENTER键（3区）或等待15秒左右设备可以开始工作，如图1.2.6所示。

图1.2.6　开机自检

（2）选择测试频段和测量数值的顶线和底线。

按MODE键（1区），选择频率—驻波比，按ENTER键进入，如图1.2.7。

图1.2.7　进入测量模式

按F1软键和F2软键输入所需要测量的频段，如图1.2.8所示。

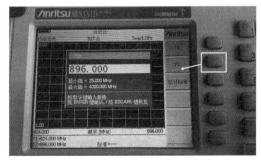

图1.2.8　选择测量频段

按AMPLITUDE键（1区）进入选择顶线与底线菜单，如图1.2.9所示。一般情况下，底线选择为1.00，顶线选择为1.50（驻波比超过1.50就表明此天馈部分不合格）。

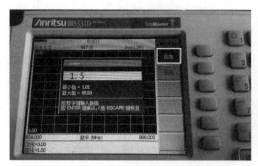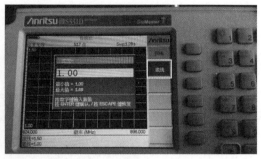

图1.2.9　选择顶线和底线

（3）校准。

选择频段后，将校准器与测试端口边接好，按3/START CAL键（3区）进入校准菜单，按ENTER键开始进行校准，如图1.2.10所示。

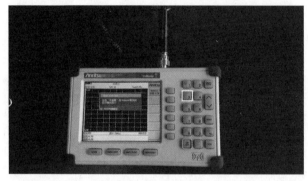

图1.2.10　进入校准

校准完成后在屏幕的左上方会出现"校准有效"字样，如图1.2.11。校准好之后就可以开始测量驻波比了。

图1.2.11　校准完成

（4）测试。

将测试跳线接到测试端口，使用相应的转接头把跳线与所测试的天馈部分连接，连接好后会出现测量的波形图，如图1.2.12。

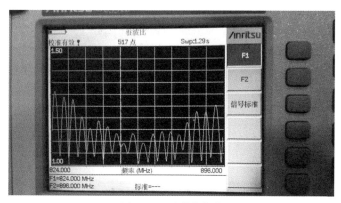

图 1.2.12　测量波形

按 8/MARK 键（3 区）进入标记菜单，再按 M1 软键，选择"标记到波峰"，在左下方屏幕读取驻波最大值（不超过 1.5 为正常）。

如果测量结果没有问题，可以将测量结果储存；如果测量结果有问题，则需要进行故障定位，判断故障点。

（5）保存/提取测试记录。

按 9/SAVE DISPLAY 键（3 区）进入储存菜单，如图 1.2.13，利用软键和数字键输入你保存文件的名称。

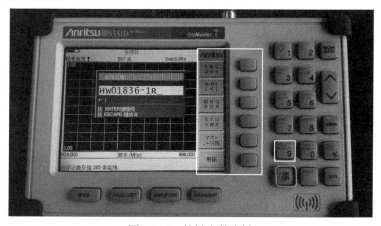

图 1.2.13　软键和数字键

按 0/RECALL DISPLAY 键（3 区）可以进入读取记录菜单，用 ▮ 键选择你需要读取的文件，如图 1.2.14。

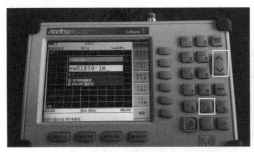

图1.2.14　选择读取文件

（6）故障定位。

按MODE键（1区），选择故障定位—驻波比菜单，按ENTER进入，如图1.2.15。

图1.2.15　进入故障定位状态

按D1和D2键选择测量距离，一般设定值需要比天馈的实际长度要大点，如图
1.2.16。

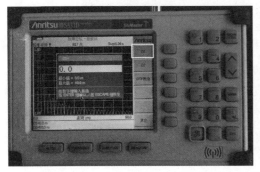

图1.2.16　选择测量距离

按8/MARK键，选择M1，标记到波峰，从左下角屏幕读M1测量数值，定位故障
所在位置，如图1.2.17。

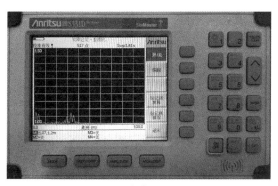

图1.2.17 故障定位结果

4. 制作馈线头

【制作刀具】馈线刀，如图1.2.18所示。

图1.2.18　7/8″馈线刀

【制作方法】

（1）将安装接头一端的馈线约150 mm取直，用安全刀具把距端口50 mm处馈缆外皮切割并剥掉。

（2）把馈缆放入切割工具（EASIAX）的槽口里，在主刀片后部保留4个波纹长度，合上刀具护盖把柄，因为刀具的位置由馈线外部铜导皮波纹所确定，所以主刀片应正好对准馈线一个波纹的中间波峰处。

（3）按刀具上标出的旋转方向旋转刀具，直到刀具的护盖把柄全部合拢，使得馈线内外铜导体全部割断，同时后面辅助小刀片会将馈线外部塑料保护套割断，如图1.2.19所示。

图1.2.19　用刀具切割馈线

（4）检查尺寸是否合适。如图1.2.20所示。

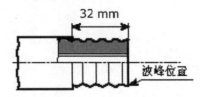

图1.2.20 馈线切割尺寸检查

（5）将馈头前面部分和后面部分分开，并将馈线插入后部，直到后部和馈线第一个波纹接触。

（6）用刀具自带的扩管器插入馈线，顶牢，左右旋转，使得馈线外部铜导体张开。顶住馈头后部，如图1.2.21所示。

图1.2.21 用扩管器张开馈线外导体

（7）检查有没有多余的铜屑残留。检查外铜皮是否均匀扩张，无毛刺。用手向外拉动馈头后部，馈头后部不得从馈线上滑脱。如不符合要求，应重新制作。

（8）将馈头前部和后部相连接，如图1.2.22所示。

图1.2.22 馈头前部和后部连接

（9）馈头前部拧到位后，用合适的扳手握牢、固定前部馈头，并保持前部馈头不与馈线有相对转动，用扳手拧动馈头后部分，直至牢固，如图1.2.23所示。

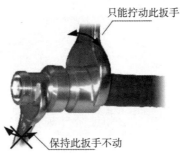

图1.2.23 馈头前部和后部固定

5. 馈线头的防水处理

（1）将天线跳线与主馈线接头连接并拧紧。

（2）对接头进行防水密封处理。

①接头连接好后，按照接头旋紧的方向以半重叠方式在接头上缠绕一层电气绝缘胶带，缠绕长度超出接头尾部10 mm，缠绕时应施以足够拉力。

②缠绕防水自粘胶带时，先从接头连接处较低的地方开始，用少量胶带填充低洼部分。

③缠绕过程中需将自粘胶带拉伸至两倍长度，每个接头使用60cm长防水胶带，要求缠绕三层。缠绕方向需和馈头拧紧方向一致，避免缠绕过程中使得连接馈头松脱。

④如图1.2.24所示，逐层缠绕，然后反方向逐层缠绕，上一层覆盖下一层约三分之一左右，这样可防止雨水渗漏，最后再反方向逐层缠绕，共缠三层，逐层缠绕防水胶带时，缠绕过程中不要截断胶带。胶带缠绕长度要超过馈头约20 mm。

图1.2.24　防水胶带缠绕图示

⑤缠绕完防水自粘胶带后，需用双手握捏，确保胶带和馈线/馈头黏合牢固，如图1.2.25所示。

图1.2.25　双手握捏接头

⑥在防水胶带外部缠绕PVC胶带，缠绕时上层1/2覆盖下层胶带，缠绕两层，胶带缠绕长度要超出防水自粘胶带10 mm。

⑦再次将PVC胶带和防水胶带一起用双手握捏，确保PVC胶带和防水胶带粘贴牢固。

⑧上述步骤完成后，用防紫外线扎带在胶带两端扎牢，以防胶带老化脱落。

【任务成果】

1. 任务成果

成果1：驻波比、天线方位角、天线俯仰角的测量结果，如表1.2.1所示。

成果2：天馈线维护记录表。

2. 成果评价（如表1.2.1所示）

表1.2.1 "完成3G无线网络天馈系统维护"任务成果评价参考表

序号	任务成果名称	评价标准			
		优秀	良好	一般	较差
1	驻波比、天线方位角、天线俯仰角测量结果	能熟练完成三个项目的测试，测试数据无误，判断结论正确	能熟练完成驻波比的测试，测试数据无误，判断结论正确	能熟练完成方位角和俯仰角的测试，测试数据基本正确	使用仪器不熟练，在规定时间内没有得到测试数据
2	天馈线维护记录卡	完成率为90%-100%	完成率为70%-90%	完成率为50%-60%	完成率低于50%

【教学策略】

本部分建议老师在实施教学时采用任务驱动法。

1. 将学生进行分组，要求每组完成不同的维护任务。

2. 布置任务时，给每组学生发任务工单，工单由老师根据学生情况自行设计，内容应包括任务完成人、任务说明、任务成果的记录（含天馈线维护记录表）等。

3. 任务完成后，以组为单位填写任务工单，并以组为单位对任务进行汇报总结。

4. 任务成果评价的方式可以是组内互评、组间互评和教师评价相结合。

本部分侧重于从技能训练、团队合作、工作规范等角度提升学生的专业能力和职业能力，并在此任务完成的基础上，通过任务拓展的方式，举一反三，扩展到4G基站天馈系统维护领域。

【任务习题】

1. 请说明天馈系统由哪些部分组成。

2. 请说明天线各组成部分的功能。

3. 请说明驻波比的测试方法，其合理范围应是多少?

4. 请说明天线方位角的测量方法，实际值和工程设计值相比允许误差范围是多少?

5. 请说明天线俯仰角的测量方法，实际值和工程设计值相比允许误差范围是多少?

6. 请问在实际教学过程中，如何保障天面作业时的安全?

【知识链接与拓展】

一、基站天馈系统的组成

基站天馈系统是移动基站的重要组成部分，它的主要功能是作为射频信号发射和接收的通道，将基站调制好的射频信号有效地发射出去，并接收用户设备发射的信号。天线本身性能直接影响整个天馈系统性能并起着决定性作用；馈线系统在安装时匹配的好坏，直接影响天线性能的发挥。图1.2.26为基站天馈线系统示意图，其组成主要包括以下几部分。

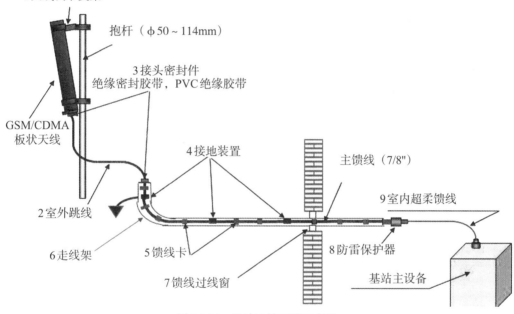

图1.2.26　基站天馈系统示意图

（1）天线调节支架：用于调整天线的俯仰角度，范围为：0°～15°。

（2）室外跳线：用于天线与7/8"主馈线之间的连接。常用的跳线采用1/2"馈线，长度一般为3米，如图1.2.27所示。

图1.2.27　主馈线外形

（3）接头密封件：用于室外跳线两端接头（与天线和主馈线相接）的密封。常用的材料有绝缘防水胶带和绝缘胶带。

（4）接地装置（7/8"馈线接地件）：主要是用来防雷和泄流，安装时与主馈线的外导体直接连接在一起。接地点方向必须顺着电流方向，其外形结构如图1.2.28所示。

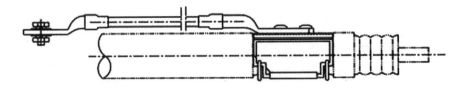

图1.2.28　接地卡外形

（5）7/8"馈线卡子：用于固定主馈线，如图1.2.29所示。

图1.2.29　馈线卡外形

（6）走线架：用于布放主馈线、传输线、电源线及安装馈线卡子。

（7）馈线过窗器：主要用来穿过各类线缆，并可用来防止雨水、鸟类、鼠类及灰尘的进入。

（8）防雷保护器（避雷器）：主要用来防雷和泄流，装在主馈线与室内超柔跳线之间，其接地线穿过过线窗引出室外，与塔体相连或直接接入地网。

四分之一波长短路型避雷器采用1/4λ短路原理，保护器内部做成同轴腔体形式，将一段短导线并联在同轴传输线上，一端接芯线一端接地，对于雷电流来说相当于用1/4λ长度的金属导体直接对地短路来进行雷电防护，适用于各种无人值守的通信基站，如图1.2.30所示。

图1.2.30　1/4波长避雷器外形

（9）室内超柔跳线：用于主馈线（经避雷器）与基站主设备之间的连接，常用的跳线采用1/2"超柔馈线，长度一般为2米～3米。常用的接头有7/16" DIN型和N型。

3G基站可与2G基站共用天线，各自使用独立馈线，实现共天线，也可与2G基站共用天线和馈线，实现共天馈。

二、天线的基础知识

1. 天线的辐射原理

天线是由传输线演变而来的，传输线可以看作两个平行的导体，通有方向相反的电流，为了使平行的传输线上只有能量的传输而没有辐射，必须保证两线结构对称，线上对应点电流大小相同和方向相反，且两线间的距离远小于波长，如图1.2.31（a）所示。要使电磁场能有效地辐射出去，就必须破坏传输线的这种对称性，如把两个导体按一定的角度分开，或是将其中一边去掉，都能使导体对称性破坏而产生辐射，如图1.2.31（b）所示。必须指出，当导线张开两臂的长度远小于波长时，辐射很微弱，当两臂的长度增大到可与波长相比拟时，导线上的电流将大大增加，因而就能形成较强的辐射，通常将上述能产生显著辐射的直导线称为振子。两臂长度相等的振子叫作对称振子。每臂长度为四分之一波长，全长与二分之一波长相等的振子，称为半波对称振子，如图1.2.31（c）所示，它是天线的基本辐射单元，波长越长，天线半波振子越大。常见的半波振子实物如图1.2.32所示。

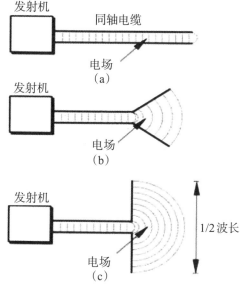

图1.2.31 天线的辐射原理

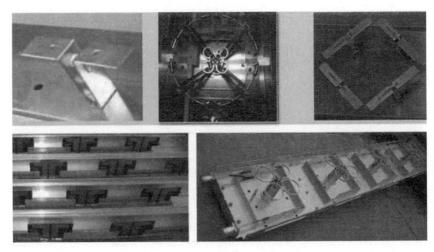

图 1.2.32　半波振子示例

2. 天线的组成

同一款基站天线有多种设计方案。天线的设计方案涉及五部分：辐射单元（对称振子或贴片[阵元]）、反射板（底板）、功率分配网络（馈电网络）、接口和封装防护（天线罩），如图 1.2.33 所示。

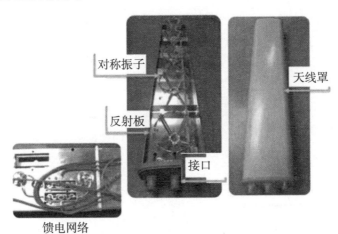

图 1.2.33　天线的组成部件

在移动通信网络中采用的基站天线一般多为基本单元振子（半波振子）组成的天线阵列；馈电网络一般采用等功率的功分网络；对定向天线而言，在单元振子的后面是一块金属平板，作为反射板来提高天线增益；天线的接头一般采用 DIN 型（7/16"）接头，位置一般在天线底部，也有装在天线背部的情况；在结构上，用天线罩将单元振子和馈电网络密封，以保护天线不易损坏，罩子一般采用 PVC 或玻璃钢材料，对电波的损耗较小，强度也较好；天线都在室外，为防止进水对天线的性能造成影响，天线底部都有排水孔。

3. 天线的参数

（1）输入阻抗。

天线和馈线的连接端，即馈电点两端感应的信号电压与信号电流之比，称为天线的输入阻抗。输入阻抗一般包括输入电阻和输入电抗，输入阻抗的电抗分量会减少从天线进入馈线的有效信号功率。因此，必须使电抗分量尽可能为零，使天线的输入阻抗为纯电阻。目前天线的输入电阻一般为50欧。

（2）方向图。

方向图也是天线的一个重要参数。发射天线的基本功能之一是把从馈线取得的能量向周围空间辐射出去，其二是把大部分能量朝所需的方向辐射。垂直放置的半波对称振子具有平放的"面包圈"形的立体方向图，如图1.2.34（a）所示，立体方向图立体感强，容易理解。从图1.2.34（b）可以看出，在振子的轴线方向上辐射为零，最大辐射方向在水平面上；而图1.2.34（c）显示，在水平面上各个方向的辐射是一样大的。

通过若干个对称振子组，产生"扁平的面包圈"，把信号进一步集中到水平面方向上，以加强对目标覆盖区域的辐射控制。设在居民小区的移动通信基站，其天线主要向水平方向发射电波，架设在楼顶上的天线是不会向下面的屋内辐射无线电波的。

（a）立体方向图　　　　　　（b）垂直面方向图　　　　　（c）水平面方向图

图1.2.34　天线的方向图

（3）波瓣宽度。

波瓣宽度是定向天线常用的一个很重要的参数，天线方向图中辐射强度最大的瓣称为主瓣，主瓣外侧的称为副瓣（或旁瓣）。主瓣最大辐射方向上，辐射强度降低3dB两侧点的夹角称为波瓣宽度（又称半功率角），如图1.2.35所示。一般说来，天线的主瓣波束宽度越窄，天线增益越高，天线的方向性越好，作用距离越远，抗干扰能力越强。

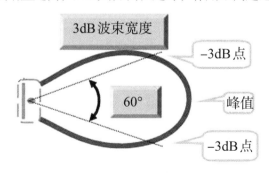

图1.2.35　3dB波瓣宽度

天线的波瓣宽度可分水平面波瓣宽度和垂直平面波瓣宽度。天线垂直波瓣宽度一般与该天线所对应方向上的电波覆盖半径有关，通过对天线垂直度（俯仰角）在一定范围内的调节，可以达到改善小区覆盖质量的目的。垂直平面的半功率角有480°，330°，150°和8°四种，半功率角越小，信号偏离主波束方向时衰减越快，也就越容易通过调整天线倾角来准确控制扇区的覆盖范围。

天线水平波瓣宽度有利于电波覆盖小区的交叠处理，半功率角度越大，在扇区交界处的覆盖越好，天线水平半功率角常见的有450°，600°，90°等。

当提高天线垂直倾角时，天线的水平半功率角增大，水平半功率角越大越容易发生波束畸变，造成越区覆盖严重；而水平半功率角的角度越小，扇区交界处的覆盖就越差。一般在市中心的基站由于站距小，天线倾角大，通常多采用水平面的半功率角小的天线，在郊区则选用半功率角大的天线。

（4）增益。

天线增益用来衡量天线朝一个特定方向收发信号的能力，它是选择基站天线最重要的参数之一。天线增益定义为：取定向天线主射方向上的某一点，在该点场强保持不变的情况下，用全向天线发射时所需的输入功率，与采用定向天线时所需的输入功率之比称为天线增益，常用"G"表示。

一般来说，增益的提高主要依靠减小垂直面向辐射的波瓣宽度，而在水平面上保持全向的辐射性能。天线增益对移动通信系统的运行质量极为重要，因为它决定小区边缘的信号电平。增加增益就可以在一确定方向上增大网络的覆盖范围，或者在确定范围内增大增益余量。

表示天线增益的参数有dBd和dBi。dBi是相对于点源天线的增益，在各方向的辐射是均匀的；dBd是相对于对称阵子天线的增益，dBi=dBd+2.15。相同的条件下，增益越高，电波传播的距离越远。

把全向天线变成定向天线，要靠改变天线结构来实现，通常采用增加反射板的办法。平面反射板放在振子的一边就构成扇形区域的覆盖天线，反射板的作用既能把功率反射到单侧方向，也能提高天线的增益。为了进一步改进性能，反射板还可以做成抛物反射面，使天线的辐射像光学中的探照灯那样。把能量集中到一个小立体角内，从而获得更高的增益。

为了提高天线的增益，通常将两个半波振子增加为4个，乃至8个。4个半波振子排成一个垂直放置的直线阵时，其增益约为8dB；一侧再加有一个反射板就构成四元式直线阵，也就是最常规的板状天线，其增益约14～17dB。同样的八元式直线阵，即加长型板状天线，其增益16～19dB，当然，加长型板状天线的长度也要增加许多，为常规板状天线的1倍，达2.4m左右。

（5）驻波比。

天线驻波比是表示天线与基站（包括电缆）匹配程度的指标，是传输线上电压最大值与最小值之比。电波从甲组件传导到乙组件，由于阻抗特性的不同，一部分电磁波的能量被反射回来，如图1.2.36所示，此现象称为阻抗不匹配。它的产生是由于入射波能量传输到天线输入端后未被全部辐射出去，产生反射波，叠加而成的。驻波比越大，反射功率越高，是因为阻抗不匹配造成的，所以把甲组件跟乙组件间的阻抗调到接近匹配即可。驻波比的取值在1到无穷大之间，驻波比为1，表示完全匹配，驻波比为无穷大表示全反射，完全失配。在移动通信系统中，一般要求驻波比小于1.5，但实际应用中应小于1.2，过大的驻波比会减小基站的覆盖，并造成系统内干扰加大，影响基站的服务性能。

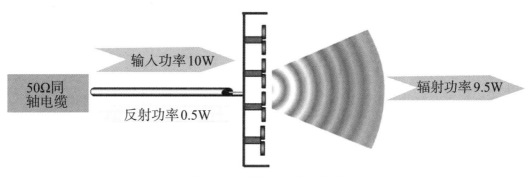

图1.2.36　阻抗不匹配示意图

（6）极化方式。

天线的极化是指天线辐射时形成的电场强度方向。当电场强度方向垂直于地面时，此电波就称为垂直极化波；当电场强度方向平行于地面时，此电波就称为水平极化波。

在移动通信系统中，随着新技术的发展，出现了一种双极化天线，一般分为垂直与水平极化和±45°极化两种方式，性能上一般后者优于前者，因此目前大部分采用的是±45°极化方式。双极化天线组合了+45°和-45°两副极化方向相互正交的天线，并同时工作在收发双工模式下，大大节省了每个小区的天线数量；同时由于±45°为正交极化，有效保证了分集接收的良好效果。

（7）隔离度。

隔离度说的是两个端口互相的干扰程度。隔离度越大，端口的输出信号会越小。天线隔离度分两种：一种是天线间隔离度，同频天线要求两天线间的水平间距大于10个波长，垂直间距大于3个波长，如果计算的话，只能通过网络分析仪直接测试，一个天线发射，另外一个天线接收，用发射功率（20W）/接收功率（1W）=20，如果单位是dB，即发射功率（43dBm）-接收功率（0dBm）=43dB。另一种是±45°双极化天线端口隔离度，一般也是用网络分析仪测试的，例如给+45°端口输入功率43dBm，此时-45°端口接收到+45°端口辐射功率中的3dBm，两端口间隔离度=+45°端口输入功率（43dBm）-45°端口接收功率（3dBm）=40dB。

（8）前后比。

方向图中，前后瓣最大值之比称为前后比，记为F/B。前后比表明了天线对后瓣抑制的好坏。选用前后比低的天线，天线的后瓣有可能产生越区覆盖，导致切换关系混乱，产生掉话。一般前后比在25dB～30dB之间，应优先选用前后比为30dB的天线。

（9）下倾角。

①电子下倾角：通过调整天线振子来实现，也称为内置下倾角，一般其初始值出厂时设置，有的天线是可调的，有的天线是不可调的，这要看具体的天线型号。

②机械下倾角：通过调整天线物理的下倾来实现，也称物理下倾角，是指天线天面与垂直水平面的夹角，通常是可调整的。

4.天线的分类

（1）全向天线。

全向天线，即在水平方向图上360°均匀辐射，也就是平常所说的无方向性，在垂直方向图上表现为有一定宽度的波束，一般情况下波瓣宽度越小，增益越大。全向天线在移动通信系统中一般应用于郊县大区制的站型，覆盖范围大。

（2）定向天线。

定向天线，在水平方向图上有一定角度范围辐射，也就是平常所说的有方向性，在垂直方向图上表现为有一定宽度的波束，同全向天线一样，波瓣宽度越小，增益越大。定向天线在移动通信系统中一般应用于城区小区制的站型，覆盖范围小，用户密度大，频率利用率高。

根据组网的要求建立不同类型的基站，而不同类型的基站可根据需要选择不同类型的天线。比如全向站就是采用了各个水平方向增益基本相同的全向型天线，而定向站就是采用了水平方向增益有明显变化的定向型天线。一般在市区选择水平波束宽度为65°的天线，在郊区可选择水平波束宽度为65°、90°或120°的天线（按站型配置和当地地理环境而定），而在乡村选择能够实现大范围覆盖的全向天线则是最为经济的。

（3）机械天线。

机械天线指使用机械调整下倾角度的天线。机械天线与地面垂直安装好以后，如果因网络优化的要求需要改变天线的倾角，则可以通过调整天线背面支架的位置来实现。在调整过程中，虽然天线主瓣方向的覆盖距离明显变化，但天线垂直分量和水平分量的幅值不变，因此天线方向图容易变形。

实践证明，机械天线的最佳下倾角度为1°～5°；当下倾角度在5°～10°变化时，其天线方向图稍有变形但变化不大；当下倾角度在10°～15°变化时，其天线方向图变化较大；当机械天线下倾15°后，天线方向图形状改变很大，这时虽然主瓣方向覆盖距离明显缩短，但是整个天线方向图不是都在本基站扇区内，在相邻基站扇区内也会收到该基站的信号，从而造成严重的系统内干扰。

另外，在日常维护中，如果要调整机械天线俯仰角度，整个系统要关机，不能在调整天线倾角的同时进行监测。机械天线调整天线俯仰角度非常麻烦，一般需要维护人员爬到天线安放处进行调整。

（4）电调天线。

电调天线指使用电子调整下倾角度的天线。电子下倾的原理是通过改变共线阵天线振子的相位，改变垂直分量和水平分量的幅值大小，从而改变合成分量场强强度使天线的垂直方向性图下倾。由于天线各方向的场强强度同时增大和减小，保证改变倾角后天线方向图变化不大，使主瓣方向覆盖距离缩短，同时使整个方向图在服务小区扇区内减小覆盖面积但又不产生干扰。

实践证明，电调天线俯仰角在 $1° \sim 5°$ 变化时，其天线方向图与机械天线的大致相同；当下倾角度在 $5° \sim 10°$ 变化时，其天线方向图较机械天线的稍有改善；当下倾角度在 $10° \sim 15°$ 变化时，其天线方向图较机械天线的变化较大；当电调天线下倾 $15°$ 后，其天线方向图较机械天线的明显不同，这时天线方向图形状改变不大，主瓣方向覆盖距离明显缩短，整个天线方向图都在本基站扇区内。因此采用电调天线能够降低呼损，减小干扰。

另外，电调天线允许系统在不停机的情况下对垂直方向性图下倾角进行调整，实时监测调整的效果，调整倾角的步进精度也较高（为 $0.1°$），因此可以对网络实现精细调整。

（5）GPS天线。

GPS天线的功能是接收GPS卫星的导航定位信号，并解调出频率和时钟信号，以供给CDMA基站各相关单元，实现手机与基站间的同步。2G的CDMA、3G的CDMA2000和TD-SCDMA都需要GPS天线。

（6）智能天线。

3G基站天线在很多方面与2G类似，但也有不同之处，如TD-SCDMA系统采用的智能天线。智能天线的原理是将无线电的信号导向具体的方向，产生空间定向波束，使天线主波束对准用户信号到达方向，旁瓣或零陷对准干扰信号到达方向，达到充分高效利用移动用户信号并删除或抑制干扰信号的目的。同时，智能天线技术利用各个移动用户间信号空间特征的差异，通过阵列天线技术在同一信道上接收和发射多个移动用户信号而不发生相互干扰，使无线电频谱的利用和信号的传输更为有效。在不增加系统复杂度的情况下，使用智能天线可增加通信容量和速率，减少电磁干扰，减少手机和基站发射功率，并可实现定位功能。

三、天线的安装

1. 天线配件初步装配

以KATHREIN板状天线为例，如图1.2.37所示。固定天线前，先将紧固件737974装配到天线上下两端，然后连接紧固件737974和738516，完成定向天线初步安装。所有附件必须安装有弹簧垫片和平垫片。

天线的固定附件和角度调节装置附件一般在塔下预先安装到天线上。

2. 天线在天线抱杆的初步固定

将已经安装好夹具附件的定向天线套装于天线抱杆上：先不要把螺丝拧得过紧，以利于调整天线方向、天线俯仰角；但也不能过松，要保证天线不会向下滑落。

3. 天线方位角的调整

用指南针或罗盘仪确定天线方位角。根据工程设计图纸，确定定向天线安装方向。

轻轻左右扭动调节天线正面朝向，同时用指南针或罗盘仪测量天线的朝向，直至误差在工程设计要求范围内。

调整好天线方位角后，将紧固件738516紧固。

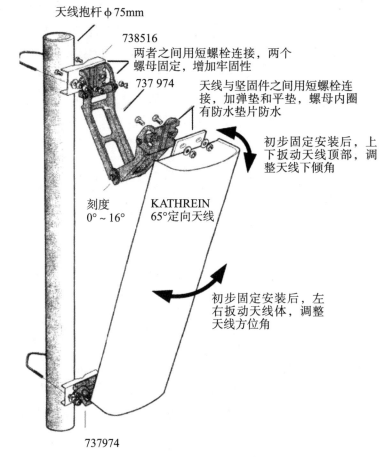

图1.2.37　KATHREIN板状天线安装图

4. 天线俯仰角调整

先调节坡度仪的调节旋钮，使指针指向工程设计要求的角度。坡度仪是用于测量俯仰角的专用测量工具，如图1.2.38所示。

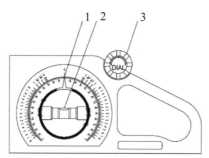

1. 指针 2. 气泡 3. 调节旋钮

图1.2.38 俯仰角测量仪示意图

把坡度仪放到天线上。轻轻扳动天线顶部，在顶部放开或收紧天线，调节天线俯仰角，直至坡度仪表盘上的水珠居中，如图1.2.39所示。调整好后，将紧固件737974紧固。

图1.2.39 天线俯仰角调整

5. 天线跳线绑扎固定

天线安装完毕后，将天线跳线理顺，并绑扎固定到铁塔或天线抱杆上，以方便天线跳线和天线馈线的连接。

跳线绑扎时，有以下要求：

（1）天线跳线的绑扎应该整齐美观、无交叉；

（2）使用防紫外线扎带对天线跳线进行绑扎；

（3）天线跳线的最小弯曲半径应不小于天线跳线半径的20倍，对于1/2″跳线而言，一次性弯曲的弯曲半径最小为0 mm，反复弯曲的弯曲半径最小为125 mm，弯曲次数不得大于1次。

四、天馈系统常见问题分析

1. 天馈线安装施工问题

天馈线的安装施工是新建站经常出现问题的部分。主要存在以下两个方面问题题：一是天馈线接反，从BTS到天线的馈线安装错误，在新建基站、替换基站时容易发生；二是馈线、跳线虚接，出现驻波比、RSSI异常等问题。另外传输线路质量，特别是2M接头制作质量、连接施工质量也是新开站经常会出现问题的地方。

【案例一】某基站信号时强时弱，在-70dBm ~ -95dBm间波动（待机和通话状态都有此现象），声音时断时续。经查基站载频板没有问题，此处应为某基站第2小区覆盖的区域，但是多数时间占用第3小区的信号，而且2、3小区切换较频繁。后检查天馈线部分，发现第2小区两根馈线分别错接到1小区和3小区的天线上，这样就造成2小区的覆盖范围与1、3小区的天线覆盖范围重叠，致使2、3小区切换频繁。维护人员对馈线进行重新连接后，小区信号覆盖正常。

【案例二】某基站正常使用八个月后，经常由于驻波比告警，造成基站Disable。经过认真分析原因，确定为馈线接头密封处因风吹摇摆致使开裂。维护人员对接头处进行重新处理，加固馈线尾巴线，驻波比告警消失，覆盖距离由原先的1公里扩大到4公里 ~ 5公里，提高了基站的利用效率。

2. 天馈线进水问题

馈线进水造成馈线系统出现驻波比告警，基站经常退出服务，影响该地区覆盖。天馈线进水问题的出现，既有人为的因素，也有自然的因素。自然的因素是由于馈线本身进水；人为造成天馈线进水的情况就更多，主要包括馈线接地处没有密封好，安装时划伤馈线，馈线和软跳线接头没有密封好等。

【案例三】某基站晴天时天馈线没有驻波比告警，阴天或下雨时，天馈线系统即有驻波比告警，造成基站Disable。经过检查，发现馈线第一次接地处人为拉伤，铜皮裸露，一下雨或阴天造成馈线进水，出现驻波比告警。

3. 天线俯仰角问题

天线俯仰角设置过小将造成塔下黑、越区覆盖、导频污染等严重网络问题，需要调整俯仰角，但天线俯仰角调整过大会影响原覆盖小区，因此俯仰角调整量一般在±5°之间，如图1.2.40所示。角度较大（12°以上），而同基站其他扇区俯角较小时，必须考虑天线的旁瓣和后瓣对其他小区的影响，只有经反复对比调整，并用俯仰角测量仪或罗盘检测，确定优化后的俯仰角值。值得注意的是在天线俯仰角调整时，必须拧紧天线上的调整螺杆，避免受大风等环境影响而使俯角发生缓慢变化。

如果待调整小区在蜂窝网的边缘，一般情况下为了尽量扩大覆盖服务面，天线俯角宜调至0° ~ 2°，当天线位置高于50m时天线

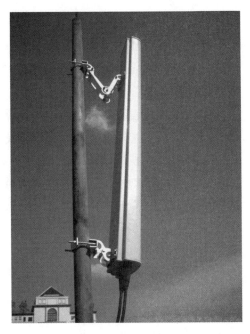

图1.2.40　挂高天线图示1

俯角可调至2°～4°。对于基站附近用户较多，手机密集，同时为了满足远郊重要用户能够使用车载移动台等，天线俯角可适当调至5°左右。

如果待调整小区不在蜂窝网边缘，应控制好覆盖范围，当覆盖范围过大时，可采用加大俯角的办法加以校正。当覆盖距离在8km以上或0.5km以下时，仅靠改变倾角来增减覆盖距离效果不佳。如果天线的俯角大于20°后，影响覆盖距离的因素可能已经变为垂直方向的旁瓣甚至反射波。

【案例四】某市区1#、2#基站都处在高层建筑物居民楼上，原来第一扇区话务量一直很低，后将其发射天线移至墙边，指向马路，并适当调整倾斜角，话务量上升很快，大大缓解了周围基站的压力，资源得到了充分利用。

4. 天线高度问题

无线信号所能到达的最远距离（即基站的覆盖范围）是由天线高度决定的。天线架设过高，会带来话务不均衡、系统内干扰、孤岛效应的问题，随着基站站点增多，必须降低天线高度，如图1.2.41所示。

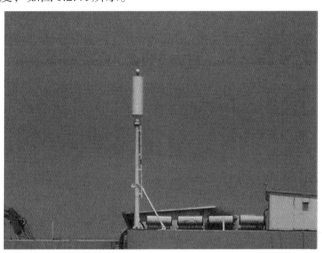

图1.2.41　挂高天线图示2

【案例五】某基站地处某市中心建设银行楼顶，移动用户量密集，天线俯仰角度已调至最大值16°，希望覆盖600m内的商业步行街，但实际覆盖超过1.5km，严重抢占邻近基站覆盖区内的用户群，造成该基站负担沉重，而周围基站话务量很低。由于大机械角度下倾，使得覆盖区产生波形畸变，本基站各扇区交界处信号均较强，切换频繁，基站掉话率一直居高不下。现场观察基站环境，发现基站天线架设高度过高，已达50m，下倾角也已经压得很低。在无法变更站址及降低天线高度的情况下，考虑用换天线的方法解决越区覆盖问题，将该站天线更换为某电调天线，并将天线俯仰角度由原来的机械下倾16°，改变为机械加电调下倾20°，测试覆盖范围缩小至800m左右，与周围基站的越区现象消失，话务量有所回落，周围基站话务量明显上升，接通率大幅提高，越区和频繁切换的现象消失。

五、3G基站天馈系统的维护与保养

天线发射信号采用较高的电磁频率和较低的发射功率，如果损耗过大，必将降低接收灵敏度。有时用户反映，基站刚开通时，手机接收灵敏度很高，不到两年灵敏度就降低了，特别是在覆盖区域边缘有时根本打不通。经分析和实测，天馈线系统的保养和维护是关键，如不进行维护和保养，灵敏度年平均降低15%左右。

（一）3G基站天馈线系统的维护

3G基站天馈系统例行维护项目如表1.2.2所示。

表1.2.2　3G基站天馈系统例行维护项目

维护项目	操作频度	操作指导	参考标准
检查抱杆	每季度	（1）检测抱杆紧固件安装情况 （2）检查抱杆、拉线塔拉线、地锚的受力情况 （3）检查抱杆的垂直度 （4）检查防腐防锈情况	（1）抱杆安装牢固 （2）各拉索受力均匀 （3）紧固支架立柱与水平面垂直 （4）所有非不锈钢螺栓均做防锈处理
检查设备天线	每季度	（1）检查天线有无、变形、开裂等现象 （2）检查天线与支架的连接牢固可靠 （3）检查天线与馈线之间连接处防水处理	（1）天线外表完好 （2）天线与支架连接牢固 （3）天线与馈线之间连接处防水良好 （4）天线前方100米处无遮挡
检查GPS	每季度	（1）检查GPS天线支架安装是否稳固 （2）检查GPS周围的安装环境	（1）GPS天线支架安装稳固，手摇不动 （2）确保两个或多个GPS天线安装时要保持2米以上的间距 （3）确保GPS天线远离其他发射和接收设备 （4）确保GPS天线远离周围尺寸大于200毫米的金属物2米以上
检查RRU	每季度	（1）检查RRU与支架安装是否稳固 （2）检查RRU馈线出线口的防水处理是否完好	（1）RRU与支架安装稳固 （2）RRU馈线出线口的防水处理良好
检查馈线	每季度	（1）检查馈线有无明显的折、拧和裸露铜皮现象 （2）检查馈线接地处的防水处理是否完好 （3）检查馈线窗是否良好密封 （4）检查线缆接头是否松动	（1）馈线外表完好 （2）馈线接地处的防水处理良好 （3）馈线窗密封良好 （4）无相关告警

（二）3G基站天馈系统的保养

1.注意对天线器件除尘

高架在室外的天线、馈线由于长期受日晒、风吹、雨淋，粘上了各种灰尘、污垢，这些灰尘污垢在晴天时的电阻很大，而到了阴雨和潮湿的天气就吸收水分，与天线连接形成一个导电系统，在灰尘与芯线及芯线与芯线之间形成了电容回路，一部分高频信号就被短路掉，使接收天线灵敏度降低，发射天线驻波比告警。这样就影响了基站的覆盖范围，严重时导致基站死掉。因此，应每年在汛期来临之前，用中性洗涤剂给天馈线器件除尘。

2.组合部位紧固

天线受风吹等外力影响，天线组合部件和馈线连接处往往会松动而造成接触不良甚至断裂，造成天馈线进水和沾染灰尘，致使传输损耗增加，灵敏度降低。因此，天线除尘后，应对天线组合部位松动之处，先用细砂纸除污、除锈，然后用防水胶带紧固。

3.校正固定天线方位

天线的方向和位置必须保持准确和稳定，天线受风力和外力的影响，方位角和俯仰角会发生变化，这样会造成天线与天线之间的干扰，影响基站的覆盖。因此，对天馈线检修和保养后，要进行场强、发射功率、接收灵敏度、驻波比测试和调整。

4.3G基站天馈系统维护记录表（如表1.2.3所示）

表1.2.3　3G基站天馈系统维护记录表

基站名称：		维护时间：	维护人员：
维护项目	操作指导	参考标准	发现的问题及解决方案
检查抱杆	（1）检测抱杆紧固件安装情况 （2）检查抱杆、拉线塔拉线、地锚的受力情况 （3）检查抱杆的垂直度 （4）检查防腐防锈情况	（1）抱杆安装牢固 （2）各拉索受力均匀 （3）紧固支架立柱与水平面垂直 （4）所有非不锈钢螺栓均做防锈处理	
检查设备天线	（1）检查天线有无、变形、开裂等现象 （2）检查天线与支架的连接牢固可靠 （3）检查天线与馈线之间连接处防水处理	（1）天线外表完好 （2）天线与支架连接牢固 （3）天线与馈线之间连接处防水良好 （4）天线前方100米处无遮挡	
检查GPS	（1）检查GPS天线支架安装是否稳固 （2）检查GPS周围的安装环境	（1）GPS天线支架安装稳固，手摇不动 （2）确保两个或多个GPS天线安装时要保持2米以上的间距 （3）确保GPS天线远离其他发射和接收设备 （4）确保GPS天线远离周围尺寸大于200毫米的金属物2米以上	

续表

基站名称：		维护时间：	维护人员：
维护项目	操作指导	参考标准	发现的问题及解决方案
检查RRU	（1）检查RRU与支架安装是否稳固 （2）检查RRU馈线出线口的防水处理是否完好	（1）RRU与支架安装稳固 （2）RRU馈线出线口的防水处理良好	
检查馈线	（1）检查馈线有无明显的折、拧和裸露铜皮现象 （2）检查馈线接地处的防水处理是否完好 （3）检查馈线窗是否良好密封 （4）检查线缆接头是否松动	（1）馈线外表完好 （2）馈线接地处的防水处理良好 （3）馈线窗密封良好 （4）无相关告警	
测量驻波比	用SITE MASTER测量	应小于1.5	
测量和调整方位角	用指南针或罗盘仪测量	按工程设计要求，误差不超过5度	
测量和调整俯仰角	用坡度仪测量	按工程设计要求，误差不超过0.5度	

任务1.3 完成3G无线网络基站主设备维护

【任务描述】

3G基站主设备负责3G手机信号的调制解调及射频放大，目前三大通信运营商均不同程度地采用了华为、中兴、诺西、大唐等厂商生产的不同标准的3G基站设备。小王所在的通信公司主要负责电信公司3G基站的代维工作，请小王和同事们配合，共同完成对中兴CDMA2000紧凑型基站ZXC10 CBTS I2主设备的维护，如图1.3.1所示。

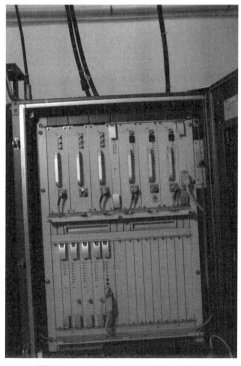

图1.3.1 CDMA2000基站主设备

【任务分析】

1. 任务的目标
（1）知识目标：
● 掌握CBTS I2的物理结构；
● 掌握CBTS I2的主要单板功能和接口作用；
● 掌握CBTS I2常见告警现象、原因和解决措施。

（2）能力目标：

● 能够识别基站主设备的单板，并能够分析其功能；

● 能够通过面板指示灯分析告警；

● 能够利用网管系统分析告警；

● 能够按规范完成故障单板的更换；

● 能够按要求填写维护记录表。

2. 完成任务的流程步骤

完成本次任务的主要流程步骤如图1.3.2所示。

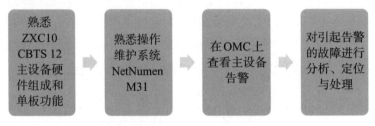

图1.3.2　任务流程示意图

（1）要完成本次任务，首先要充分了解维护的对象，掌握ZXC10 CBTS I2的硬件结构，尤其是主要单板作用和常用指示灯含义，通过单板上各指示灯的状态进行故障的初步分析，具体可参看【知识链接与拓展】"一、CDMA2000基站主设备介绍"和【技能训练】"一、通过面板指示灯查看告警"。

（2）其次需掌握NetNumen网管系统的使用方法，学会在网管系统上查看告警记录，进行故障的深入分析，具体可参看【技能训练】"二、在OMC上查看告警"。

（3）最后对引起基站主设备告警的故障进行定位和处理，使系统恢复正常，具体可参看【知识链接与拓展】"二、CDMA2000基站主设备故障分析"来分析时钟系统、射频系统和传输系统等典型处理案例。

3. 任务的重点

本次任务的重点是发现主设备告警，并对引起告警的故障进行分析、定位与处理。

【必备知识】

1. BTS主要单板指示灯含义，包括RFE、CCM、PIM、TRX、DPA、GCM等主要单板。

2. 网管系统的基本界面及各部分功能。

【技能训练】

一、通过面板指示灯查看告警

BTS共有十余种单板，通常这些单板上的前三个指示灯RUN、ALM和M/S基本相同，本次技能训练通过RMM单板为例对所有的单板指示灯进行查看，以判断是否处于正常工作状态，或者存在什么异常。RMM单板的其他指示灯可以作为参考。

RMM单板指示灯如图1.3.3所示。

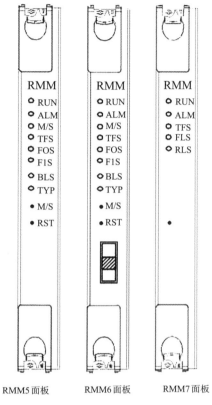

RMM5面板　　　RMM6面板　　　RMM7面板

图1.3.3　RMM单板指示灯示意图

前三个指示灯的含义如表1.3.1所示。RUN是运行灯，用来描述本板运行状况；ALM是告警灯，用来描述本板存在异常；M/S是主/备用指示灯，用来描述本板是否为主用板。

表1.3.1　RUN、ALM和M/S指示灯含义

灯名	颜色	含义	说明	正常状态
RUN	绿	运行指示灯	常亮：表示本板运行正常 灭：表示本板运行异常	常亮
ALM	红	告警指示灯	常亮：表示本板告警 灭：表示本板运行正常	常灭
M/S	绿	主/备用指示灯	常亮：表示本板为主用板 灭：表示本板为备用板	常亮/灭

RMM 其他指示灯为：TFS 是 PP2S 时钟指示灯，FOS 是 OIB0 光口锁定指示灯，F1S 是 OIB1 光口锁定指示灯，BLS 是备用指示灯，TYP 是锁相环锁定指示灯，RMM5 板指示灯含义如表 1.3.2 所示。

表 1.3.2　RMM5 板指示灯含义

灯名	颜色	含　义	说　明	正常状态
RUN	绿	运行状态指示灯	正常闪：正常运行，0.3s亮，0.3s灭 灭：表示本板运行异常	正常闪
ALM	红	告警指示灯	常亮：表示本板告警 灭：表示本板运行正常	常灭
M/S	绿	备用	备用	常亮
TFS	绿	时钟指示灯	常亮：工作时钟正常 灭：表示本板时钟（PP2S、16CHIP、32CHIP）不正常	常亮
FOS	绿	前向链路锁定指示灯	常亮：前向链路锁定 灭：前向链路失锁	常亮
FIS	绿	备用	备用	备用
BLS	绿	反向数据校验状态指示灯	常亮：反向数据效验正确 灭：反向数据校验错误	常亮
TYP	绿	RMM 近远端类型指示	常亮：RMM 单板支持远端 灭：RMM 单板不支持远端	常灭

RMM6 板指示灯含义如表 1.3.3 所示。

表 1.3.3　RMM6 板指示灯含义

灯名	颜色	含　义	说　明	正常状态
RUN	绿	电源指示灯	正常闪：正常运行，0.3s亮，0.3s灭 灭：表示本板运行异常	正常闪
ALM	红	告警指示灯	常亮：表示本板告警 灭：表示本板运行正常	常灭
M/S	绿	备用	备用	常亮
TFS	绿	时钟指示灯	常亮：工作时钟正常 灭：表示本板时钟（PP2S、16CHIP、32CHIP）不正常	常亮
FOS	绿	前向光口链路0锁定指示灯	常亮：前向光口链路0锁定 灭：前向光口链路0失锁或未配置光口0	常亮
FIS	绿	备用	常亮：前向光口链路1锁定 灭：前向光口链路1失锁或未配置光口1	常亮
BLS	绿	前向光口链路1锁定指示灯	常亮：反向数据效验正确 灭：反向数据校验错误	常亮
TYP	绿	RMM 近远端类型指示	常亮：RMM 单板支持远端 灭：RMM 单板不支持远端	常灭

RMM7 板指示灯含义如表 1.3.4 所示。

表1.3.4 RMM6板指示灯含义

灯名	颜色	含　义	说　明	正常状态
RUN	绿	电源指示灯	正常闪：正常运行，0.3s亮，0.3s灭 灭：表示本板运行异常	正常闪
ALM	红	告警指示灯	常亮：表示本板告警 灭：表示本板运行正常	常灭
TFS	绿	时钟指示灯	常亮：工作时钟正常 灭：表示本板时钟（PP2S、16CHIP、32CHIP）不正常	常亮
FLS	绿	前向链路指示灯	常亮：前向链路基带数据正确 灭：前向链路基带数据奇偶校验错误	常亮
RLS	绿	反向链路指示灯	常亮：反向数据效验正确 灭：反向数据校验错误	常亮

二、在OMC上查看告警

NetNumen M31移动网元管理系统是介于下级网管和上层运营支撑的中间系统，能实现对中兴通讯自行研发的各种网元设备的统一接入，完成对网元的集中告警管理功能，集中性能管理功能，完成跨网元的性能数据分析功能。本次技能训练是进行常用的维护操作，具体内容如下所示。

（一）登录网管系统

使用不同的用户登录NetNumen M31（ZXC10 BSSB）系统，拥有不同的操作权限。步骤如下所示。

（1）在NetNumen M31（ZXC10 BSSB）客户端登录界面输入用户名、密码和服务器地址。参数说明如表1.3.5所示。

表1.3.5 登录参数说明

参数名称	取值范围	填写说明
用户名	支持输入"'"以外的字符，0-50个字符	管理员分配的用户名称，默认的超级管理员用户名为Admin
密码	任意字符	该用户所使用的密码，Admin用户默认密码为空
服务器地址	正确的IP地址格式	NetNumen M31(ZXC10 BSSB)服务器程序的IP地址，127.0.0.1表示本机地址，服务器和客户端安装在同一部电脑时才可以使用

使用超级用户Admin和默认密码进行登录IP地址为10.50.1.168的NetNumen M31（ZXC10 BSSB）服务器，操作如图1.3.4所示。

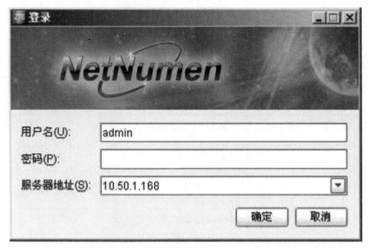

图1.3.4　登录网管系统

（2）在登录界面上，单击确定按钮。登录成功后，出现如图1.3.5所示的对话框。

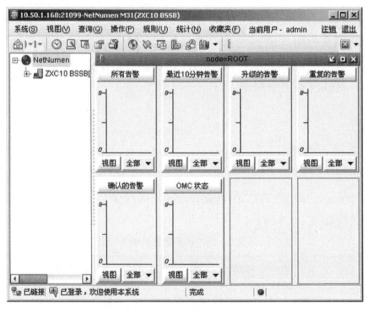

图1.3.5　NetNumen M31（ZXC10 BSSB）主界面

（二）通过监视窗口查看告警概要信息

通过监视窗口将告警监视器的内容以柱状图的形式来显示，以便查看告警概要信息。用户可自定义告警监视器，系统默认提供6个监视器：所有告警、最近10分钟告警、升级的告警、重复的告警、确认的告警、OMC状态。

具体步骤如下所示。

（1）在 NetNumen M31（ZXC10 BSSB）界面上，选择[视图 →故障管理→告警

管理],打开告警管理视图。

（2）在告警管理视图上,单击左侧配置树上的ZXC10 BSSB节点,右侧将出现Server的监视窗口,如图1.3.6所示。

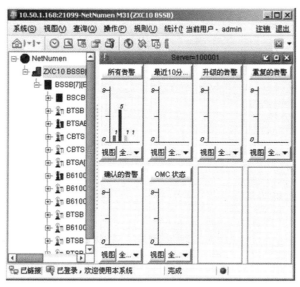

图1.3.6　选择告警类型

（3）在Server监视窗口上,单击柱状下面视图按钮,切换到列表方式显示告警概要信息,如图1.3.7所示。

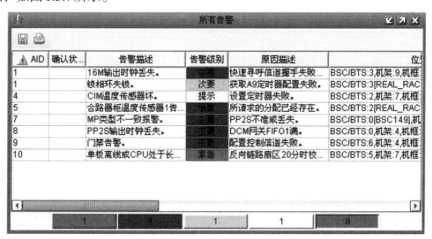

图1.3.7　告警概要信息列表

（三）确认并删除当前告警

1.确认当前告警

（1）在NetNumen M31（ZXC10 BSSB）视图上,选择[视图→故障管理→告警管理]菜单,进入告警管理视图。

（2）在告警管理视图左边配置树上，选择某网元节点，右侧出现告警列表视图，如图1.3.8所示。

图1.3.8　告警管理视图

（3）选择一条或者多条告警信息，右击选择确认快捷菜单，弹出确认对话框，如图1.3.9所示。

图1.3.9　确认界面

（4）在确认对话框上，单击确定按钮。

2. 删除当前告警

在当前告警页签上选择一条或者多条告警信息，右击选择删除告警快捷菜单，如图1.3.10所示。

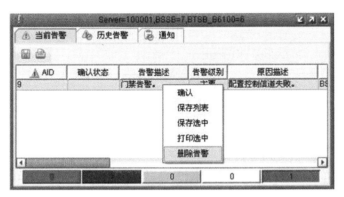

图1.3.10　删除告警

（四）快速查询并保存历史告警

1. 快速查询历史告警

（1）在 NetNumen M31（ZXC10 BSSB）界面上，选择[视图→故障管理→告警管理]，打开告警管理视图。

（2）在告警管理视图上，选择[快速查询→查询历史告警]菜单，弹出查询历史告警对话框，如图1.3.11所示。

图1.3.11　查询历史告警

（3）分别在查询历史告警对话框的位置、时间、码值和其他页签上，配置要查询的条件。

（4）在查询历史告警对话框上，单击确定按钮，查询结果返回查询历史告警视图，如图1.3.12所示。

AID	确认状态	告警描述	告警级别	原因描述	位置信息
1		CSM0某一个或几个扇...		射频接口模块主板信令...	BSC/BTS:9[左1 OSS集成测试环境],机架:5,机框:0,...
3		单板反向数据帧头失锁。	提示	Tx衰减器控制失败，或...	BSC/BTS:5,机架:7,机框:3,槽位:10
6		未探测到CH。		本地射频模块前向时延...	BSC/BTS:4[左侧2(16位EPLD SPS/CES集成测试...
7		GPS模块输出的16CHIP...	次要	GPS天馈断路，GPSTM...	BSC/BTS:3,机架:0,机框:0,槽位:9
9		GPS模块FPGA自检失败...		UB池10。	BSC/BTS:7,机架:0,机框:2,槽位:7
9		PPP_UID链路中断。		RCM进程数据同步失败。	BSC/BTS:4,机架:0,机框:0,槽位:5

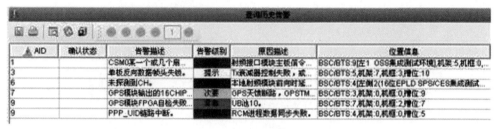

图1.3.12　查询历史告警结果

2. 保存查询结果为Excel文件

（1）单击查询历史告警视图上保存列表按钮，弹出保存对话框。

（2）在保存对话框上，指定保存的文件夹位置及输入文件名，单击确定按钮，保存的Excel文件如图1.3.13所示。

	A	B	C	D	E	F	G	H
1	AID	确认状态	告警描述	告警级别	原因描述	位置信息	发生时间	恢复类型
2	1	0	CSM0某一个	主要	射频接口模	BSC/BTS:9	########	自动恢复
3	3	0	单板反向数	提示	Tx衰减器控	BSC/BTS:5	########	未知
4	6	0	未探测到C	主要	本地射频模	BSC/BTS:4	########	未知
5	7	0	GPS模块输	次要	GPS天馈断	BSC/BTS:3	########	自动恢复
6	9	0	GPS模块FP	紧急	UB池10。	BSC/BTS:7	########	未知
7	9	0	PPP_UID链	主要	RCM进程数	BSC/BTS:4	########	自动恢复

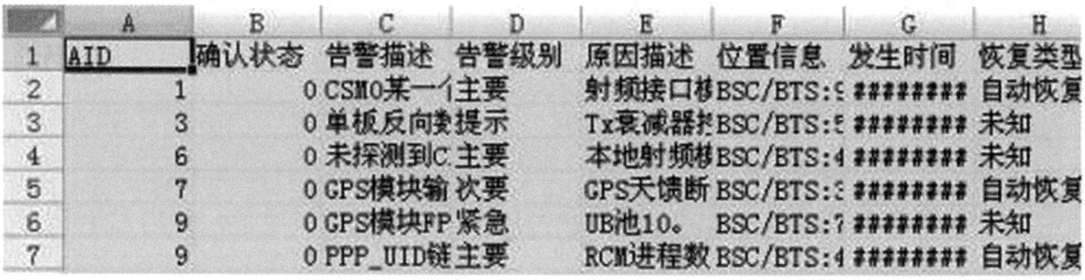

图1.3.13　Excel文件内容

3.有选择地导出查询结果

（1）单击查询历史告警视图上导出原始数据按钮，弹出导出原始数据对话框，如图1.3.14所示。

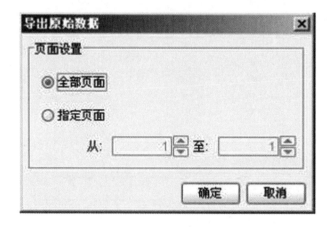

图1.3.14　导出原始数据

（2）在导出原始数据对话框上，指定要导出的页面，单击确定按钮。

三、单板的更换

单板和部件的更换通常应用在硬件升级或者设备维护的过程中。单板和部件的更换是维护人员进行故障清除和维护的基本方法，可以隔离发生问题的部件，清除大部分的故障，实现故障的定位和清除。本次技能训练完成单板的手工更换操作。

（一）更换注意事项和备件的科学管理

单板和部件的更换，必须注意以下几点。

（1）单板在插进槽位时，应顺着槽位插紧，否则单板在没有插紧情况下将可能导致运行时产生干扰，或者对单板造成损害。

（2）当手拿单板时，必须使用标准的防静电手腕套。也就是说，操作人员必须将防静电手腕套接到设备的接地端，正确接地的防静电手腕（如图1.3.15所示）保证了操作人员的人身安全，并使单板免受人体高压静电的损害。

（3）对防静电手腕应进行周期性的检测，以保证正常使用。

（4）更换前必须预先准备所需工具，它们有：万用表、防静电手腕、塑料扎带、网线钳、小型电烙铁、十字螺丝刀、一字螺丝刀、斜口钳等。

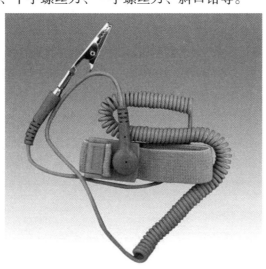

图1.3.15　防静电手腕图示

备件必须进行科学管理，以保证其在关键时刻可以使用。具体的管理办法有以下几点。

（1）在更换故障单板之前应经常检查单板备件的可互换性，在拿放、运输备件单板时，必须使用专用的防静电袋和防静电盒。

（2）在日常维护中，应做好备件的整理、登记和送维修工作，以便在任何时间和任何地点能提供可更换的单板。

（3）备件必须检查其完好可用性，并做出完好可用标记，以备在紧急时刻使用。

（二）BTS前面单板更换

BTS机架内LPA、PIM自身带有电源开关，需关断自身电源后，才可以插拔。

BTS机架内其他单板：PRM，PMM，CHM，CCM，DSM，SNM，RIM，GCM，SAM，BTM，RMM，TSM，RSM，TRX，RFE等均可带电插拔。

本更换过程适用于BTS上的前面单板的更换，这些单板包括CCM、SCM、SNM、DSM、SIM、SAM、CHM、GCM、RMM等单板。

1. 取出准备

取出单板前，要进行以下准备。

（1）BTS单板上装有大规模集成电路，在操作时一定要注意防静电。严格按照操作规程进行，以防静电对单板造成损坏。佩戴好防静电手腕带，并将接地端可靠接地。将防静电手腕带的导线插头插入机柜的防静电插座中。

注意：要正确佩戴防静电手腕带，防静电手腕带的金属内面应贴紧皮肤。

（2）保证需要更换的单板处于不用状态，即保证单板的拔出不影响用户的正常业务使用。如果影响业务，建议单板的更换要得到上级主管的批准，单板更换时间要选择在凌晨进行。

（3）如果是主备用的单板，如CCM单板，先要确认该板是否处于主用状态，若需更换的单板处于主用状态，需要将它成功倒换至备用位置后再进行更换操作。

（4）插入或拔出时要注意沿着槽位插拔，不要倾斜，更不要偏离槽位。

（5）更换这些扳手助拔的单板时，不使用工具。

（6）更换的单板，要注意从备件库中选择完好可用的单板，单板运输、暂时贮存都应要置于防静电袋中，如图1.3.16所示。

图1.3.16　防静电袋

2. 取出单板

取板步骤如下。

（1）单板拆除的时候，先松开扳手上的 M3x11 不脱螺钉，然后要求左右手分别扣住上下扳手，食指按压扳手外侧的锁紧钮。两拇指用力相外掰动扳手，使扳手脱离开导轨并自然拔出单板。

（2）在食指按压扳手外侧的锁紧钮的同时，两拇指用力向外掰动扳手，使扳手脱离开导轨并自然拔出单板。

注意：每块单板上下都有扳手和锁紧钮，因此，要取出单板，应用两手同时按压单板上下的锁紧钮和同时向外拉扳手。

（3）扳手在拉力下向外旋转，如同杠杆一样，将对单板产生向外的更大的拉力，会使单板从背板中脱出，当扳手旋转 约90度时，单板从背板中完全脱离。

（4）顺插槽取出单板，并将拆下的单板置于防静电包装中，此过程中避免接触印制板表面。

取板过程注意事项：

（1）防静电手腕带要正确佩戴；

（2）按压锁紧钮后再扳扳手；

（3）避免手直接接触印制板表面。

3. 单板安装准备

安装单板前，要进行以下几项准备。

（1）正确佩戴防静电手腕带，将防静电手腕带的导线插头插入机柜的防静电插座中。

（2）安装单板之前，从防静电袋中取出单板，检查单板有无损坏和元件脱落现象，此过程中要避免接触印制板表面。

（3）安装单板之前，要特别检查单板插头和背板插槽，要防止因存在异物，造成单板或背板损坏。

4. 安装单板

插板过程如下所示。

（1）通过板名条和槽位号确定安装的单板的槽位。

（2）确定上下扳手都处于张开的位置，然后对准相应的槽位垂直用力推入单板。

（3）到位后再用力推压扳手，听到清脆的响声后标明单板已经完全插到位，然后拧紧扳手上的 M3x11 不脱螺钉。

【任务成果】

1. 任务成果

故障处理报告。

2. 成果评价（如表1.3.6所示）

表1.3.6 "完成3G无线网络基站主设备维护"任务成果评价参考表

序号	任务成果名称	评价标准			
		优秀	良好	一般	较差
1	故障处理报告	能通过OMC发现所有与主设备相关的告警；能准确定位和处理每个故障	能通过OMC发现所有与主设备相关的告警；能准确定位和处理大部分故障	能通过OMC发现所有与主设备相关的告警；只能定位和处理小部分故障	只能通过OMC发现与主设备相关的告警；不能完成故障定位和处理

【教学策略】

本部分建议老师在实施教学时采用案例教学法。

1. 课前教师通过仿真软件或在实训设备上设计几个故障作为教学案例。

2. 课堂上，教师引导学生发现故障，组织分组讨论，由学生进行故障的定位和处理。

3. 故障处理结束后，就教师设计的这几个案例，学生开展课堂发言，全班交流。

4. 教师对学生的分析和处理进行点评。

本部分侧重于从技能训练、团队合作、工作规范等角度提升学生的专业能力和职业能力，并在此任务完成的基础上，通过任务拓展的方式，举一反三，扩展到其他类型的3G基站主设备维护领域。

【任务习题】

1. 请分析CCM的作用，如果CCM发生故障，将会出现哪些相关告警？

2. 请分析TRX的作用，如果TRX发生故障，将会出现哪些相关告警？

3. 如何在NetNumen M31上查看告警信息？

4. 取出单板前，维护人员要做哪些准备？

5. 单板安装时，需要注意哪些方面？

6. 防静电措施主要有哪些？如何使用？

【知识链接与拓展】

一、CDMA2000基站主设备介绍

（一）CDMA2000紧凑型基站ZXC10 CBTS I2简介

ZXC10 CBTS I2是中兴通讯基于全IP平台开发的系列CDMA BTS的一种新机型，其结构设计特色是结构紧凑，重量轻、体积小、容量大。

CBTS I2在CDMA移动通信系统中的位置如图1.3.17所示。

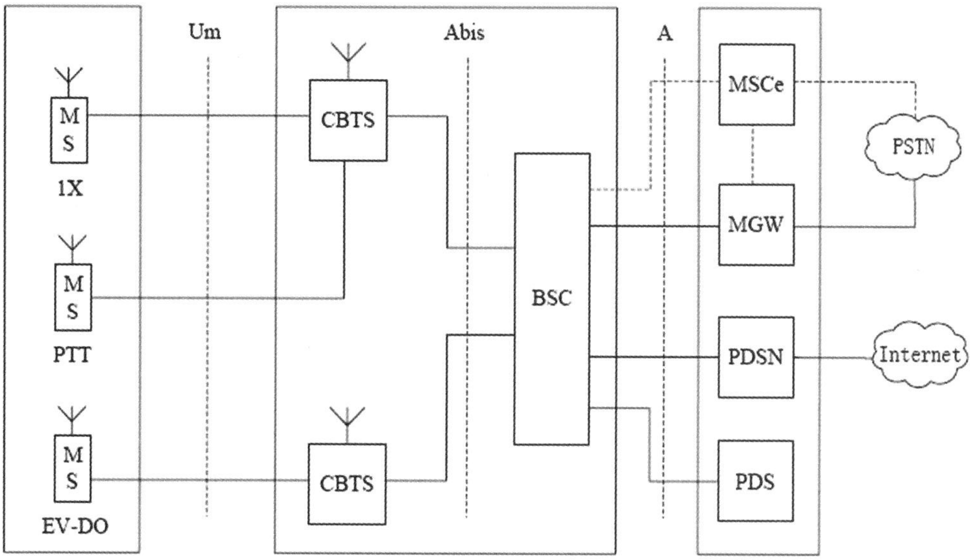

图1.3.17　CBTS I2在CDMA移动通信系统中的位置

CBTS I2位于移动台MS与CDMA基站控制器BSC之间，相当于移动台和BSC之间的一个桥梁，完成Um接口和Abis接口功能。

在对MS侧，根据不同的终端（1X、PTT、EV-DO），完成不同Um接口的物理层协议，即完成无线信号的收发、调制解调，无线信道的编码、扩频、解扩频，以及开环、闭环功率控制。并对无线资源进行管理。

在对BSC侧，完成Abis接口协议的处理。

在前向，基站通过Abis接口接收来自基站控制器BSC的数据，对数据进行编码和调制，再把基带信号变为射频信号，经过功率放大器，射频前端和天线发射出去。

在反向，基站通过天馈和射频前端接收来自移动台的微弱无线信号，经过低噪声放大和下变频处理，再对信号进行解码和解调，通过Abis接口发送到BSC去。

（二）主机柜结构

CBTS I2机柜的组成包括机柜体、前门、后门、插箱、底座等。机柜内可装配2个功能机框、2个风扇插箱。机柜组成如图1.3.18所示。CBTS I2外观如图1.3.19所示。机柜尺寸为：850 mm×600 mm×600 mm（高×宽×深）。

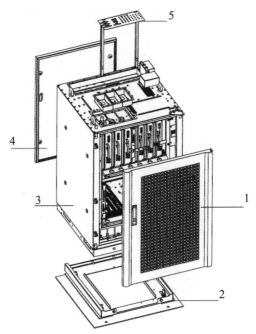

1. 机柜前门　2. 底座　3. 主柜体　4. 机柜后门　5. 接口转接板

图1.3.18　机柜组成结构

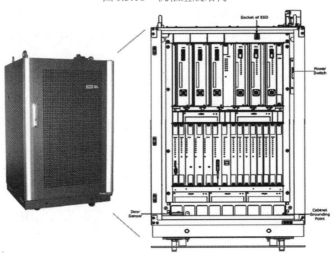

图1.3.19　CBTS I2外观

（三）CBTS I2硬件结构

1. 物理结构

CBTS I2由BDS（基带数字子系统）和RFS（射频子系统）组成。RFS和BDS共用一块背板，各部件之间的信号连接均通过背板完成，大量减少了内部线缆的连接，提高了结构的紧凑性和系统的稳定性。如图1.3.20所示。

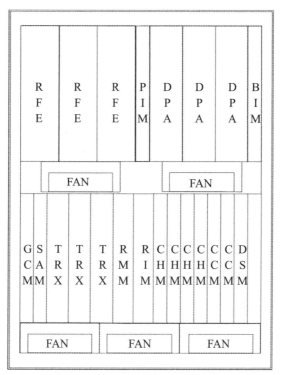

图1.3.20　CBTS I2物理结构示意图

BDS包括DSM、CCM、CHM、RIM、GCM、SAM和BIM单板。

RFS包括RMM、TRX、DPA、RFE和PIM单板。

BDS位于基站控制器BSC与射频子系统RFS之间，通过Abis接口与BSC相连。BDS基带系统主要完成BTS的系统控制中心、通信平台、Abis口通信、CDMA基带调制解调的实现、系统/电路/射频时钟的控制等重要功能。

基带系统又分为两种，一种是主基带系统MBDS，一种是从基带系统SBDS。一个BTS系统中，只有一个MBDS，可有0个或1个SBDS。SBDS与MBDS原理和结构基本类似，只是配置上简化一些，如果MBDS配有大容量DSM，则SBDS的DSM可以不配。同时SBDS不需要配置GPS时钟。

SBDS的时钟来自于MBDS，而其Abis数据可以通过主BDS送到BSC。SBDS的Abis数据也可单独到BSC。

RFS位于基带系统与移动台之间。在空中，RFS实现空中射频接口；在有线侧，RFS完成与基带系统间的数据接口。RFS子系统主要完成搭建BTS射频链路的功能，包括部分基带处理、数字中频、数模转换、射频调制与解调，前向功率放大、反向低噪放大，射频前端等功能。

RFS由收发信机（TRX）、功放（PA）和射频前端（RFE）三部分组成。

TRX在前向链路上与BDS和PA连接，完成基带信号到射频信号的调制；在反向链路上与 RFE 和 BDS 连接，完成射频信号到基带信号的解调。PA 分别与 TRX 和 RFE 连接，完成前向射频信号的功率放大；PA 部分目前一般由 DPA（数字预失真功放）单板构成。RFE 前向接收 DPA 发送来的高功率射频信号，通过双工器传送到天馈系统；反向通过滤波器接收天馈系统的移动台信号，经过低噪声放大后送给 TRX 进行解调处理。

2. 逻辑结构

CBTS I2 逻辑上由 BDS、RFS 和 PWS（选配）子系统构成，如图 1.3.21 所示。

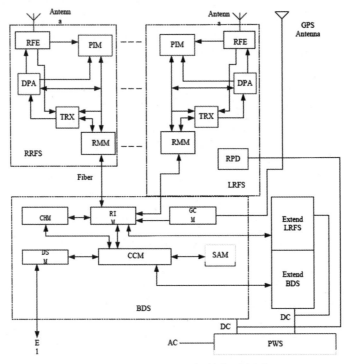

图 1.3.21　CBTS I2 逻辑结构示意图

（四）CBTS I2 的配置

1. BDS

BDS 是 BTS 中最能体现 CDMA 特征的部分，包含了 CDMA 许多关键技术：扩频解扩、分集技术、RAKE 接收、软切换和功率控制。BDS 是 BTS 的控制中心、通信平台，实现 Abis 口通信以及 CDMA 基带信号的调制解调。

BDS 由 CCM、DSM、GCM、RIM、RMM 和 CHM 共同组成。BDS 和 TRX 机框在物理上由 4 块 CHM（信道处理板）、2 块 CCM（通信控制板）、1 块 RIM（射频接口板）、1 块 GCM（GPS 接收控制模块）和 3 块 TRX（收发信机）、1 块 RMM（射频管理板）、1 块 SAM（环境监控板）、1 块 DSM（数据服务模块）组成。BDS 满配置如图 1.3.22 所示

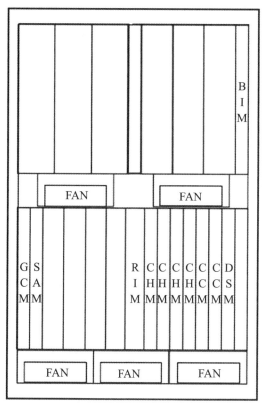

图1.3.22　BDS满配置示意图

单板的基本功能如下所示。

（1）CHM（Channel Processing Module）——信道处理模块。

CHM是信道单板，负责CDMA物理信道的处理。CHM单板有四种：CHM0、CHM1、CHM2和CHM3。CHM0/CHM3完成CDMA2000 1X Release A物理信道的调制解调；CHM1完成CDMA2000 1X EV-DO Release 0物理信道的调制解调；CHM2完成CDMA2000 1X EV-DO Release A物理信道的调制解调，同时后向兼容EV-DO Release 0。

CHM0支持前反向的数据速率均为307.2 kbps；CHM1支持前向峰值分组数据速率为2.4 Mbps，反向峰值速率为153.6 kbps；CHM2支持前向峰值速率为3.1 Mbps，反向峰值速率为1.8 Mbps；CHM3前反向数据业务速率最高可达到307.2kbps。四种信道板可以在CHM槽位混插。

（2）RIM（RF Interface Module）——射频接口模块。

实现"CE共享"，完成BDS的系统时钟、电路时钟的分发，并建立基带与射频间的数据传输接口。

（3）CCM（Communication Control Module）——通信控制模块。

CCM是BTS的交换中心，提供媒体流和控制流两个独立的交换平台，保证基站内的数据无阻塞地传送。控制流采用交换式以太网,保证BTS内各个模块之间的信令传送。

CCM是BTS的信令处理、资源管理和操作维护的核心。

CCM可以是主备配置。

(4) DSM (Data Service Module) ——数据服务模块。

DSM完成与BSC的Abis接口功能。

(5) SAM (Site Alarm Module) ——现场告警模块。

完成所属机柜内温度监控、前门/后门门禁告警、风扇告警、水淹告警和内置电源监控。

(6) GCM (GPS Control Module) ——GPS接收控制模块。

GCM为GPS控制单板,为BTS的各单板提供稳定可靠的时钟源。主要时钟包括:TOD (UTC定时报文)、系统时钟 (16CHIP、PP2S) 和射频基准时钟 (30M)。

(7) BIM7 (BDS Interface Module-7) ——BDS接口模块7。

BIM7提供CBTS I2基带的对外接口保护功能,如与BSC的Abis接口、与其他BTS的级联接口、用于调试的媒体流控制流调试接口。BIM7同时提供对BDS_ID、BTS_ID和E1工作模式设置功能。

综上所述,BDS的原理如图1.3.23所示。

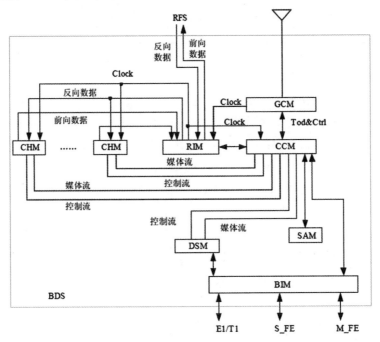

图1.3.23　BDS原理示意图

Abis压缩数据包经E1/T1送到DSM进行解压缩以及其他的Abis接口协议处理。处理之后的IP数据包被分为媒体流和控制流两类,其中媒体流通过CCM上的媒体流IP通讯平台交换到信道板。媒体流到达信道板后,由CDMA调制解调芯片对其进行编码调制，变成前向基带数据流。来自所有信道板的前向基带数据流由 RIM 汇集、求和后，送到 RFS。

控制流通过 CCM 上的一个控制流 IP 通讯平台进行交换。控制流的目的地址可以是 CHM 或 CCM。控制流和媒体流分离，不发生相互影响。对于反向数据流，其处理顺序与前向相反。

GCM 接收 GPS 卫星信号，产生精确的与 UTC 时间对齐的系统时钟。并送到 RIM，由 RIM 对时钟进行分发，送到信道板及 CCM，满足 CDMA 基站精确定时的需求。

SAM 收集并上报系统的环境参数，以及功放和电源的告警消息。

2. RFS

由于 CDMA 采用了诸多独特的技术，如功率控制、小区呼吸、软切换、GPS 定时、多种的分集接收等技术，使得 CDMA 系统中的 RFS 具有与其他蜂窝系统的 RFS 不同的特点。

CDMA 系统的 RFS 完成 CDMA 信号的载波调制发射和解调接收，并实现各种相关的检测、监测、配置和控制功能，以及小区呼吸、繁荣、枯萎等功能。

RFS 由机柜部分和机柜外的天馈线部分组成。天馈线部分包括天线、馈线及相应结构安装件。典型的天馈线部分由天线、天线跳线、主馈线、避雷器、机顶跳线、接地部件等。

CBTS I2 的 RFS 满配置如图 1.3.24 所示。

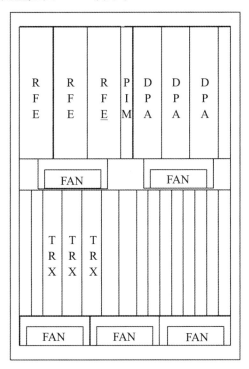

图 1.3.24　RFS 满配置示意图

RFS所有模块的基本功能如下所示。

（1）TRX（Transmitter and Receiver）收发信机板。

完成前反向信号的载波调制和载波解调，并有衰减控制功能。前向支持功率控制（TPTL），反向支持小区繁荣、枯萎和呼吸等特殊功能，是决定基站无线性能的关键单板。

每块TRX能支持4个载频的应用。

TRX同时负责为同链路的RFE单板供电。

（2）DPA（Digital Predistortion Power Amplifie）数字预失真功放。

DPA对TRX的前向发射信号进行功率放大，使射频信号达到需要的功率值。CD-MA前向发射信号采用QPSK调制方式，属于线性调制的非恒包络信号，信号的峰/均比较高（约10dB）。为了保证发射信号有较小的失真，防止信号的频谱扩展，在本系统中采用了功率回退技术、前馈技术、数字预失真技术来保证DPA的线性度。

DPA提供过温告警、过功率告警、驻波比告警、器件失效告警和电源告警，可保证DPA在适当的温度环境和工作电源漂移情况下有良好的工作性能。

每个DPA支持放大4个载波的射频信号。

（3）RFE（Radio Frequency End）射频前端。

RFE由DUP（双工器）、DIV（分集接收滤波器）和LAB（LNA集成板）组成。

DUP可以只使用一副天线完成射频信号的发射和接收。并对反向接收的小信号和前向发射功率信号进行滤波。

DIV对天线接收的小信号进行滤波，是完成分集接收功能的重要模块。

LAB集成了主、分集的LNA。LNA对从天线接收的小信号进行低噪声放大，并对放大后的信号进行功率分配。高载配置时，分集LNA可省略。

RFE面板无状态指示灯，其状态检测和状态指示由PIM（PA接口模块）提供。

RFE的电源由对应链路的TRX提供。

（4）PIM（Power Amplifier Interface Module）功放接口板。

PIM担当RMM在RFE/PA框的代理，对机柜中所有PA与RFE进行监控，完成PA/RFE框的告警/状态管理、版本管理（硬件版本、硬件类型、厂家标识）等信息的收集，节省RMM与PA/RFE框的信号连线。

PIM还代理RMM对RFE的LNA链路增益进行控制，实现反向定标的功能和动态调整主、分集链路的平衡。

PIM在各RFE之间分时进行总功率检测、载波功率检测、TX前向功率检测、TX反向功率检测、驻波比检测和LNA电流检测。

PIM对LAB的反向分集进行二选一控制，确定在高载（大于4载频）与低载（不大于4载频）情况下的分集输出选择。对于低载配置的分集由本地DIV产生；对于高载配置的分集由另一RFE的交叉输入产生。

综上所述，RFS的工作原理如图1.3.25所示。

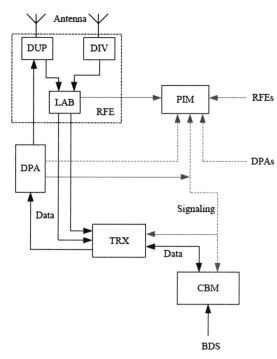

图1.3.25   RFS原理示意图

来自BDS的前向数据流，在RMM上汇集并分发到TRX，TRX首先对信号进行中频变频，生成的中频信号再被上变频，变成射频信号，通过DPA放大功率，再通过DUP和天馈系统发射出去。

在反向，从天线接收到的无线信号通过DUP和DIV的滤波，送到LAB（含主分集LNA）对信号进行低噪声放大，放大后的信号送到TRX进行下变频，再进行数字中频处理，将射频信号变为基带信号，送到RMM。RMM将来自TRX的数据打包成一定格式，通过基带射频接口送往BDS。

PIM作为RMM的监控代理，收集DPA和RFE的告警和管理信息，并分时检测各RFE的功率、驻波比和LNA电流。PIM还完成RFE高、低载配置时的选择控制。RM对各单板的通信控制和时钟分发均用"Signaling"线（虚线）表示。

3.PWS

PWS完成交/直流配电、交/直流监控和蓄电池管理等功能，可为CBTS I2提供-48V直流电源，是选配设备。

（五）设备接口

1. 外部机顶接口

CBTS I2基站的外部接口都集中于机柜顶部，如图1.3.26所示。

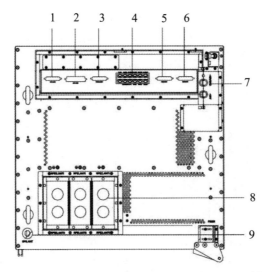

1.EXT_MON 2.EXT_BDS 3.ROOM_MON 4.FE 接口组

5.E1/T1 接口 1 6.E1/T1 接口 2 7.电源接口 8. 天馈接口 9. GPS 天馈接口

图 1.3.26 CBTS I2 机柜俯视图

2. 转接板接口描述

在机柜顶部，需要使用转接板对中继和监控电缆进行转接，转接板位置如图 1.3.27 所示。

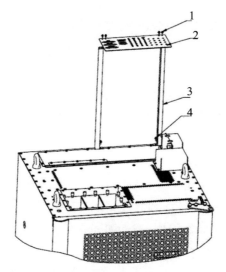

1.M3X12 小盘头组合螺钉 2.转接板 3.支架 1 4.M4X10 小盘头组合螺钉

图 1.3.27 转接板位置示意图

（六）组网

Abis 接口组网时，CBTS I2 和 BSC 之间通过 Abi 接口相连，连接方式可为星形、链形和环形，如图 1.3.28 所示。

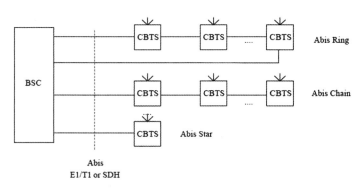

图 1.3.28 CDMA2000 BSS 组网图

各种连接方式均有各自的优点和应用。

星形（Abis Star）：每个 BTS 点对点直接连接到 BSC。这种方式简单可靠，一个站点出现传输故障不会影响到其他站点。但这种连接方式会占用较多的传输资源。这种组网方式适用于话务量大，传输资源集中的地区，如城市。

环形（Abis Ring）：多个 BTS 与 BSC 串联，形成一个环路。环形组网可靠性比星形低，比链形高，如有其中一个站点的传输出现故障，并未影响其他站点；但如果出现 2 个站点以上的传输故障，则受影响的可能不仅是这几个站点。

链形（Abis Chain）：多个 BTS 连成一条链，通过第一级 BTS 接入 BSC。链形组网适用于呈带状分布的地区，如公路、铁路两旁。

实际的组网方式可以是上述三种网络拓扑的任意组合，如图 1.3.29 所示。

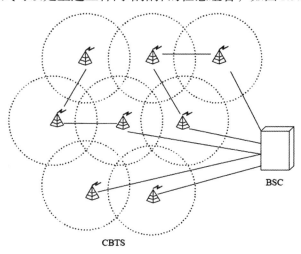

图 1.3.29 基站与 BSC 的混合组网方式示意图

CBTS I2 射频组网时，CBTS I2 所覆盖的小区可为全向结构，也可为扇区结构。CBTS I2 除了本身自带的 RFS 外，还可以和其他具有标准的"基带—射频"接口的 RFS 连接，连接方式可以是星形连接、链形连接和环形连接的任意组合，如图 1.3.30 所示。

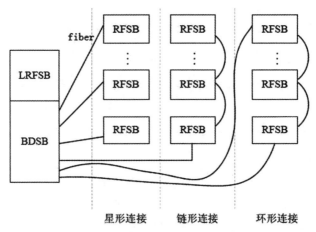

图1.3.30 CBTS I2 射频连接示意图

单机柜CBTS I2 的RIM板最多提供6对光纤接入远端射频系统，每对光纤可传输24载扇的数据。

CBTS I2 有六种组网方式，如表1-3-7所示。

表1.3.7 CBTS I2组网方式

横式	英文全称	中文全称	系统特点
LS	Local Single Mode	本地单站模式	CBTS单机柜配置，支持4F3S（1X/DO），不支持拉远，最低成本配置
RE	Remote Extend Mode	远端扩展模式	通过光纤拉远方式，实现远端扩展，远端可为CBTS、RFSB O1等
RS	Remote Signle Mode	远端单站模式	可作为拉远的射频远端
LEA	Local Extend Mode A	本地扩展模式A	通过并柜扩展射频，支持近24载频扇区的语音（1X），可以为8F3S、4F6S配置
LEB	Local Extend Mode B	本地扩展模式B	通过并柜扩展基带、射频，支持完全24载频扇区（1X/EV-DO），可以为8载3扇、4载6扇配置
ME	MIX Extend Mode	混合扩展模式	通过近端并柜扩展基带/射频，并用光纤拉远方式实现远端扩展，远端可为CBTS I2、RFSB等，（本地+远端）总容量为24载扇（EV-DO）或近48载扇（1X）

二、CDMA2000基站主设备故障分析

本节介绍BTS各种故障的现象描述、分析定位和解决步骤，目的主要是指导维护人员对系统故障进行进一步处理，所列的告警信息指在OMC告警管理程序中出现的告警。本节对常见的告警信息进行了详细的分析，对故障的处理过程列举了一些典型处理案例。由于系统故障表现和根源的复杂多样性，在此不可能列出所有的故障，对每一种故障的分析也不可能全面，只能尽可能多地列出一些常见的、重要的故障和各种可能因素。

按照告警信息单元所属系统分为以下几个部分介绍。

（一）时钟系统告警

1. 时钟模块工作原理

基站 GPS 时钟模块的工作原理如图 1.3.31 所示。

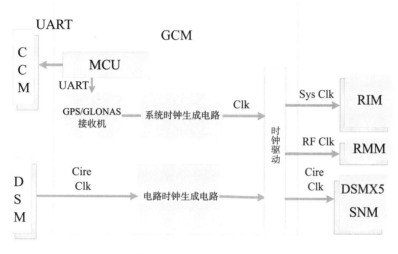

图 1.3.31　BTS 时钟系统

GCM 的工作原理为：通过双模接收机（GPS/GLONASS）接收卫星信号，通过 UART 接口输出 TOD（UTC 报文），并输出 1PPS 脉冲信号。GP 时钟模块 GCM 主要功能是为 BTS 的各模块提供高稳可靠的时钟源，主要包括：TOD（UTC 报文）、系统时钟（16CHIP、PP2S）、电路时钟（2MB、8K）、射频基准时钟（30M）。

（1）系统时钟。

GCM 同时接收系统时钟 1PPS 与电路时钟 2MB 的输入，并进行源相位比较，跟踪两输入源的相位波动，并选择好的一路作为系统时钟同步基准。由高稳定度的本振经数字锁相后产生高稳定度的系统时钟。

（2）电路时钟。

主要接收来自 DSM 的电路时钟，与系统时钟互为备份，选择其中好的一路作为电路时钟的基准。由高稳定度的本振级数字锁向后产生电路时钟。

（3）TOD。

GCM 通过 UART 将 TOD 消息送到 CCM，再由 CCM 将其转换为 IP 包分发到各个模块。

时钟分发主要分发给本框和从 BDS 框的 RIM，再由 RIM 分发给 CCM，CHM。电路时钟分发，可从 GPS 或电路中提取出电路时钟，并作为全局的电路时钟分发下去。GCM 通过时钟分发电路，将系统时钟分发到所有 RIM 和本地 RMM，同时产生出射频时钟送到本地 RMM。将电路时钟分发到 DSM。

2. 告警一：未探测到 GCM

（1）故障现象。

在后台的操作维护系统告警管理程序中，出现"未探测到 GCM"告警。

（2）相关部件。

● GCM 模块。

● GCM 模块与 CCM 的通信连线。

● CCM 模块。

（3）初步分析。

GCM 只要电源正常、天馈正常即可正常工作。如果只有未探测到 GCM 的告警，说明 GCM 与 CCM 的通信中断，但 GCM 的时钟输出基本正常。

造成 GCM 与 CCM 的通信中断的原因可能是：

①GCM 模块与后背板接触不良；

②GCM 与 CCM 的后背板连线有问题或接触不良；

③CCM 模块与后背板接触不良；

④GCM 失效；

⑤数据配置错误，如果数据配置出现与实际配置不同的错误，也会出现告警。

（4）定位方法和处理措施。

检查物理配置数据，确认该槽位是否确实存在 GCM 模块；如果不存在 GCM 模块，更改配置数据，并做数据同步。

如果数据配置无问题，解决该故障必须到前台处理。倒换或拔插 CCM 模块，检查 CCM 模块与后背板接触是否不良。

检查 GCM 与 CCM 的连线。

复位 GCM 模块。

拔插 GCM 模块，检查 GCM 模块是否与后背板接触不良。

用代换法验证是否 GCM 模块失效。

（5）注意事项。

在故障定位和处理过程中，更换 GCM 模块或重新上电，会出现 GPS 处于时延告警。但只要"未探测到 GCM"告警消失，可以认为该故障处理结束。

3. 告警二：时延告警（GPS 无法锁定卫星）

（1）故障现象。

在后台的操作维护系统告警管理程序中，出现"时延告警（GPS 无法锁定卫星）"的未恢复告警。告警暂时不会影响该基站用户通信，但会影响切换。也有可能引起该基站服务区和相邻基站服务区内用户掉线或服务质量下降。如果告警基站位于市区，必须立即处理。

（2）相关部件。

● GPS 天线。

● GPS 馈线。

● GPS 避雷器。

● GPS 机顶跳线。

● GCM 机架内跳线。

● GCM 模块。

（3）初步分析。

GPS 处于时延阶段的告警说明 GCM 模块已启动，GCM 已探测到天馈，未能跟踪到卫星，未收到卫星定位信号或收到的卫星信号极弱。

造成该告警的原因可能有：

①GPS 天线面向天空部分被严重遮挡；

②GPS 天线已被供电，但接收、放大卫星信号能力极差；

③GPS 馈线能提供 GPS 天线所需的直流通路，但 GPS 射频信号衰减很大；

④GCM 模块插针与后背板接触不良；

⑤GCM 模块失效。

（4）定位方法和处理措施。

此故障必须到前台处理。

检查 GPS 天馈系统：

①检查 GPS 天线是否被遮挡；

②检查各接头连接部位是否拧紧；

③接头焊接部位是否牢靠。

可用代换法检查 GPS 天线的放大性能。

复位 GCM 模块。

拔插 GCM 模块，以检查是否 GCM 模块与后背板接触不良。

用代换法验证是否 GCM 模块失效。

更换 GCM 模块。

（5）注意事项。

在故障定位和处理过程中，更换 GCM 模块或重新上电，故障排除的正常情况下，5 分钟后"时延告警"告警会消失。

（6）案例。

故障现象：某基站的两块 GPS 均处于时延告警。

分析定位处理：该站以前曾多次出现该故障，说明故障比较隐蔽。经过反复检查和多次代换，最后确定为 GPS 馈线头制作不良及 GPS 天线性能下降两个问题同时存在。检查 GPS 馈线头，发现是馈线的外层铜网没有被牢固夹住，造成馈线的信号损耗过大。重新制作 GPS 馈线头，并更换 GPS 天线后问题解决。

4. 告警三：GPS 天馈断路

（1）故障现象。

在后台的操作维护系统告警管理程序中，出现"GPS 天馈断路"的未恢复告警。前台 GCM 面板 RUN 灯慢闪。该告警暂时不会影响该基站用户通信，但会影响软切换。也有可能引起该基站服务区和相邻基站服务区内用户掉线或服务质量下降。

（2）相关部件。

● GPS 天线。

● GPS 馈线。

● GPS 跳线。

● GPS 避雷器。

● GCM 模块。

（3）初步分析。

GPS 天馈故障，说明 GCM 模块已正常启动，但未检测到天馈系统。

造成该告警的原因可能有：

①GPS 天线失效；

②GPS 馈线或跳线在某处开路或短路；

③相关各接头存在接触不良的现象；

④避雷器失效；

⑤GCM 模块失效。

（4）定位方法和处理措施。

用万用表测试连接室外 GPS 天线的馈线头芯线和外铜皮之间的电压。正常电压一般为 5V 左右。如果电压正常，用代换法检查 GPS 天线。如果电压不正常，检查 GCM 模块后背板处射频接口是否输出电压（此时 GCM 模块不能断电），如果没有，拔插 GCM 模块，如果仍然没有电压，说明 GCM 模块失效。

逐段检查 GPS 馈线系统。通过测量电压的方法可以最终定位故障点。检查顺序可以自 GPS 天线处逐渐向下到 GCM 模块后背板处射频接口处，也可按反向顺序检查。

（5）注意事项。

测量电压时，不要造成短路，否则可能引起 GCM 模块失效。

（6）案例：雷击造成的避雷器失效。

故障现象：在告警管理中发现某基站出现"GPS 天馈断路"告警。

分析定位处理：到前台基站侧检查，发现 GCM 板 ALM 灯慢闪。在线测量避雷器信号输入端口的电压，没有电压。试用 GPS 天线单独接 GPS 室内跳线，即跳过避雷器，告警消失。由此判断是避雷器故障。检查避雷器，发现有雷击痕迹。说明是雷击造成避雷器失效，使系统不能探测到 GPS 天线而告警。更换 GPS 避雷器后告警消失。

5. 告警四：GPS 初始化失败

（1）故障现象。

在后台的操作维护系统告警管理程序中，出现"GPS 初始化失败"的未恢复告警。在有两块 GCM 的前提下，暂时不会影响该基站用户通信。

（2）相关部件。

● GCM 模块。

● GCM 与 CCM 的通信线路。

● CCM 模块。

（3）初步分析。

GPS 初始化失败，说明 GCM 模块已经存在，但是上电出现问题。如果该告警一直存在，说明 GCM 上电失败，存在的原因可能是：

①GCM 模块与后背板接触不良；

②GCM 与 CCM 的通信线路有问题或接触不良；

③CCM 模块与后背板接触不良；

④GCM 失效。

（4）定位方法和处理措施。

倒换或拔插 CCM 模块，检查 CCM 模块与后背板接触是否不良。

检查 GCM 与 CCM 的连线。

复位 GCM 模块。

拔插 GCM 模块，检查 GCM 模块是否与后背板接触不良。

用代换法验证是否 GCM 模块失效。

（二）射频系统告警

1. 射频系统工作原理

射频系统 RFS 位于基带系统与移动台之间，在空中，实现空中射频接口，在有线侧，完成与基带系统间的数据接口如图 1.3.32 所示。

信号通过射频系统的过程是这样：来自基带的前向数据流，在 RMM 上汇集并分发到 TRX，TRX 首先对信号进行数字中频变频，生成的中频信号再被射频上变频，变成射频信号，通过功放放大，再通过 RFE 和天馈发射出去；再反向，从天线接收到的无线信号通过 RFE 的双工器和低噪放大，送到 TRX 进行下变频，首先变为中频，之后进行数字中频处理，变成基带的采样信号，送到 RMM，RMM 汇集来自所有 TRX 的数据，并将数据打包成一定格式通过基带射频接口送往基带。

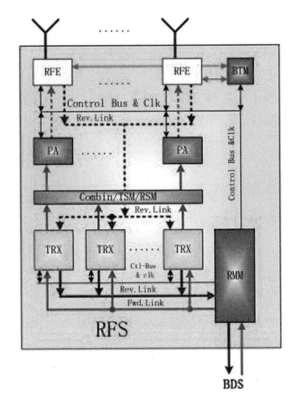

图 1.3.32　射频系统工作原理

2. 告警一：驻波比异常

（1）故障现象。

在后台的操作维护系统告警管理程序中，出现"RFE 驻波比一般异常"或"RFE 驻波比严重异常"的未恢复告警。该告警会严重影响相关扇区前向性能。如果告警一直存在，必须立即处理。

（2）相关部件

● RFE 模块。

● 主馈线。

● 主馈线接头。

● 主馈线避雷器。

● 天线。

● 室外跳线、室内跳线、机架内跳线。

（3）初步分析。

RFE 驻波比一般异常，说明 RFE 探测到其输出口的驻波比已超过 1.5。

RFE 驻波比严重异常，说明 RFE 探测到其输出口的驻波比已超过 3.0。

一般是天馈接线故障。

（4）定位方法和处理措施。

用驻波比测试仪定位。

检查接头。请检查机内跳线、机顶跳线、天馈等接头是否短路、断路、拧紧和有渗水现象。

因为连接器可能存在接触不良的现象，导致用驻波比测试仪测试不准，所以检查时，后台密切关注告警，在检查某一接头时告警消失，说明可能该接头处存在接触不良的现象，应该重点检查。

通过代换 RFE 可判断是否误告警。

3. 告警二：未探测到 RFE

（1）故障现象。

在后台的操作维护系统告警管理程序中，出现"未探测到 RFE"的未恢复告警。该告警会影响相关扇区前向和反向性能。

（2）相关部件。

- RFE。
- TRX。
- RFE 与 TRX 的连线。
- 配置数据。
- 后背板拨码开关。

（3）初步分析。

RFE 通过 TRX 与 CCM/CBM 通信，其告警信息通过 TRX 上报。若 TRX 探测不到，则相应 RFE 也探测不到。若 TRX 正常，则故障原因可能是：

①无线数据配置错误；

②RFE 拨码开关错误；

③RFE 与 TRX 间的缆线松动；

④RFE 模块与后背板接触不好；

⑤RFE 模块失效。

另外同一扇区的两块 RFE 硬件版本不一致可能会造成其中一块 RFE 探测不到。

（4）定位方法和处理措施。

首先确认 TRX 是否正常。如果 TRX 不正常，先解决 TRX 问题，参考 TRX 的相关故障解决办法等。如果 TRX 前台和后台均无告警，检查配置数据。拔插告警的 RFE，如果告警消失，说明故障原因是接触不好，用好的 RFE 模块代换。如果告警消失，说明故障原因是 RFE 模块失效。检查 RFE 背板上的与 TRX 间的缆线连接是否松动；可用好的 RFE 与 TRX 间的缆线代换。

（5）注意事项。

更换 RFE 前，必须关断 PA。否则可能造成 PA 输出开路而失效，同时对操作人员因为高功率辐射造成伤害。

4.告警三：未探测到 TRX

（1）故障现象。

在后台的操作维护系统告警管理程序中，出现"未探测到 TRX"的未恢复告警。

（2）相关部件。

● TRX。

● RFIM。

● TRX 与 RFIM 的连线。

● 配置数据。

（3）初步分析。

未探测到 TRX，表示 CCM 与 RFCM 通信不通。可能的原因是：

①数据配置不正确；

②TRX 在自动定标，自动定标过程中出现该告警是正常现象；

③有部分 RFCM 单板由于 EPC1 故障，会导致断电重启探测不到，需更换；

④如果与 RFE 连线有问题，在告警通知中容易出现 RFCM 的 I²C 总线错误，也可能是 TRX 或 RFE 器件坏，请检查通知。

（4）定位方法和处理措施。

检查配置数据。如果配置数据正确，重新进行数据同步到 CCM/CBM。

前台复位 TRX。

拔插 TRX。

更换 TRX。

5.告警四：未探测到 PA

（1）故障现象。

在后台的操作维护系统告警管理程序中，出现"未探测到 PA"的未恢复告警。

（2）相关部件。

● TRX。

● PA。

● PA 与 TRX 的通信连线。

（3）初步分析。

未探测到 PA，说明 PA 与 TRX 的通信中断。PA 通过 TRX 通信，若 TRX 探测不到，则相应 PA 也探测不到。若 TRX 通信正常，则可能的原因是：

①数据配置不正确，实际上不存在该板件；

②功放未加电（前面板有电源开关）；

③TRX 与 PA 通信线坏；

④PA 模块通信电路失效。

（4）定位方法和处理措施。

到前台检查 PA 是否在位和上电。

通过代换高功放可判断是模块故障还是线缆故障。

检查功放与 TRX 间的线缆是否故障。

（5）注意事项。

更换 PA 模块时，只有在单板完全插入槽位且输入输出射频电缆连接可靠的情况下，才能开启 PA 上电源开关。

（三）传输系统告警

1. 故障一：未探测到 DSM

（1）故障现象。

在后台的操作维护系统告警管理程序中，出现"未探测到 DSM"的未恢复告警。

（2）相关部件。

● DSM 单板。

● E1 线。

（3）初步分析。

①没有 DSM 单板。

②DSM 没有上电。

③如果 DSM 所在的系统重新配置过，可能数据配置有问题。

（4）定位方法和处理措施。

检查数据配置是否正确。

检查 DSM 单板的连线，保证 DSM 正常连接。

确认 DSM 单板是否上电

检查传输链路。

2. 故障二：DSM 上的 HW 单元告警

（1）故障现象。

在后台的操作维护系统告警管理程序中，出现"DSM 上的 HW 单元告警"的未恢复告警。

（2）相关部件。

● DSM 单板。

（3）初步分析。

①DSM 的 8K 时钟丢失。

②DSM 的 16K 时钟丢失。

③DSM 的 2M 时钟丢失。

④SNM 的 8K 时钟丢失。

⑤HW 单元不在位。

⑥HW 单元信号丢失。

（4）定位方法和处理措施。

如果是 HW 单元问题，请检查 HW 单元。

其余的问题请插拔或者复位 DSM。

3. 故障三：DSM 上/下行 E10 告警

（1）故障现象。

在后台的操作维护系统告警管理程序中，出现"DSM 上行 E10 告警"或"DSM 下行 E10 告警"的未恢复告警。

同时，DSM 面板 ALM 灯（红灯）可能会闪烁。

（2）相关部件。

● DSM 单板。

● E1 线。

● 传输系统。

（3）初步分析。

DSM 在上电后获得后台配置后，会定时对后台配置的 E1 进行检测，发现有各种 E1 故障会上报 E1 的各种告警。

引起告警原因有：

① 传输质量差；

② E1 出现滑码告警；

③ CRC-3 校验错；

④ E1 接收载波丢失；

⑤ E1 远端告警。

（4）定位方法和处理措施

检查 DSM 单板。

检查 DSM 单板的 E1 连线是否正确，保证 DSM 正常连接。

检查机架以及 DSM 单板 E1 线的接地问题。

检查传输设备。

更换 DSM 单板。

（四）数字处理系统告警

1. 告警一：未探测到 CCM/CBM

（1）故障现象。

在后台的操作维护系统告警管理程序中，出现"未探测到 CCM/CBM"的未恢复告警。

（2）相关部件。

● CCM/CBM 单板。

● DSM 单板。

● E1 线。

● BDS 背板。

（3）初步分析。

未探测到 CCM/CBM 的主要原因是 CCM/CBM 与后台的链路不通，有如下几种可能。

① CCM/CBM 没有在位或没有上电。

② DSM 工作不正常。

③ E1 线连接不正确或没有接好。

④ BDS 机框的信道号拨位设置不正确。

⑤ E1 线连接关系和数据库配置不一致。

⑥ CCM/CBM 单板损坏。

⑦ 传输中断。

⑧ 基站掉电。

⑨ 时钟问题。

⑩ 软件版本问题。

⑪ 硬件版本问题。

（4）定位方法和处理措施。

诊断测试 BTS 侧的 DSM 和 BSC 侧的 DSM 的链路否正常，有确认帧或无确认帧是否有丢失，误帧率是否不为 0。若确认则说明传输有问题或 DSM 板坏。

处理措施：

① 检查 CCM/CBM 是否在位并上电；

② 检查该信道上的 BSC 侧 DSM、BTS 侧 DSM 工作是否正常；

③ 前台 CCM/CBM 运行灯是否快闪，如是则可能是传输断；

④ 检查 E1 线连接是否正确；

⑤ 检查 BDS 机框的信道号拨位是否正确，和后台配置是否一致；

⑥ 检查 E1 线连接关系和数据库配置是否一致；

⑦ 以上措施无效请更换 CCM/CBM 单板。

2. 告警二：未探测到 CHM

（1）故障现象。

在后台的操作维护系统告警管理程序中，出现"未探测到 CHM"的未恢复告警。该故障会影响用户打电话，如果该信道板上配置了控制信道，影响会更大。

（2）相关部件。

● CCM 模块。

● GCM 模块。

● 射频接口模块。

（3）初步分析。

未探测到 CHM，说明 CHM 与 CCM 的通信中断。要保证 CHM 与 CCM 的通信畅通，必须同时满足以下条件：CCM 工作正常、CHM 和 CCM 软件版本适合、CHM 硬件版本适合软件版本、CHM 在位、CHM 正常。

CHM 未探测到的原因有：

① 物理配置中配置了 CHM 单板，但实际槽位中没有插 CHM 单板；

② 主控模块 CCM 单板故障或者不在槽位，导致 CHM 单板与 CCM 单板通信故障；

③ GCM 不正常导致 CHM 无时钟；

④ CHM 单板故障，无法上电运行；

⑤ CCM 单板中没有与 CHM 单板相对应的、正确的应用软件版本，导致 CHM 单板无法下载到软件版本，CHM 单板无法正常运行；

⑥ 射频接口单板故障或者不在槽位，无法给 CHM 单板提供时钟，导致 CHM 单板无法正常运行。

（4）定位方法和处理措施。

后台告警管理查看是否有 GCM 告警故障。

检查是否后台数据库配置了该 CHM 但并没有插板。

检查主控模块 CCM 是否正常。

检查射频接口模块是否正常。

检查 CHM 单板是否在槽位和是否上电。

检查 CCM 单板上 CHM 的软件版本是否正确。

检查 CHM 运行的软件版本是否正确。

复位 CHM 单板。

更换 CHM 单板。

（5）注意事项。

插入 CHM 单板时必须到位，CHM 单板与后背板紧接触。

3. 告警三：未探测到 SAM

（1）故障现象。

在后台的操作维护系统告警管理程序中，出现"未探测到 SAM"的未恢复告警。

（2）相关部件。

● SAM 单板。

● CCM/CBM 单板。

● SAM 板与后背板接触。

（3）初步分析。

SAM 单板会定时向 CCM/CBM 单板发送主控消息，当 CCM/CBM 在一段时间内接收不到 SAM 单板上报的消息时，会上报 SAM 单板探测不到的告警。需要注意的是 SAM 和 CCM/CBM 之间通过背板之间通信，无外部电缆。出现 CCM/CBM 接收不到 SAM 单板的主控消息的原因如下：

① SAM 单板死机或硬件故障导致不能正常运行，SAM 单板不发送主控消息；

② SAM 单板上与 CCM/CBM 通信的接口芯片损坏，导致链路故障；

③ CCM/CBM 单板上与 SAM 通信的接口芯片损坏，导致链路故障；

④ SAM 板与后背板接触不良。

（4）定位方法和处理措施。

前台复位 SAM 单板，观察告警是否消失。

拔插 SAM 单板，消除由于某些原因引起的接触不良。

倒换 CCM/CBM，观察告警是否消失。如果消失，说明 CCM/CBM 单板问题，更换 CCM/CBM 单板。

更换 SAM 单板。

4. 告警四：模块物理地址与数据库配置不一致

（1）故障现象。

在后台的操作维护系统告警管理程序中，出现"模块物理地址与数据库配置不一致"的未恢复告警。

（2）相关部件。

● 数据配置。

● 数据同步。

● 拨码开关。

（3）初步分析。

告警信息说明实际在位的模块和后台配置的情况不一致。涉及的模块有告警模块、机框、操作维护的物理配置系统。原因在于：

① 如果前台实际的槽位有单板，而后台物理配置中没有进行配置，此时会出现告警；

② 更改数据后进行数据同步时，没有将数据同时传到 BSC 和 CCM/CBM 上，造成两者数据不一致也可能会出现告警；

③ 机架或机框的拨码开关影响到后台读取前台单板的网络地址，所以拨码开关错误也可能引起告警。

（4）定位方法和处理措施。

核实告警信息中的模块物理地址与配置数据。根据设计要求更改配置数据或前台的配置单板。

检查机框拨码开关。

如果是更改数据后进行数据同步时，没有将数据同时传到 OMP 和 CCM/CBM 上，可以重传数据。

（5）注意事项。

重传数据时必须将所传对象 BSC 和 CCM/CBM 同时选上。否则可能造成基站控制器和宏基站的数据不一致而留下隐患。

（五）语音业务性能告警

1. 告警一：小区语音呼叫失败率告警

（1）故障现象。

在后台的操作维护系统告警管理程序中，出现"小区语音呼叫失败率达到设定门限"的未恢复告警。

（2）相关部件。

● 小区硬件故障。

● 相邻小区故障。

● 空间干扰。

● 非法移动台呼叫。

（3）初步分析。

① 可能该小区所在基站有单板告警。

② 该小区在该告警周期内是否用户量过多，导致 TCH 和 CE 拥塞。

③ 该小区在该告警周期内是否存在空间干扰。

④ 非法移动台的呼叫也造成小区呼叫失败率告警。

（4）定位方法和处理措施。

首先查看该小区的单板在该告警周期中是否存在告警，是否恢复。最好的定位措施是打开业务观察，观测该小区的呼叫（包括起呼和寻呼），分析导致呼叫失败的原因。如果呼叫失败原因是 MSC 发起释放，和 MSC 侧一起检查。一般是非法移动台呼叫或设置不对的移动台呼叫引起。检查反向链路情况，判断是否存在上行干扰。干扰可能来自空间各个方面，

包括相邻基站或直放站故障引起。但是下行干扰无法通过后台检查，必须到现场进行路测判断。如果问题没有得到进一步解决，可以暂时修改告警门限值，将失败率相对设置高些，将其产生的告警进行恢复，然后进行深入跟踪失败的原因。

（5）注意事项。

此时可以将后台的告警和用户的反映结合起来考虑。特别在开局阶段或小区用户很少的情况下，非法用户呼叫很容易引起小区呼叫失败率告警。

2. 告警二：小区语音切换失败率告警

（1）故障现象。

在后台的操作维护系统告警管理程序中，出现"小区语音切换失败率达到设定门限"的未恢复告警。

（2）相关部件。

● 小区单板故障。

● 时钟故障。

● 配置数据。

（3）初步分析。

一般情况，切换的失败率在正常情况下是很低，如果产生了切换失败很高，查看这个小区的单板在性能告警周期中是否产生过告警。可以查看性能管理里面的原因分析，看看导致切换的原因主要是什么。查看性能管理里面的邻区切换数据，看看该小区的切换邻区的情况，可能是由于网络规划中，对于邻区的配置不合理。

（4）定位方法和处理措施。

在该告警周期中是否存在单板告警。

是否存在时钟告警。如果有，必须消除时钟告警。

打开业务观察，跟踪该小区的切换失败原因，找出具体的失败原因。

观测性能管理中切换的失败原因，查看具体的原因分析。

查看性能管理中的切换邻区的数据，是否存在该小区的许多无效导频，考虑是否该小区的邻区配置有问题。

3. 告警三：全局语音切换失败率告警

（1）故障现象。

在后台的操作维护系统告警管理程序中，出现"全局语音切换失败率告警超过门限"的未恢复告警。

（2）相关部件。

● 时钟系统告警。

● 传输误码。

● 邻区数据配置。

● 直放站干扰。

（3）初步分析。

全局切换失败率高，说明系统中很多基站或移动台的切换失败率高。可能存在的原因有：

① 系统中存在一些开通不久的基站；

② 某些基站时钟出现问题；

③ 某些基站传输不稳定；

④ 某些基站资源故障；

⑤ 邻区数据不全；

⑦ 还有可能是空间反向干扰或直放站工作异常干扰。

（4）定位方法和处理措施。

检查系统中是否存在 GPS 告警的基站。如果有，可以先将这些基站的发射功率降低或将 PA 在后台关闭，以免这些基站干扰其余基站。待消除 GPS 的告警后，可以再将 PA 打开（使能）。检查系统中是否存在大量 DSM 传输告警。在业务观察中检查切换失败原因。利用网络优化工作完善邻区配置。

4. 告警四：小区语音掉话率告警

（1）故障现象。

在后台的操作维护系统告警管理程序中，出现"小区语音掉话率超过门限告警"的未恢复告警。

（2）初步分析。

① 掉话地点在弱信号区域。

② 导频污染，包括相邻基站功率异常。

③ 传输误码。

④ 资源故障（信道单元和声码器单元）。

⑤ 反向干扰。

⑥ 反向链路问题。

⑦ 是否对方电话问题。

⑧ 移动台灵敏度。

⑨ 直放站工作异常。

（3）定位方法和处理措施。

检查该小区所在基站在这段时间的 DSM 有无 10^{-3}、10^{-6} 和 E1 不可用告警。

检查该小区所在基站的 CHM 板是否有已恢复告警，有无上电通知。

检查相邻基站的功率是否有突变。

检查有无干扰。

学习情境二　4G无线网络维护

学习情境概述(如表2.1.1所示)

1.学习情境概述

本学习情境主要聚焦4G-LTE无线网络的维护，从维护的内容、维护项目、常用维护方法、维护工具仪器与测试设备、基站主设备及机房环境、天线馈线系统等方面设置任务，通过学习与实践，掌握4G-LET无线网络维护的方法、内容及规范等，如表2.1.1所示。

2.学习情境知识地图（如图2.1.1所示）

主要学习任务

表2.1.1　主要学习任务列表

序号	任务名称	主要学习内容	建议学时	学习成果
1	完成LTE基站日常维护	按照基站日常维护及常规巡检的内容、周期频次、方法及规范要求等完成基站的日常运行保障与维护任务	4课时	熟悉基站日常维护规范、内容，能够使用工具仪器实施维护
2	排除e-RAN设备类故障	按照故障排除流程和方法、规范，完成设备类故障的认识与排除	8课时	熟悉设备类故障常见种类及现象，能够按规范要求完成设备类故障排除
3	排除e-RAN业务类故障	按照故障排除流程和方法、规范，完成业务类故障的认识与排除	8课时	熟悉设备类故障常见种类及现象，能够按规范要求完成业务类故障排除
4	排除传输子系统常见故障	按照故障排除流程和方法、规范要求，完成常见传输子系统的故障排除	8课时	熟悉传输子系统常见故障，掌握故障排除技能

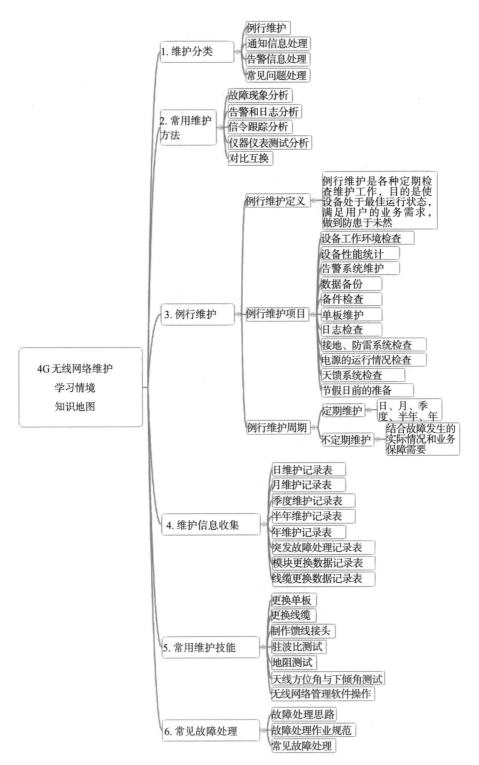

图2.1.1　4G无线网络维护知识结构图

任务2.1 完成LTE基站日常维护

【任务描述】

目前，我国几大运营商，如中国移动、中国电信、中国联通等，都存在2G\3G\4G网络共存的状况。随着4G网络建设的快速推进，LTE基站维护也成为无线网络维护中一个重要的内容。

LTE基站系统的结构，既存在和3G无线网络基站系统类似的地方，也有LTE基站系统自身的特点，如图2.1.2所示。LTE基站系统的维护，包括基站主设备的维护、基站环境的维护、天馈系统的维护等。保障LTE基站设备的正常工作，排除LTE基站系统故障隐患，对发生的故障进行高效有序的排除，是维护LTE无线网络正常运营的重要内容。

按照维护内容划分，LTE基站维护一般包括基站的保洁、安全防护、动力与环境系统维护、天馈系统维护、主设备维护等内容，如表2.1.2所示。

按照维护周期划分，LTE基站维护一般分为月度例行维护、季度例行维护和年度维护等。

本任务以中兴LTE基站为例，侧重于eNodeB基站设备的维护。

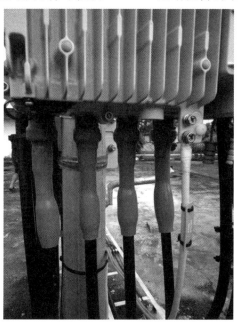

图2.1.2 LTE室外天馈图示

表2.1.2　基站日常巡检维护记录表

巡检人：　　　　　　　　　　　　　　　　　　　　　　　巡检时间：　年　月　日

项目	分类	维护内容	周期	维护内容	存在问题	处理结果
清洁	设备清洁	基站内所有设备机柜/架表面（包括机柜表面、柜顶、设备面板）的清洁	月			
		基站内馈线的清洁				
		基站内设备风扇组件及滤尘网的清洗（清洗后需晾干方可装入机柜）				
		空调室内机滤尘网的清洗（清洗后需晾干方可装入机柜）；室外机冷凝器的清洗（必须用高压水枪冲洗）				
		蓄电池表面及连接条的清洁				
		消防纪检空设备表面的清洁，和每年动力监控数据的核对				
	室内环境	室内地面、门窗清洁				
		整理室内工程余料，清理室内杂物				
检查	基站内外设备检查	基站内各专业所有设备机械部分、设备外观完好情况检查	月			
		基站内各专业所有设备告警板及各设备单元工作状态检查				
		基站内所有设备电缆头、蓄电池连接条、插接件完整性和紧固				
		基站铁塔、桅杆外观检查				
		基站内所有电源、空调设备工作参数设置点的检查				
		蓄电池电压、容量的检查				
		接地电阻的检查				
		基站内室温及环境状况的检查				
		防火情况检查，包括消防器材状况及火灾隐患的检查，如发现已失火，则应手先救火，并通知相关部门				
		防盗情况检查，包括防盗设施（如防盗门窗）及失盗隐患的检查				
		烟雾告警设施检查				
		房屋密封/防尘状况（如门窗）检查				
		室内供电、照明情况检查				
		室内防水防潮情况检查，如发现室内积水或屋顶漏水，则应立即组织排水，隔离设备，并通知相关部门				
		室内温度、湿度检查				
		空调工作状况检查				
		电源柜工作状况检查（如整流器过压告警）				

填表说明：在所维护的内容格内打√号，详细记录存在的问题及处理结果。

【任务分析】

1. 任务目标

该任务要求达到以下目标：

（1）掌握LTE系统基本结构和主要设备；

（2）掌握LTE基站系统的基本原理、主要组成部分及其结构功能等；

（3）掌握LTE基站维护主要工具仪器的操作方法；

（4）按照指导教师给出的任务工单完成LTE基站的日常维护；

（5）按照分组要求，与团队成员进行任务协作。

2. 任务内容

一般情况下，无线基站维护包含内容如图2.1.3所示。

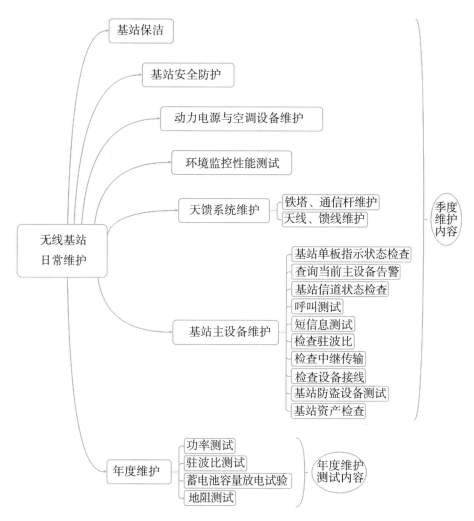

图2.1.3   无线基站维护内容分析示意图

3. 日常维护的分类（如图2.1.4所示）

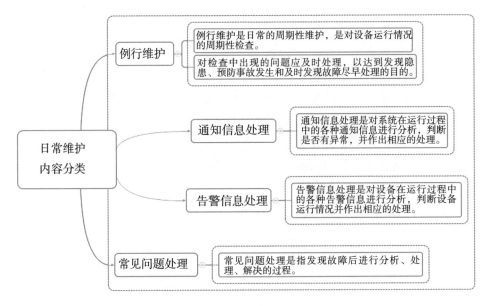

图2.1.4　日常维护内容分类

4. 日常维护的方法（如图2.1.5所示）

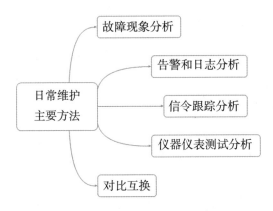

图2.1.5　日常维护方法分析

　　例行维护中最常用的维护方法，主要包括故障现象分析法、告警和日志分析法、信令跟踪分析法、仪器仪表测试分析法、对比互换法等，要熟练掌握这些维护方法。在实际的设备维护过程中，往往需要结合各种方法。

【必备知识】

　　1. LTE无线网系统结构及主要设备结构、功能基础知识。

　　2. LTE基站机房环境维护规范要求、安全作业规范要求。

　　3. LTE基站日常维护项目的定义与指标要求。

【技能训练】

1. 操作网管软件监控与维护模块

下面以中兴LTE U31为例。

（1）登录客户端，如图2.1.6所示。

图2.1.6 客户端登录界面

（2）告警监控查询。

点击 按钮，可以查询当前的告警。

点击网元树，可以搜网管中某一个小区的所有历史告警和当前告警，如图2.1.7所示。

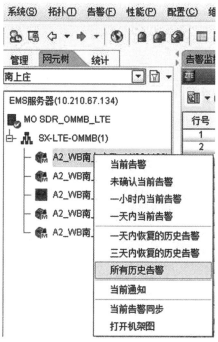

图2.1.7 告警监控查询

（3）频谱跟踪（观察小区的底噪）。

MMB网管：在视图——统一数据跟踪，如图2.1.8、图2.1.9所示。

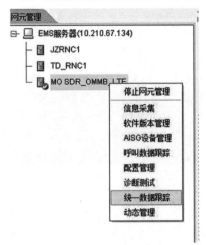

图2.1.8　频谱跟踪网管操作1

图2.1.9　频谱跟踪网管操作2

点击第一个通用设置按钮选择要跟踪的网元，如图2.1.10所示。

图2.1.10　选择要跟踪的网元

点击第二个按钮 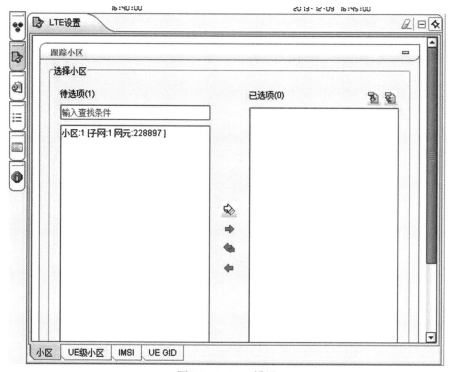，如图2.1.11所示。

图2.1.11　LTE设置

开启超级模式：键盘锁定大写模式，同时摁住SUR三个键。如图2.1.12所示。

图2.1.12　开启超级模式

在对话框中输入大写SUPER点击确定，在最底下一行多出了频谱扫描，如图2.1.13所示。

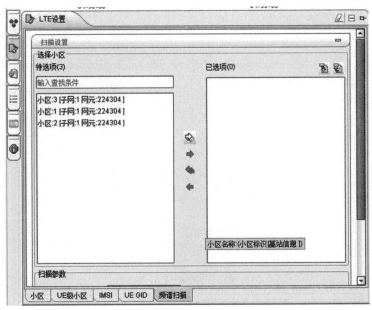

图 2.1.13　增加频谱扫描

点击频谱扫描，如图 2.1.14 所示。

图 2.1.14　频谱扫描

选择要跟踪的小区，如图 2.1.15 所示。

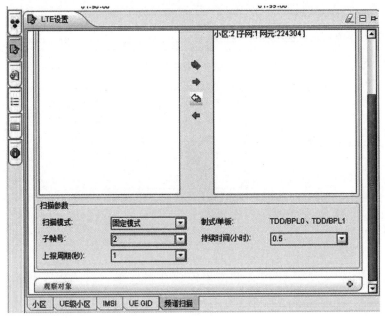

图 2.1.15　选择小区

注：子帧号选择为2。

点右下方的"+"号添加观察对象，如图2.1.16、图2.1.17所示。

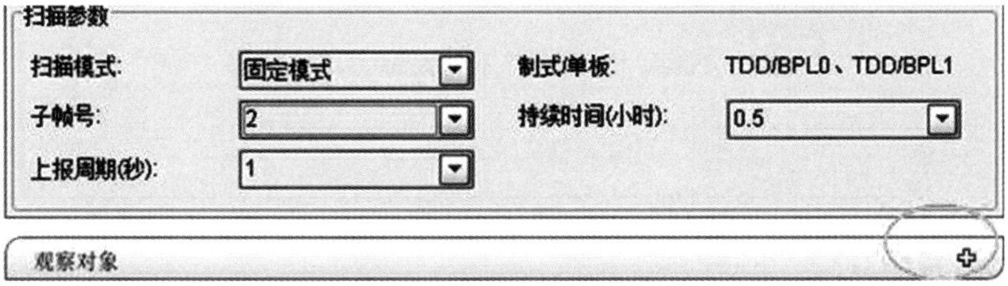

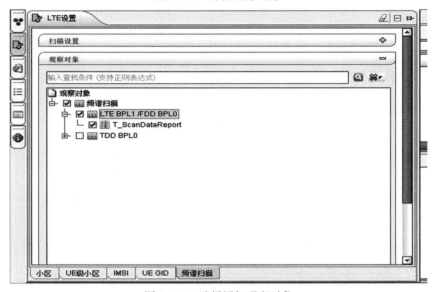

图2.1.16　添加观察对象

图2.1.17　选择添加观察对象

注：选择观察对象，如图2.1.18所示。

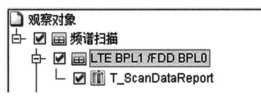

图2.1.18　选择对象T_ScanDataReport

点击执行（同步）按钮，如图2.1.19所示。

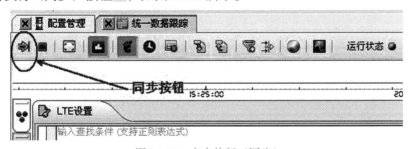

图2.1.19　点击执行（同步）

执行（同步）开始，如图2.1.20所示。

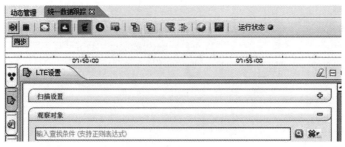

图2.1.20　开始执行（同步）

点击频谱绘图 按钮，结果如图2.1.21所示。

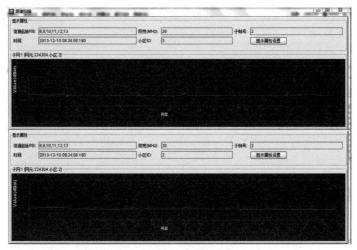

图2.1.21　频谱绘图结果

NIAvg在-116dBm为正常，大于-116dBm则为有底噪。

点击 可以暂停跟踪，如图2.1.22所示。

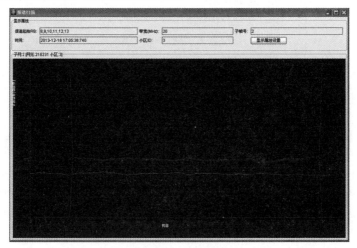

图2.1.22　停止跟踪

（4）信令跟踪。

同频谱扫描一样，先选择要跟踪的网元，点击UE级小区选择小区，如图2.1.23所示。

图2.1.23 选择跟踪网元

在观察对象中选择，标准信令和业务观察，如图2.1.24所示。

图2.1.24 选择观察对象

点击执行按钮，结果如图2.1.25所示

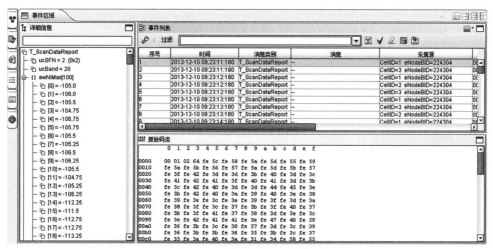

图2.1.25 执行信令跟踪结果

（5）性能统计。

导出日报/周报中需要的一些报表，如图2.1.26、图2.1.17所示。

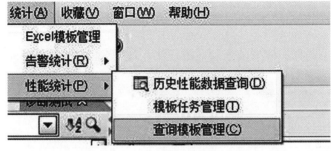

图2.1.26　性能统计

图2.1.27　导出报表

【任务成果】

1. 主要任务成果

（1）日常维护及巡检记录表。

（2）按要求完成的技能训练模块的情况。

2. 任务成果评价参考标准（如表2.1.3所示）

表2.1.3　任务成果评价标准参考

序号	任务成果名称	评价标准			
		优秀	良好	一般	较差
1	日常维护及巡检记录表	内容完整规范，维护结果及巡检效果优秀	内容完整规范，维护结果及巡检效果良好	内容基本完整规范，维护结果及巡检效果基本达标	内容不完整规范，有遗漏，维护结果及巡检效果不达标
2	技能训练模块完成情况	熟练掌握相关知识点与技能点，熟练完成技能训练任务	熟练掌握大部分关键知识点与技能点，熟练完成技能训练任务	基本掌握关键知识点与技能点，能够完成技能训练任务	能够掌握部分技能点，不能够熟练完成技能训练任务

【教学策略】

本任务建议教师以任务工单的形式下发任务给学生，学生可按照实际维护的要求进行分组，并在小组中注明每个人的具体分工。

教师结合讲解、任务工单驱动和研讨归纳等形式，传授相关知识与技能。

【任务习题】

1. 无线基站维护的内容一般有哪些？
2. 无线基站日常维护一般有哪些方法？
3. 日常维护一般有哪些注意事项？
4. 制作1/4英寸馈线接头有哪些技术要求？
5. 在本任务的实施安排上，你有什么打算创新的地方？
6. 频谱跟踪与信令跟踪在网管上如何操作？

【知识链接与拓展】

一、常用故障分析方法

1. 故障现象分析法

一般说来，无线网络设备包含多个设备实体，各设备实体出现问题或故障，表现出来的现象是有区别的。维护人员发现了故障，或者接到出现故障的报告，可对故障现象进行分析，判断何种设备实体出现问题才导致此现象，进而重点检查出现问题的设备实体。

在出现突发性故障时，这一点尤其重要，只有经过仔细的故障现象分析，准确定位故障的设备实体，才能避免对运行正常的设备实体进行错误操作，缩短解决故障时间。

2. 告警和日志分析法

基站系统能够记录设备运行中出现的错误信息和重要的运行参数。错误信息和重要运行参数主要记录在OMC服务器的日志记录文件（包括操作日志和系统日志）和告警数据库中。

告警管理的主要作用是检测基站系统、OMC服务器节点和数据库以及外部电源的运行状态，收集运行中产生的故障信息和异常情况，并将这些信息以文字、图形、声音、灯光等形式显示出来，以便操作维护人员能及时了解，并作出相应处理，从而保证基站系统正常可靠地运行。

同时告警管理部分还将告警信息记录在数据库中以备日后查阅分析。通过日志管理系统，用户可以查看操作日志、系统日志。并且可以按照用户的过滤条件过滤日志和按照先进先出或先进后出的顺序显示日志，使得用户可以方便的查看到有用的日志信息。

通过分析告警和日志，可以帮助分析产生故障的根源，同时发现系统的隐患，如图2.1.28所示。

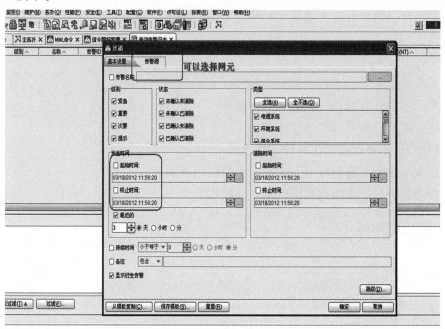

图2.1.28　网管系统告警分析界面图示

3. 信令跟踪分析法

信令跟踪工具是系统提供的有效分析定位故障的工具，从信令跟踪中，可以很容易知道信令流程是否正确，信令流程各消息是否正确，消息中的各参数是否正确，通过分析就可查明产生故障的根源，如图2.1.29所示。

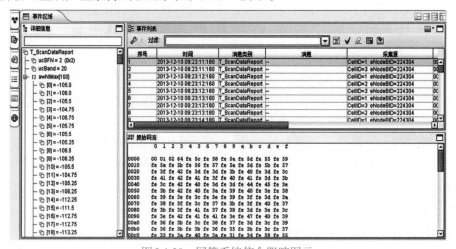

图2.1.29　网管系统信令跟踪图示

4.仪器仪表测试分析法

仪器仪表测试是最常见的查找故障的方法，可测量系统运行指标及环境指标，将测量结果与正常情况下的指标进行比较，分析产生差异的原因。

5.对比互换法

用正常的部件更换可能有问题的部件，如果更换后问题解决，即可定位故障。此方法简单、实用。另外，可以比较相同部件的状态、参数以及日志文件、配置参数，检查是否有不一致的地方。可以在安全时间里进行修改测试，解决故障。

警告：此方法一定要在安全的时间（建议在非节假日00：00-04：00之间）里进行操作，尽量避开业务高峰时间段和节假日，建议在非节假日的凌晨以后，6点以前。

二、日常维护的注意事项

在设备日常维护中，需要注意以下事项。

（1）保持机房的正常温湿度，保持环境清洁干净，防尘防潮，防止鼠虫进入机房。

（2）保证系统一次电源的稳定可靠，定期检查系统接地和防雷地的情况，尤其是在雷雨季节来临前和雷雨后，应检查防雷系统，确保设施完好。

（3）建立完善的维护制度，对维护人员的日常工作进行规范。应有详细的值班日志，对系统的日常运行情况、版本情况、数据变更情况、升级情况和问题处理情况等做好详细的记录，便于问题的分析和处理。应有接班记录，做到责任分明。

（4）严禁在计算机终端上玩游戏、上网等，禁止在计算机终端安装、运行和复制其他任何与系统无关的软件，禁止将计算机终端挪作他用。

（5）网管口令应该按级设置，严格管理，定期更改，并只能向维护人员开放。

（6）维护人员应该进行上岗前的培训，了解一定的设备和相关网络知识，维护操作时要按照设备相关手册的说明来进行，接触设备硬件前应佩戴防静电手环，避免因人为因素而造成事故。

（7）不盲目对设备复位、加载或改动数据，尤其不能随意改动网管数据库数据。改动数据前要做数据备份，修改数据后应在一定的时间内（一般为一周）确认设备运行正常，才能删除备份数据。改动数据时要及时做好记录。

（8）应配备常用的工具和仪表，如螺丝刀（一字、十字）、信令仪、网线钳、万用表、维护用交流电源、电话线和网线等。应定期对仪表进行检测，确保仪表的准确性。

（9）经常检查备品备件，要保证常用备品备件的库存和完好性，防止受潮、霉变等情况的发生。备品备件与维护过程中更换下来的坏品坏件应分开保存，并做好标记进行区别，常用的备品备件在用完时要及时补充。

（10）维护过程中可能用到的软件和资料应该指定位置就近存放，在需要使用时能及时获得。

（11）机房照明应达到维护的要求，平时灯具损坏应及时修复，不要有照明死角，

防止给维护带来不便。

（12）发现故障应及时处理，无法处理的问题应及时与设备供应商当地办事处联系。

（13）将设备供应商当地办事处的联络方法放在醒目的地方并告知所有维护人员，以便在需要支持时能及时联络。注意时常更新联络方法。

危险：涉及电源部分的检查、调整，必须由专业人员进行，否则容易导致人员伤亡和设备故障。

警告：修改并同步数据前，一定要征得主管人员的同意，否则随意修改数据会造成重大事故。

任务2.2　排除e-RAN设备类故障

【任务描述】

4G网络结构和3G相比,有了较大的变化,特别是在无线网部分,如图2.2.1所示。

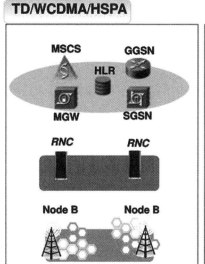

　　　　　MME/x-GW 集成全部CN和部分RNC的功能

　　　　　eNodeB全部Node B的功能和RNC的主要功能

图2.2.1　3G与4G-LTE无线网结构比较图

eNodeB 包含现有 3GPP R5/R6/R7 中 Node B 的大部分功能,如物理层功能、MAC、RLC、PDCP、RRC、调度、无线接入控制和移动性管理等。

在4G无线网络中,设备类故障是故障排除工作中的一个重点。通过对设备结构和工作原理的学习,严格按照维护与故障处理程序和作业规范操作,结合工作中的经验积累,完成对e-RAN设备类故障的排除,保障e-RAN的正常运行,是维护工作的重要方面。

e-RAN类故障一般可分为设备类故障(如图2.2.2所示)与业务类故障。

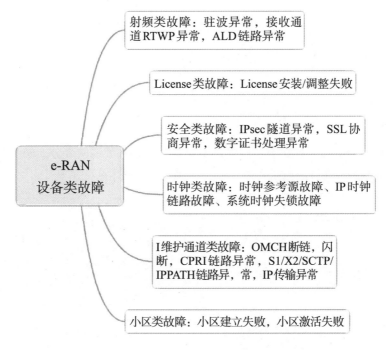

图2.2.2　e-RAN设备类故障主要分类

　　本学习任务中，学生将和指导老师一起，根据给定的维护任务要求，进行设备类故障的排除工作。

　　由老师向学生下发故障信息处理通知单，学生接到通知单后，根据故障处理的流程和方法，按规范要求，完成相应故障的处理。

　　下面以设备类故障信息通知单为例进行讲解学习。

【任务分析】

1. 任务目标分析

在本任务中，任务目标要求如下：

（1）掌握e-RAN网络和主要设备结构与工作原理；

（2）掌握e-RAN设备类故障的一般处理流程和规范要求；

（3）能够理解任务工单上的关键信息，如图2.2.3所示；

（4）能够初步利用常见故障处理方法，定位设备类故障；

（5）能够对常见的设备类故障按要求实施故障处理，排除故障，使设备恢复正常运行；

（6）能够通过分组与他人协作，展开有效的研讨与学习。

2. 故障处理流程分析

故障处理流程一般如图2.2.4所示。

任务名称	e-RAN设备故障处理	任务编号	2.2.2	学时	xx学时
所属项目	LTE无线网络维护	实践场所	TD-LTE实验实训中心		
任务描述	根据故障告警信息排除e-RAN设备故障 1.网管告警显示天馈驻波比异常，超出规定值 2.按照故障处理流程完成故障的定位 3.排除故障，恢复正常				
能力目标	专业能力	1.掌握网管告警信息的查看方法 2.掌握驻波比异常类故障的分析方法 3.掌握驻波比测试的基本方法			
	方法能力	1.结合故障处理流程，按规范分析定位故障的方法 2.能够通过老师的协助，搜索资料进行自主分析的方法			
	社会能力	通过本次任务，同学们可以达到： 1.增强学生的交流能力 2.培养学生的自主学习能力 3.能养成良好的团队意识和协作能力 4.培养学生的表达交流能力			
重点	1.故障的分类及定位 2.分段测试驻波比				
难点	1.驻波比的概念理解 2.驻波比异常的原因分析				
需提交材料	任务完成总结报告				
特别注意	必须按照安全作业规范实施操作				

图2.2.3　故障排除任务单

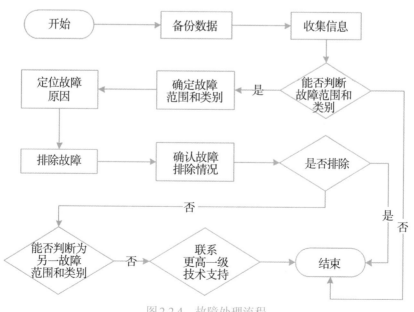

图2.2.4　故障处理流程

3. 常用故障处理方法分析

（1）备份数据。

为确保数据安全，在故障处理的过程中，用户应首先保存现场数据，备份相关数据库、告警信息、日志文件等。

备份的内容和操作方法请参见《e-RAN 例行维护指南》。

（2）故障信息收集。

故障信息是故障处理的重要依据。任何一个故障的处理过程都是从维护人员获得故障信息开始，维护人员应尽量收集需要的故障信息。

① 需要收集的故障信息。

在故障处理前，请收集以下的故障信息。

a. 具体的故障现象。

b. 故障发生的时间、地点、频率。

c. 故障的范围、影响。

d. 故障发生前设备运行状况。

e. 故障发生前对设备进行了哪些操作、操作的结果是什么。

f. 故障发生后采取了什么措施、结果是什么。

g. 故障发生时设备是否有告警、告警的相关/伴随告警是什么。

h. 故障发生时是否有单板指示灯异常，如图2.2.5所示。

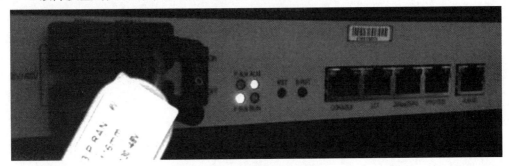

图2.2.5 告警指示灯图示

② 故障信息收集途径。

一般可以通过以下途径收集需要的故障信息。

a. 询问申告故障的用户/客户中心工作人员，了解具体的故障现象、故障发生时间、地点、频率。

b. 询问设备操作维护人员了解设备日常运行状况、故障现象、故障发生前的操作以及操作的结果、故障发生后采取的措施及效果。

c. 观察单板指示灯，观察操作维护系统以及告警管理系统以了解设备软、硬件运行状况。

d. 通过业务演示、性能测量、接口/信令跟踪等方式了解故障发生的范围和影响。

③ 故障信息收集技巧。

在信息收集时应注意以下几点。

a. 遇到故障，特别是重大故障时，用户应具有主动收集相关故障信息的意识，建议先了解清楚相关情况后再决定下一步的工作，切忌盲目处理。

b. 应加强横向、纵向的业务联系，建立与其他局所或相关业务部门维护人员的良好业务关系，有助于信息交流、技术求助等。

④ 故障信息种类。

详细说明请参见《eNodeB告警参考》。

（3）确定故障范围和类别。

根据故障现象，确定故障的范围和种类。

e-RAN故障主要分为业务类和设备类故障。

设备类故障包括以下几种。

a. 小区类故障：小区建立失败，小区激活失败

b. 维护通道类故障：OMCH断链，闪断，CPRI链路异常，S1/X2/SCTP/IPPATH链路异常，IP传输异常。

c. 时钟类故障：时钟参考源故障、IP时钟链路故障、系统时钟失锁故障。

d. 安全类故障：IPsec隧道异常，SSL协商异常，数字证书处理异常。

e. 射频类故障：驻波异常，接收通道RTWP异常，ALD链路异常。

f. License类故障：License安装/调整失败。

（4）定位故障原因。

故障定位就是从众多可能原因中找出故障原因的过程，通过一定的方法或手段分析、比较各种可能的故障成因，不断排除非可能因素，最终确定故障发生的具体原因。

设备类故障原因相对业务类故障简单，虽然故障种类多，但是故障范围较窄，系统会有单板指示灯异常、告警和错误提示等信息。用户根据指示灯信息、告警处理建议或者错误提示，可以排除大多数的故障，如图2.2.6所示。

行号	确认状态	告警级别	网元	发生时间	告警恢复时间	告警码
2	已确认	主要	F_Z金州五一路营业厅（宏分）…	2014-10-17 16…	2014-10-17 16…	单板不在位(198092072)
3	已确认	次要	F_Z金州五一路营业厅（宏分）…	2014-10-17 14…	2014-10-17 14…	光模块不在位(198092289)
4	已确认	次要	F_Z金州五一路营业厅（宏分）…	2014-10-17 14…	2014-10-17 14…	光口未接收到光信号(198092290)
5	已确认	次要	F_Z金州五一路营业厅（宏分）…	2014-10-17 14…	2014-10-17 14…	光模块不在位(198092289)
6	已确认	次要	F_Z金州五一路营业厅（宏分）…	2014-10-17 14…	2014-10-17 14…	光口未接收到光信号(198092290)
7	已确认	次要	F_Z金州五一路营业厅（宏分）…	2014-10-17 14…	2014-10-17 14…	光模块不在位(198092289)
8	已确认	次要	F_Z金州五一路营业厅（宏分）…	2014-10-17 14…	2014-10-17 14…	光口未接收到光信号(198092290)
9	已确认	次要	F_Z金州五一路营业厅（宏分）…	2014-10-17 14…	2014-10-17 14…	光模块不在位(198092289)
10	已确认	次要	F_Z金州五一路营业厅（宏分）…	2014-10-17 14…	2014-10-17 14…	RRU物理层链路断(198092433)
11	已确认	主要	F_Z金州五一路营业厅（宏分）…	2014-10-17 14…	2014-10-17 14…	单板处于初始化状态(198092348)
12	已确认	主要	F_Z金州五一路营业厅（宏分）…	2014-10-17 14…	2014-10-17 14…	单板处于初始化状态(198092348)
13	已确认	主要	F_Z金州五一路营业厅（宏分）…	2014-10-17 14…	2014-10-17 14…	单板处于初始化状态(198092348)

图2.2.6　历史告警图示

（5）排除故障。

故障排除是指采取适当的措施或步骤清除故障、恢复系统的过程。如检修线路、更换单板、修改配置数据、倒换系统、复位单板等。根据不同的故障按照不同的操作规程操作，进行故障排除。

故障排除之后要注意以下几点。

a.故障排除后需要进行检测，确保故障真正被排除。

b.故障排除后需要进行备案，记录故障处理过程及处理要点。

c.故障排除后需要进行总结，整理此类故障的防范和改进措施，避免再次发生同类故障。

（6）确认故障是否排除。

通过查询设备状态、查看单板指示灯和告警等方法确认系统已正常运行，并进行相关测试，确保故障已经排除，业务恢复正常。

【必备知识】

1. e-RAN设备的结构与基本工作原理。

2. e-RAN设备类故障处理流程及主要规范要求。

3. 设备主要单板告警指示灯及其含义。

4. 典型操作命令的含义及使用要求。

【任务成果】

1. 任务成果

设备类故障排除任务工单完成结果及过程记录情况。

2. 任务成果评价参考标准（如表2.2.1所示）

表2.2.1　任务成果评价标准参考

序号	任务成果名称	评价标准			
		优秀	良好	一般	较差
1	任务工单完成结果及过程记录情况	故障排除完整，过程记录规范完整	完成故障排除，过程记录基本完整	基本完成故障排除，过程记录有部分非关键点缺失	未能完成故障排除，过程记录缺失严重
2	技能训练模块完成情况	技能训练完成度熟练，过程规范，结果优秀	技能训练完成度熟练，过程规范，结果良好	技能训练完成度基本熟练，过程基本符合规范，结果无明显差错	技能训练完成度不够熟练，过程不规范，结果有差错

【教学策略】

    1. 结合故障案例讲解等方式引导学生完成任务。

    2. 重点可放在故障处理的方法与流程上。

【任务习题】

    1. TD-LTE设备类故障一般有哪些？故障原因有哪些？

    2. 请简要总结归纳故障处理流程的主要步骤。

    3. 假设你要给学生上一堂类似的课，请问你有哪些计划创新的地方？如何创新？

    4. 故障处理前，一般要收集的信息有哪些？主要收集途径是什么？

    5. LTE设备类故障主要包括哪些方面？

    6. LTE业务类故障主要包括哪些方面？

【知识链接与拓展】

    DBS3900 TD-LTE基站介绍

    DBS3900 TD-LTE 采用分布式架构，基本功能模块有两种：基带控制单元BBU3900和射频拉远单元RRU，BBU3900与RRU之间采用CPRI接口光纤进行通信，如图2.2.7所示。

    TD-LTE配套设备是BBU3900和RRU的支撑部分，为BBU3900提供安装空间，为BBU3900和RRU提供供电支持。

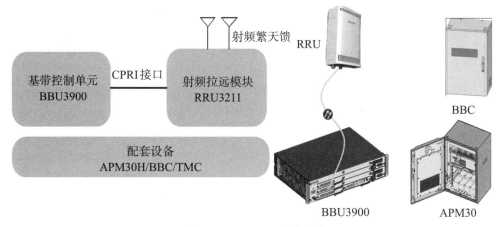

图2.2.7　DBS3900基本结构

    BBU3900采用了模块化设计。它包括：控制子系统，传输子系统以及基带子系统。另外，时钟模块，电源模块，风扇模块和CPRI模块保证了BBU3900的正常运行。

    DBS3900的逻辑架构如图2.2.8所示，其单板组成如图2.29所示，而其各接口参数如表2.2.2所示

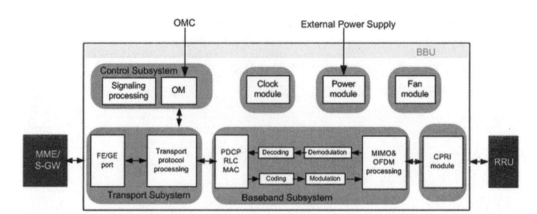

图 2.2.8　DBS3900 逻辑架构

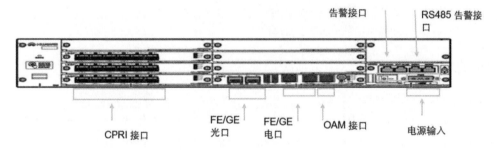

图 2.2.9　DBS3900 单板组成

表 2.2.2　DBS3900 接口参数

单板	连接类型	功能	信号	传输速率
LMPT	RJ45	维护或调试	串口 - 以太网端口 - 基带信号	10Mbit/s 或 100Mbit/s
	RJ45(2)	数传用的以太网端口	FE/GE 自适应信号	100Mbit/s 或 1000Mbit/s
	USB	时钟测试接口	时钟信号	10Mbit/s, 5 ms
	SFP(2)	数传用的光口	能够被自动识别的 FE/GE 信号	100Mbit/s 或 1000Mbit/s
	SMA	天线连接器	GPS 信号	-
	Reset	重启按钮	-	-
	Indicator	RUN/ACT/ALM	-	-
LBBP	SFP(3)	光口	CPRI-基带信号	2.5 Gbit/s
	Indicator	RUN/ACT/ALM	-	-
UPEU	RJ45(2)	RS485 端口	RS485 协议	-
	RJ45(2)	8个通信输出	TTL 信号	-
	3V3	电源供给	电源信号	-

1. LMPT 单板 （LTE 主控＆ 传输单元）

LMPT 单板负责主控，时钟信号传输，消息交互以及GPS时钟同步。

LMPT 单板提供两个FE/GE 自适应RJ45端口和两个FE/GE SFP端口，如图2.2.10所示。

图 2.2.10　LMPT 单板示意图

LMPT 单板指示灯含义如表2.2.3所示。

表2.2.3　LMPT 单板指示灯含义

RUN	绿色	常亮	单板上电，但是有故障发生
		常灭	单板没有上电，或者单板有故障
		1秒亮1秒灭	单板工作正常
		0.125秒亮，0.125秒灭	单板下载软件
ALM	红色	常灭	无告警产生
		常亮	单板上报告警
ACT	绿色	常亮	单板处于主用状态
		常灭	单板处于备用状态

2. LBBP （LTE 基带处理单元）

LBBP 处理基带信号，执行物理层和MAC层得功能，并且支持通用公共射频接口。

一个LBBPc 单板支持 3*20 MHz 2T2R/1*20 MHz 4T4R 或 6*10 MHz 2T2R/3*10 MHz 4T4R，如图2.2.11所示。

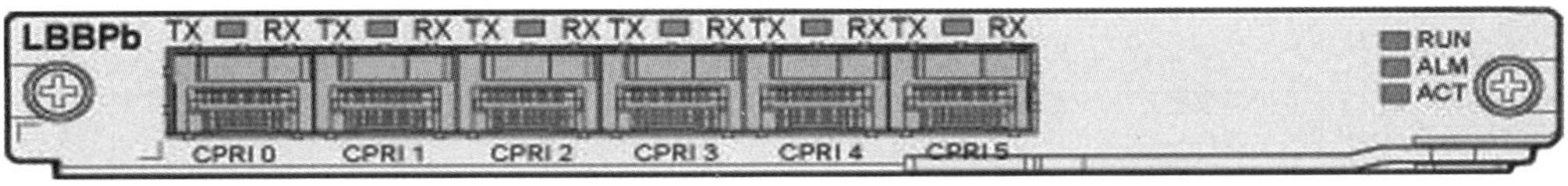

图 2.2.11　LBBP 单板示意图

LBBP单板指示灯含义如表2.2.4所示。

表2.2.4　LBBP 单板指示灯含义

RUN	绿色	常亮	单板上电，但是有故障
		常灭	单板没有上电，或者有故障
		1秒亮，1秒灭	单板正常工作
		0.125秒亮，0.125秒灭	单板下载软件版本
ALM	红色	常灭	无告警发生
		常亮	单板上报告警
ACT	绿色	常亮	单板主用状态
		常灭	单板备用状态

3. USCU（通用星卡 & 时钟单元）

USCU 单板（如图 2.2.12 所示）具有以下几个功能。

（1）为主控板传输板提供 BTS 同步时钟源信息。

（2）为底层 BBU 执行 BBU 时钟级联提供同步时间信息。

（3）当需要提供 1PPS，BITS 时钟，RGPS，GPS/GLONASS 双星时钟配置。

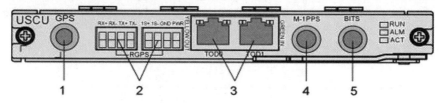

图 2.2.12　USCU 单板示意图

USCU 单板各端口如表 2.2.5 所示。

表 2.2.5　USCU 单板端口

接口	连接	描述
1. GPS 端口	SMA 同轴连接	接收 GPS 信号
2. RGPS 端口	PCB 焊接配线终端	接收 RGPS 信号
3. TOD0/1 端口	RJ-45 连接器	接收或发送 1PPS 信号
4. M-1PPS 端口	SMA 同轴连接器	接收 1PPS 信号
5. BITS 端口	SMA 同轴连接器	接收 BITS 时钟信号，支持 2.048MHz 和 10MHz 时钟参考信号的自适应输入

USCU 单板各指示灯含义如表 2.2.6 所示。

表 2.2.6　USCU 单板指示灯含义

指示灯	颜色	状态	描述
RUN	绿色	常亮	单板上电，但是有故障
		常灭	单板没上电，或者有故障
		1 秒亮，1 秒灭	单板正常工作
		0.125 秒亮，0.125 秒灭	软件版本下载或者没有配置单板信息
ALM	红色	常灭	单板正常运行且没有告警产生
		常亮	有告警产生并且单板需要更换
		1 秒亮，1 秒灭	有告警产生。可能是因为一个相关单板或者端口的错误导致了告警。因此，无论单板是否需要更换，都需要进一步分析
ACT	绿色	常亮	USCU 和 SCC 的通信接口使能
		常灭	USCU 和 SCC 之间的通信接口没有使能

4. UTRP（通用传输处理单元）

UTRP单板为通用传输处理单板，也是DBS3900传输处理单元，如图2.2.13所示。

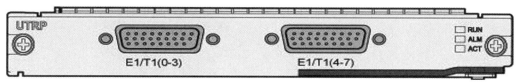

图2.2.13　UTRP单板示意图

UTRP单板各指标灯含义如表2.2.7所示。

表2.2.7　UTRP单板指示灯含义

指示灯丝印	颜色	状态	描述
RUN	绿色	常亮	单板上电，但是有故障
		常灭	单板没上电，或者有故障
		1秒亮，1秒灭	单板正常工作
		0.125秒亮，0.125秒灭	软件版本下载或者没有配置单板信息
		2秒亮，2秒秒灭	单板工作在离线状态或者正在测试中
ALM	红色	常亮或者高频率快闪	有告警上报，指示单板错误
		常灭	单板正常运行
		2秒亮，2秒灭	次要告警上报
		1秒亮，1秒灭	重要告警上报
		0.125秒亮，0.125秒灭	紧急告警上报
ACT	绿色	常亮	单板处于主用态
		常灭	单板处于备用态

5. RRU3168-fa模块

RRU为双频段8通道RRU，它是天线和BBU之间的功能模块，通常安装在室外高塔、桅杆等室外场所。RRU3168-fa模块结构如图2.2.14所示。

它负责完成对来自天线的上行射频信号的放大、解调，通过Ir链路将IQ数据传送给BBU，并将来自BBU的下行IQ数据进行调制、放大，通过天线发送出去。通过不同的软件配置，RRU可以同时支持TD-SCDMA/TD-LTE两种制式双模工作。

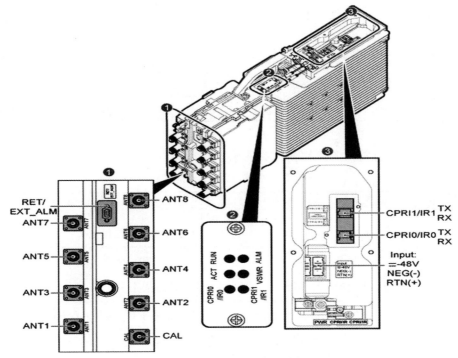

图2.2.14　RRU3168-fa模块结构图

RRU3168-fa模块指示灯含义如表2.2.8所示。

表2.2.8　RRU3168-fa模块指示灯含义

标识	颜色	状态	含义
RUN	绿色	常亮	有电源输入，但单板硬件存在问题
		常灭	无电源输入，或单板故障状态
		1秒亮，1秒灭	单板运行正常
		0.125秒亮，0.125秒灭	单板软件加载中或单板未开工，或正在自动升级版本
ALM	红色	常亮	告警状态，需要更换模块
		1秒亮，1秒灭	告警状态，单板或接口故障，告警严重程度低于常亮状态，不一定需要更换模块
		常灭	无告警
ACT	绿色	常亮	工作正常
		常灭	高软开始正常运行前常灭
		1秒亮，1秒灭	单板运行，但ANT口未发射功率
VSWR	红色	常亮	一个或多个校准通道出现故障
		常灭	无驻波告警
		1秒亮，1秒灭	小区建立后检测到一个或多个通道异常
		0.125秒亮，0.125秒灭	启动过程中有一个或多个端口VSWR告警

续表

标识	颜色	状态	含义
CPRI0/IR0	红绿双色	绿色常亮	Ir链路正常工作状态
		红色常亮	光模块接收异常告警
		红色1秒亮，1秒灭	Ir链路失锁
		常灭	SFP模块不在位或者光模块电源下电
CPRI1/IR1	红绿双色	绿色常亮	Ir链路正常工作状态
		红色常亮	光模块接收异常告警
		红色1秒亮，1秒灭	Ir链路失锁
		常灭	SFP模块不在位或者光模块电源下电

6. DBS3900 线缆连接（如图 2.2.15 所示）

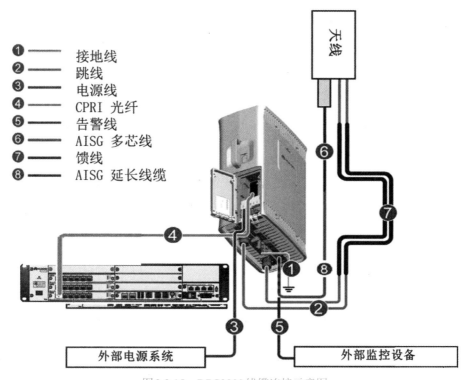

图2.2.15   DBS3900线缆连接示意图

DBS3900线缆清单如图2.2.16所示。

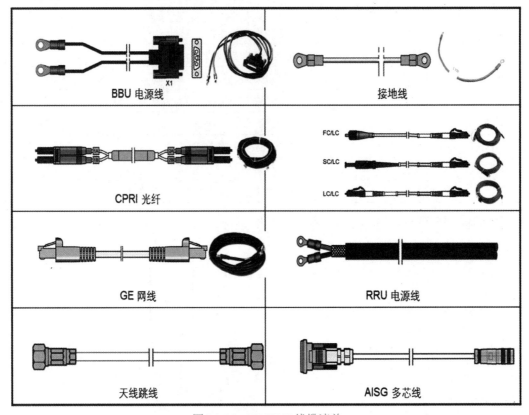

图2.2.16　DBS3900线缆清单

任务2.3　排除e-RAN业务类故障

【任务描述】

e-RAN故障类别主要包括设备类故障与业务类故障。

一般业务类故障如图2.3.1所示。

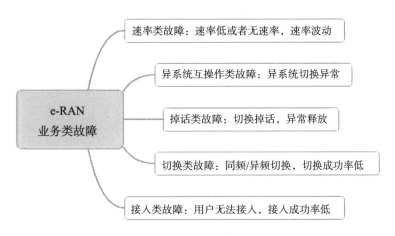

图2.3.1　e-RAN业务类故障分类

速率类故障表现在速率比较低或者根本无速率、速率不稳定等。

异系统互操作类故障表现在不同的系统之间进行切换时，出现切换不成功等异常现象。

掉话类故障表现在切换掉话、异常释放等。

切换类故障表现为同频切换或异频切换时，切换失败较多，成功率比较低。

接入类故障一般表现为用户无法接入网络，接入成功率比较低。

LTE基站维护人员会以接受任务工单的形式，获取相关业务类故障的信息；也可能是在网络监控或日常测试时，发现业务类故障。

在本任务中，由老师向学生下发故障信息处理任务单，学生接到任务单后，根据故障处理的流程和方法，按规范要求，完成相应故障的处理。

业务类故障信息任务单如图2.3.2所示。

任务名称	e-RAN业务故障处理	任务编号	2.2.3	学时	xx学时
所属项目	LTE无线网络维护	实践场所	TD-LTE实验实训中心		
任务描述	根据故障告警信息排除e-RAN业务故障： 1.在某基站范围内接到多起用户投诉，4G上网速率低 2.网管系统检测的该基站范围内的用户上网速率平均偏低 3.请查找造成该故障现场的原因，并排除，恢复正常速率连接				
能力目标	专业能力	1.掌握网管业务类故障的查看方法 2.掌握驻速率类故障的分析方法			
	方法能力	1.结合故障处理流程，按规范分析定位故障的方法 2.能够通过老师的协助，搜索资料进行自主分析的方法			
	社会能力	通过本次任务，同学们可以达到： 1.增强学生的交流能力 2.培养学生的自主学习能力 3.能养成良好的团队意识和协作能力 4.培养学生的表达交流能力			
重点	1.网管操作（相关业务数据提取及分析） 2.原因分析及验证				
难点	1.业务类故障原因分析 2.网管数据的提取与分析				
需提交材料	任务完成总结报告				
特别注意	必须按照安全作业规范实施操作				

图2.3.2　业务故障任务单

【任务分析】

1. 任务目标分析

所有的任务都有其目标，是否完成任务以是否达成目标为核心判断标准。

在本任务中，学生需要达成的目标有以下几点。

（1）掌握并巩固e-RAN网络和主要设备结构与工作原理。

（2）掌握e-RAN业务类故障的一般处理流程和规范要求。

（3）能够理解任务工单上的关键信息。

（4）能够初步利用常见故障处理方法，定位业务类故障。

（5）能够对常见的业务类故障按要求实施故障处理，排除故障，使网络恢复正常运行。

（6）能够通过分组与他人协作，展开有效的研讨与学习。

2. 故障处理流程分析

故障处理流程一般如图2.3.3所示。

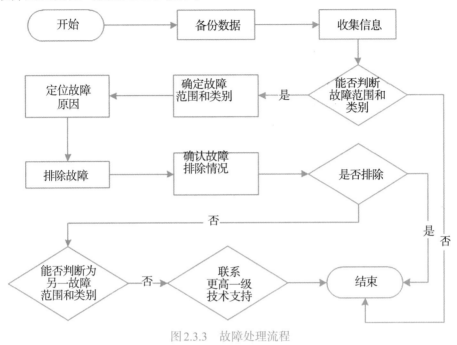

图2.3.3　故障处理流程

3. 故障处理方法分析

（1）备份数据。

为确保数据安全，在故障处理的过程中，用户应首先保存现场数据，备份相关数据库、告警信息、日志文件等。

备份的内容和操作方法请参见《e-RAN例行维护指南》。

（2）故障信息收集。

故障信息是故障处理的重要依据。任何一个故障的处理过程都是从维护人员获得故障信息开始，维护人员应尽量收集需要的故障信息。

① 需要收集的故障信息。

在故障处理前，请收集以下的故障信息。

● 具体的故障现象。

● 故障发生的时间、地点、频率。

● 故障的范围、影响。

● 故障发生前设备运行状况。

● 故障发生前对设备进行了哪些操作、操作的结果是什么。

● 故障发生后采取了什么措施、结果是什么。

● 故障发生时设备是否有告警、告警的相关/伴随告警是什么。

● 故障发生时是否有单板指示灯异常。

② 故障信息收集途径。

一般可以通过以下途径收集需要的故障信息。

● 询问申告故障的用户/客户中心工作人员，了解具体的故障现象、故障发生时间、地点、频率。

● 询问设备操作维护人员了解设备日常运行状况、故障现象、故障发生前的操作以及操作的结果、故障发生后采取的措施及效果。

● 观察单板指示灯，观察操作维护系统以及告警管理系统以了解设备软、硬件运行状况。

● 通过业务演示、性能测量、接口/信令跟踪等方式了解故障发生的范围和影响。

③ 故障信息收集技巧。

在信息收集时应注意以下几点。

● 在遇到故障特别是重大故障时，用户应具有主动收集相关故障信息的意识，建议先了解清楚相关情况后再决定下一步的工作，切忌盲目处理。

● 应加强横向、纵向的业务联系，建立与其他局所或相关业务部门维护人员的良好业务关系，有助于信息交流、技术求助等。

（3）确定故障范围和类别。

根据故障现象，确定故障的范围和种类。

e-RAN故障主要分为业务类和设备类故障。

① 业务类故障。

业务类故障包括以下几种。

a. 接入类故障：用户无法接入，接入成功率低。

b. 切换类故障：同频/异频切换，切换成功率低。

c. 掉话类故障：切换掉话，异常释放。

d. 异系统互操作类故障：异系统切换异常。

e. 速率类故障：速率低或者无速率，速率波动。

（4）定位故障原因。

故障定位就是从众多可能原因中找出故障原因的过程，通过一定的方法或手段分析、比较各种可能的故障成因，不断排除非可能因素，最终确定故障发生的具体原因。

业务类故障定位主要包括如下几种。

a. 接入类故障：一般通过依次检查S1接口、UU接口，逐段定位，根据接口现象判断是否为e-RAN故障。如果是e-RAN内部问题，再继续定位。

b. 速率类故障：一般先查看是否有接入类故障，若有接入类故障先按照接入类故障进行排查，然后再通过查看IPPATH流量，最终确定故障点。

c. 切换类故障：一般启动信令跟踪，对照协议流程，判断故障点。

（5）排除故障。

故障排除是指采取适当的措施或步骤清除故障、恢复系统的过程。如检修线路、更换单板、修改配置数据、倒换系统、复位单板等。根据不同的故障按照不同的操作规程操作，进行故障排除。

故障排除之后要注意以下几点。

①故障排除后需要进行检测，确保故障真正被排除。

②故障排除后需要进行备案，记录故障处理过程及处理要点。

③故障排除后需要进行总结，整理此类故障的防范和改进措施，避免再次发生同类故障。

（6）确认故障是否排除。

通过查询设备状态、查看单板指示灯和告警等方法确认系统已正常运行，并进行相关测试，确保故障已经排除，业务恢复正常。

【必备知识】

1. S1、UU等接口的含义。

2. 接入类故障的含义及常见原因。

3. 速率类故障的含义及常见原因。

4. 切换类故障的含义及常见原因。

【任务成果】

1. 任务成果

故障工单处理结果及记录。

2. 任务成果参考评价标准（如表2.3.1）

表2.3.1　任务成果评价标准参考

序号	任务成果名称	评价标准			
		优秀	良好	一般	较差
1	日常维护及巡检记录表	故障排除完整，过程记录规范完整	完成故障排除，过程记录基本完整	基本完成故障排除，过程记录有部分非关键点缺失	未能完成故障排除，过程记录缺失严重
2	技能训练模块完成情况	熟练完成技能训练任务，过程规范，结果优秀	完成技能训练过程，过程规范，结果良好	基本完成技能训练过程，过程基本规范，结果基本合理	不能完整完成技能训练过程，过程中出现不规范操作，结果有错误

【教学策略】

1. 结合故障案例讲解等方式引导学生完成任务。
2. 重点可放在故障处理的方法与流程上。

【任务习题】

1. TD-LTE设备类故障一般有哪些？故障原因有哪些？
2. 请简要总结归纳故障处理流程的主要步骤。
3. 假设你要给学生上一堂类似的课，请问你有哪些计划创新的地方？如何创新？
4. 小区建立失败一般有哪些原因？
5. 在维护过程中如何进行数据备份？备份时有哪些规范要求？
6. 收集故障信息的途径一般有哪些？

【知识链接与拓展】

LTE部分业务类告警分析

一、基站退出服务

1. 原因分析
- 基带板故障。
- 如果1个基站的所有RRU光口链路故障、设备掉电或其他原因导致RRU链路断，则会引起基站退出服务。
- 数据有误。无线参数→TD-LTE→资源接口配置→基带资源：未调整RRU通道口为2即LTE通道。

2. 处理方法
- 检查BBU基带板指示灯闪烁状态是否正常，可试插拔复位，待查看告警是否消除。
- 若基带板无故障，通过光功率计等测试仪确定光路光信号是否有衰减，查看整站RRU是否有掉电情况发生。
- 以上情况均排除后，检查后台数据是否有误即资源接口配置→基带资源：查看RRU通道口（LTE通道）是否已调整为2（此情况只适用于室分的双通道RRU）。

二、基站同步异常、没有可用的空口时钟源、GNSS天馈链路故障

1. 原因分析
- 一个基站如果GPS出现故障，这3种告警则会同时出现。
- 未连接GPS。
- 已连接GPS，但室内外接头处接触不良。

- GPS馈线有弯折等硬伤。
- 主控板损坏。

2. 处理方法

- 首先应检查机房和室外是否连接GPS。
- 如已连接，则检查室内外GPS直弯头处连接情况，重新连接。
- 重新连接后告警仍不能消除，则需检查GPS馈线是否有弯折类的硬伤，若有，则更换新的馈线。
- 以上因素排除后告警仍不能消除，则直接更换主控板。

三、单板通讯链路断

1. 原因分析

- 单板掉电。
- BBU的PM板供电功率不足。
- 主控板故障导致其他单板不能正常上电。
- 单板软件故障、反复重启。

2. 处理方法

- 热插拔单板复位后，查看单板是否正常。
- 如果插拔无反应，计算PM板供电功率是否满足当前BBU的所有单板所需功率。
- 如果PM板无本身无故障，供电功率也满足，需查看主控板是否正常。
- 以上因素排除后告警仍不消除，直接更换该单板。

四、网元断链告警

1. 原因分析

- 前后台数据不一致。
- 机房设备掉电。
- 传输线路光缆断。
- 主控板故障。

2. 处理方法

- 在站点已开通的情况下出现网元断链，需检查后台数据是否有修改导致前后数据不一致。
- 如果数据一致，核实机房设备是否掉电。
- 核查传输线路光缆是否断开。
- 排除以上因素外，核实BBU的主控板是否出现故障（软件故障、单板电路损坏等），如果有此类故障，更换主控板。

学习情境三　无线网络优化

学习情境概述

1. 学习情境介绍

移动通信无线网络优化工作是移动通信网络建设中的重要环节，对于提升网络性能、保护网络投资等方面起着重要作用。

本学习情境聚焦3G、4G无线网络优化领域，以CDMA2000 1X/EVDO无线网、TD-LTE无线网优化任务为载体，通过对无线网络优化内容、优化流程、优化工具的使用等任务的学习与实践，掌握无线网络优化的相关知识、技能与规范等。

2. 学习情境知识地图（如图3.1.1所示）

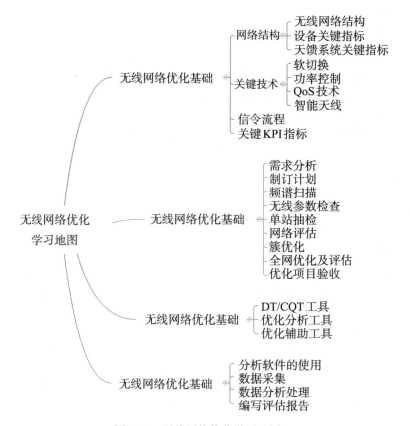

图3.1.1　无线网络优化学习地图

主要学习任务

本学习情境主要包含四个学习任务，分别从认知无线网络优化基础、3G/4G无线网络优化之路测、无线网络优化之后台分析等方面进行了任务的实践，如表3.1.1所示。

表 3.1.1　无线网络优化学习情境主要学习任务列表

序号	任务名称	主要学习内容	建议学时	学习成果
1	认知无线网络优化基础	通过任务实践，学习无线网络结构与设备关键KPI指标、优化流程、优化工具与数据的采集与分析、优化报告编写要求等	4课时	按任务要求编写无线网路优化知识与技能学习报告
2	3G无线网优化之路测	通过任务实践，学习掌握无线网络优化中，3G无线网路测的方法、关键测试内容、工具使用等	8课时	按任务要求完成指定场景路测并提交路测记录报告、路测数据等
3	4G无线网优化之路测	通过任务实践，学习掌握无线网络优化中，4G无线网路测的方法、关键测试内容、工具使用等	8课时	按任务要求完成指定场景路测并提交路测记录报告、路测数据等
4	无线网络优化之后台分析	通过任务实践，学习掌握无线网络优化中，无线网络优化后台分析软件的使用技能、数据的导入与分析、分析结果的应用等	8课时	按任务要求完成后台数据分析并提交分析结果及应用报告等

任务3.1　制订无线网络优化计划

【任务描述】

在老师的指导下，结合案例分析等形式，通过学习无线网络优化需要具备的基础知识与相关理论、无线网络优化知识体系与相关结构概念，结合无线网络优化计划制订的要求，编制简单的无线网络优化计划。

本任务以CDMA2000 1X/EVDO网络为例阐述，如图3.1.2所示。注意WCDMA与TD-SCDMA、LTE等网络优化有其自身差异性，需要在学习与实践中予以注意。

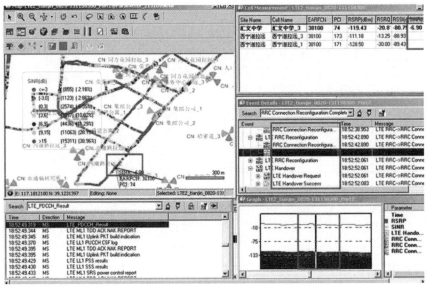

图3.1.2　网络优化常用软件界面图示

制订无线网络优化计划任务单如表3.1.2所示。

表3.1.2　制订无线网络优化计划任务单

任务名称	制订无线网络优化计划	任务编号	3.1.1	学时	××学时
所属项目	无线网络优化	实践场所	××运营商指定覆盖区域		
任务描述	根据任务要求完成无线网络优化计划的制订： 1.通过团队学习与分组，掌握无线网络优化基础知识、优化流程、常用软件与仪器、设备、仪表操作等知识与技能 2.通过老师给定的范例掌握无线网络优化计划书结构与内容要求 3.熟悉给定区域内的网络基本情况，完成给定覆盖区域内的无线网络优化计划制订				

续表

任务名称	制订无线网络优化计划	任务编号	3.1.1	学时	××学时
所属项目	无线网络优化	实践场所	××运营商指定覆盖区域		
能力目标	专业能力	1.具备相关仪器仪表与软件的操作能力 2.具备特定计划书的编写能力			
	方法能力	1.具备通过给定的范例，进行分析和实践的能力 2.能够通过老师的协助，搜索资料进行自主分析的方法			
	社会能力	通过本次任务，同学们可以达到： 1.增强学生的交流能力 2.培养学生的自主学习能力 3.能养成良好的团队意识和协作能力 4.培养学生的表达交流能力			
重点	1.无线网络优化内容与流程步骤 2.计划书的制订				
难点	无线网络优化内容的理解与掌握				
需提交材料	××无线覆盖区域无线网络优化计划书				
特别注意	必须按照安全作业规范实施操作				

【任务分析】

1.任务目标分析

无线网络优化是提升无线网络性能、解决常见专项问题和保护移动网络投资的重要工作。通过对无线网络展开日常优化与专题优化，能够发现并解决网络常见的问题，如覆盖问题、切换问题、速率问题、容量问题等。因此，掌握无线网络优化的内容与方法、流程与规范等，是做好无线网络优化工作的重要保障。

每个无线网络优化任务都是为了解决特定的问题，达到预设的目标。在本学习任务中，学生需要达到的目标如下所示。

（1）掌握无线网络优化需要具备的基础知识。

（2）初步熟悉在网络优化中需要使用的常用软件、仪器设备和工具等。

（3）熟悉网络优化的一般内容与要求。

（4）掌握网络优化的流程步骤。

（5）能够制订简单的无线网络优化计划。

（6）能够与他人进行研讨和团队协作。

2.工作内容分析

一般来讲，无线网络优化必须具备的基础内容包括：掌握无线网络优化的概念与相关技术、无线网络优化的流程与方法、无线网络优化的内容、各种场景优化的特点等。

本任务需要掌握的知识结构如图3.1.3所示。

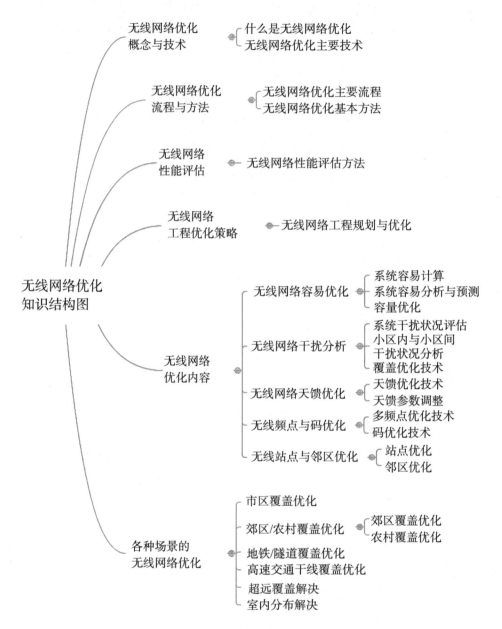

图3.1.3　无线网络优化认知基础结构示意图

（1）无线网络优化概念。

为了让无线网络在实际使用过程中达到性能的最优化，需要在建网过程中及网络使用过程中对网络各方面质量进行优化。而为了让优化实施更加有效，网络优化的实施是要按照一定的流程及方法进行的。

无线网络优化分为两个阶段，一是工程优化，即建网时的优化，主要是网络建设初期以及扩容后的初期的优化，它注重全网的整体性能，各项关键指标是否达到、满足网络建设初期的规划要求；二是运维优化，是在网络运行的过程中的优化，即日常优化，通过整合OMC、现场测试、投诉等各方面的信息，综合分析定位影响网络质量的各种问题和原因，着重于局部地区的故障排除和单站性能的提高。此外，有时还需要不定期地进行一些专题优化，用于解决或改善网络中的一些特殊性或重要性等级较高的专项问题。

（2）无线网络优化的主要指标。

以CDMA2000 1X/EVDO为例，常用优化指标如图3.1.4所示。

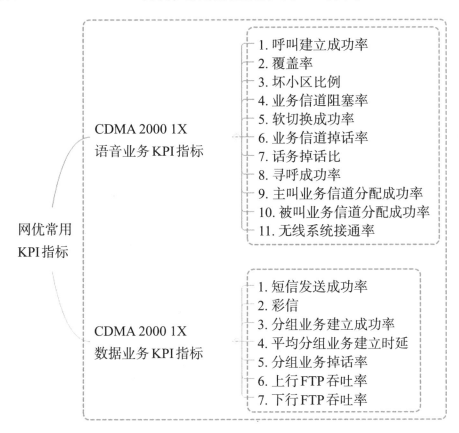

图3.1.4　CDMA2000无线网络优化常用指标

注：具体指标的含义及解释请参见附录。

3.工作流程分析

（1）工程阶段优化流程。

工程优化的目的是扩大的网络覆盖区域，降低掉话率，减少起呼和被叫失败率，提供稳定的切换，减少不必要的软切换，提高系统资源的使用率，扩大系统容量，满足RF测试性能要求等。

工程优化的流程如图3.1.5所示。

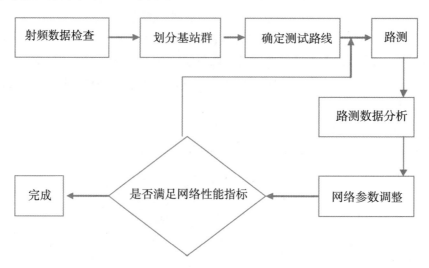

图3.1.5　工程优化的主要流程

具体流程如下所示。

①射频数据检查。射频数据检查主要是核实基站位置、RF设计参数、采用的天线、覆盖地图等；同时验证PN码设定与设计参数是否一致、系统的邻区关系表以及其他系统参数是否与设计一致。

②基站群划分。定义基站群的目的是将大规模的网络划分为几个相对独立的区域，便于路测、资源的分配以及路测时间控制、网络的微观研究，当然也是配合网络实施有先后的现状。

基站群站址数量选择一般为20个～30个，具体情况可加以调整。因为如果规模过大，即覆盖区域过大，这样会对数据采集及数据分析造成一定的不便；如果规模过小，则不能满足覆盖区域的相对独立性，从而影响优化的准确性。同时覆盖区域应保持连续（一些站距远，覆盖区域相对独立的乡村站不应包含在其中）。此外还要考虑行政地域的分割，如一般中等城市市区部分及邻近郊区站可划分为一个基站群。后续基站群的优化应考虑与先前优化完毕的基站群在边界上的相互影响。

基站群的选择可通过电子地图、规划软件的结合来预测覆盖，为基站群的划分提供依据。

基站群的实际划分与其原则相辅相成，互为补充。

③路测线路选择。路测线路的确定主要考虑市区、市郊的主要道路，同时经过道路呈网格状，并包含所有基站的覆盖范围。郊区、农村的路测相对简单，主要是在结果分析的时候剔除无覆盖的区域。

路测线路的实际选择与选择原则也相辅相成，互为补充。

④路测。通过路测工具，如Agilent等进行空口数据的采集。

　　⑤路测数据分析。通过后台处理软件，如Actix等对路测数据进行分析，明确发生问题的原因。

　　⑥针对分析结果，进行参数的调整，如天线方位角、下倾角的调整，PN码的重规划，邻区列表的重配置，搜索窗大小的调整等。

　　⑦调整后的结果是否满足目标，如掉话率、接通率等，满足则完成一轮优化，不满足，则重新分区路测分析，直到满足网络性能的指标。

　　（2）运维阶段优化流程。

　　运维优化的主要目标是保持良好的网络性能指标，如：解决投诉问题，提高用户感受；减少导频污染，提高覆盖质量；提高单站性能等。

　　运维优化的主要流程如图3.1.6所示，首先通过后台分析、客户投诉、路测以及拨打测试等方法定位主要问题，然后根据具体问题来制定解决方案，最后进行优化实施。其中后台分析、客户投诉、路测以及拨打测试为运维优化过程中问题信息来源及启动优化的主要依据。（注：在运维优化开始之前要做好系统数据的检查，确认参数配置与设计的一致。）

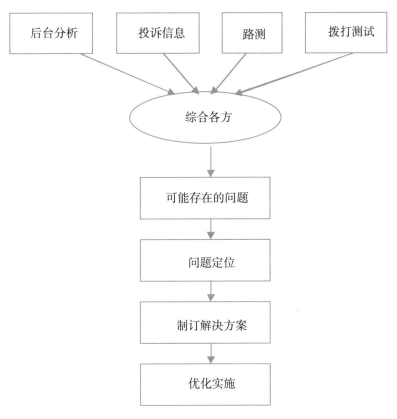

图3.1.6　运维优化的主要流程

① 后台分析。

后台分析实际就是每日网管数据采集、相关指标的统计以及基站可能出现的告警信息。通过网管数据统计，可以对话务量较大的基站/扇区按照如下指标排出性能最差的 TOP N（根据区域的划分，可以更多或更少）个扇区/基站：呼叫建立成功率、掉话率、拥塞率以及坏小区。同时对于话务量不高的基站/扇区，如果连续多天的统计数据表明性能很差，也需要进行跟踪并做故障分析定位。

此外，某些基站出现告警，如硬件故障提示更换硬件或者过载等，也是后台分析的一项重要内容。

② 客户投诉。

通过收集客户的投诉信息，了解出现问题的区域及可能的问题，有针对性地解决。

③ 路测。

通过定期的路测，发现问题，如干扰、邻区关系的错误配置等，及时发现隐蔽问题，尽早解决。

④ 呼叫质量拨打测试（CQT）（包括用户投诉确定地点）。

通过在一些用户密集区域，如车站、酒店和风景区进行拨打测试，确保重点区域的网络性能。

通过以上4步流程，可以综合定位出现问题的区域、原因，提出解决方案。

但实际上，在日常的运维维护中，重要的一项是新站的建立或者搬迁时的网络状态，对于这种情况，要实施连续多天的监控，直至确保网络运行正常。

【必备知识】

1. 无线网络优化的定义。

2. 无线网络优化的主要技术及步骤流程。

3. CDMA2000 1X 语音业务 KPI 指标及其含义。

4. CDMA2000 1X 数据业务 KPI 指标及其含义。

5. 无线网络优化方案书格式规范。

【任务成果】

结合老师的讲解与互动，通过自己的课外学习，撰写《无线网络优化计划》。

【教学策略】

1. 可采取案例分析与讲授相结合的方式进行。

2. 也可以在前述任务的基础上，通过任务驱动，让学生先期自学，然后组织课堂研讨，由老师组织并总结研讨内容，完成该部分知识的传递。

【任务习题】

1. 什么是无线网络优化?
2. 无线网络优化一般的流程是什么?
3. 无线网络优化的主要内容有哪些?
4. 常用的优化方法有哪些?
5. 无线网络优化常用的KPI指标有哪些?
6. 如何指导学生学习掌握无线网络优化的技术要求?

【知识链接与拓展】

一、CDMA2000 1X 语音业务KPI指标

1. 呼叫建立成功率

定义:业务信道分配成功次数(不含切换含短信)/呼叫尝试总次数×100%。

呼叫建立成功率是评价系统性能的一个非常重要的指标,反映系统接通呼叫的能力。成功率低在移动用户端反映出来就是难以打通电话问题,也反映系统提供业务和保证服务质量的能力。

2. 业务信道分配成功次数(不含切换含短信)

定义:话音和短信业务中业务信道分配成功次数。

触发点:统计BSC收到MS发来的"Assignment Completion"消息。

统计点:BSC。

3. 呼叫尝试总次数

定义:移动用户在语音、短信业务时的呼叫总次数。

触发点:BSC收到主叫发来的"origination"消息和被叫MS发回的"page response"消息。

统计点:BSC。

4. 覆盖率

定义1:覆盖率=(Ec/Io≥-12dB&反向 Tx_Power≤15dBm&Rx_Power≥-90dBm)的采样点数/采样点总数×100%

定义2:覆盖率=(Ec/Io≥-12dB&反向 Tx_Power≤20dBm&Rx_Power≥-95dBm)的采样点数/采样点总数×100%

【说明】

(1)采样点总数为主、被叫测试手机的采样点样本数之和。

(2)空闲状态下采集到的采样点数按(Ec/Io≥-12dB&前向 RSSI≥-90dBm)纳入统计。

（3）定义1适用于城区。

（4）定义2适用于农村、大面积水域。

5. 坏小区比例

坏小区指的是在不含切换时话务量在2.5 Erl以上，且业务信道掉话率超过2.5%的小区数量。

定义：坏小区数量/小区数量×100%。

小区数量：统计现网实际运行的小区数量，如图3.1.7所示。

6. 业务信道阻塞率

定义：业务信道拥塞次数/业务信道分配请求次数（含切换含短信）×100%

拥塞率非常关键的指标，是网络扩容的依据。

业务信道拥塞次数是移动用户在用户进行语音、短信收发等各种情况（含切换）下，系统因Walch Codes不足、功率不足、业务信道不足、编码器不足、BTS到BSC的传输链路不足等各种原因导致不能成功分配业务信道的总次数。

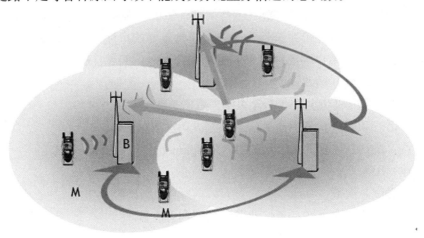

图3.1.7　基站小区图示

7. 软切换成功率

软切换成功率越高，用户在通话过程中掉话的可能性就越少。

软切换包括BSC之间、BSC内不同BTS间、BTS内不同CELL间的软切换，如图3.1.8所示。

定义：系统软切换成功次数/系统软切换请求次数×100%。

其中，系统软切换成功次数：话音业务在BS间和BS内的软切换增加分支的成功总次数。

统计点：BSC。

系统软切换请求次数：话音业务在BS间和BS内的软切换增加分支请求次数。

统计点：BSC。

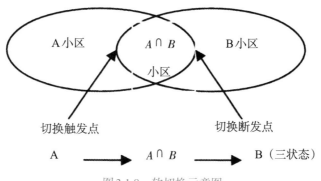

图3.1.8　软切换示意图

8. 业务信道掉话率

业务信道掉话率指标用于反映系统是否稳定运行的状况和给用户提供服务质量的好坏程度。

定义：业务信道掉话次数/[主叫业务信道分配成功次数（不含切换不含短信）+被叫业务信道分配成功次数（不含切换不含短信）]×100%。

其中，业务信道掉话总次数：因系统原因导致语音业务接续中，在呼叫建立后业务信道的异常释放次数。包含无线接口消息失败、无线接口失败、操作维护干预、定时器超时、设备故障和BS与MSC之间协议错误等原因。

触发点：在ASSIGMENT COMPLETE消息之后的CLEAR REQUEST消息。

业务信道的占用总次数：在语音业务中，BSC成功分配业务信道的总次数。不含SMS在TCH上的收发时，BSC成功分配业务信道的总次数，不含切换时BSC成功分配业务信道的总次数。

触发点：统计消息为BSC发出的"Assignment Completion"。

9. 话务掉话比

该指标反映业务信道每承载多少话务量掉话一次的情况。是衡量提供话务服务的稳定性和可靠性的依据。

定义：话务掉话比=业务信道承载的ERL（不含切换）×60/系统掉话总次数。

其中，业务信道承载的ERL（不含切换）：系统中各业务信道完成语音、短信等业务所承载的话务量，不含切换话务量。单位.Erl统计参考点：话务量统计从BS收到ASSIGNMENT REQUEST消息开始，到发出CLEAR COMPLETE消息结束。不含切换时业务信道的话务量。

系统掉话总次数：因系统原因导致语音业务接续中，在呼叫建立后业务信道的异常释放次数。包含无线接口消息失败、无线接口失败、操作维护干预、定时器超时、设备故障和BS与MSC之间协议错误等原因。如图3.1.9所示。

触发点：在ASSIGMENT COMPLETE消息之后的CLEARREQUEST消息。

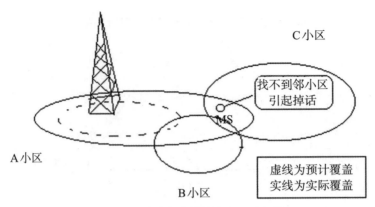

图3.1.9 移动台掉话情境之一示意图

10. 寻呼成功率

该指标是在交换侧统计。

定义：寻呼成功率=寻呼响应次数/寻呼请求次数×100%。

其中，寻呼响应次数：所有MSC/MSCe收到的被叫用户寻呼响应的总次数，含语音和短信。

触发点：统计MSC/MSCe收到的"PAGING RESPONSE"。含二次寻呼的响应。

统计点：MSC/MSCe。

寻呼请求次数：所有MSC/MSCe发出寻呼被叫的总次数，含语音和短信。

触发点：统计MSC/MSCe发出对被叫用户的"PAGING REQUEST"消息的次数。不包含二次寻呼的次数。

统计点：MSC/MSCe。

11. 主叫业务信道分配成功率（不含切换不含短信）

定义：主叫业务信道分配成功次数/主叫业务信道分配请求次数×100%。

其中，主叫业务信道分配成功次数（不含切换不含短信）：话音业务中主叫对话音信道的占用次数。

触发点：统计BSC向MSC/MSCe发送的"Assignment Completion"消息。

统计点：BSC。

主叫业务信道分配请求次数（不含切换不含短信）：话音业务中主叫试图建立通话的次数。

触发点：统计BSC收到MSC/MSCe发来的"Assignment Request"消息。

统计点：BSC。

12. 被叫业务信道分配成功率（不含切换不含短信）

定义：被叫业务信道分配成功次数/被叫业务信道分配请求次数×100%。

其中，被叫业务信道分配请求次数（不含切换不含短信）：话音业务中被叫试图建立通话的次数。

触发点：统计BSC收到MSC/MSCe发来的"Assignment Request"消息。

统计点：BSC。

被叫业务信道分配成功次数（不含切换不含短信）：话音业务中被叫对话音信道的占用次数。

触发点：统计BSC向MSC/MSCe发送的"Assignment Completion"消息。

统计点：BSC。

13. 无线系统接通率

定义：无线系统接通率=主叫比例×主叫业务信道分配成功率（不含切换不含短信）+（1-主叫比例）×寻呼成功率×被叫业务信道分配成功率（不含切换不含短信）无线系统接通率=主叫比例×主叫业务信道分配成功率（不含切换不含短信）+（1-主叫比例）×寻呼成功率×被叫业务信道分配成功率（不含切换不含短信）。

其中，主叫比例：主叫业务信道分配请求次数（不含切换不含短信）/[主叫业务信道分配请求次数（不含切换不含短信）+被叫业务信道分配请求次数（不含切换不含短信）]×100%

主叫业务信道分配请求次数（不含切换不含短信）：见上文11。

被叫业务信道分配请求次数（不含切换不含短信）：见上文12。

主叫业务信道分配成功率（不含切换不含短信）：见上文11。

寻呼成功率：见上文10。

被叫业务信道分配成功率（不含切换不含短信）：见上文12。

二、CDMA2000 1X 数据业务KPI指标

1. 短信发送成功率

定义：短信发送成功率=点对点短信成功接收总次数/点对点短信发送次数×100%

其中，短信成功接收总次数：接收方手机收到SMS的Data Burst Message信令表示接收短信成功。

发送总次数：软件向发送方手机发送"短信发送AT指令"为短信发送尝试，尝试次数总和即为发送总次数。

点对点短信正常发送，内容正确，且接收时长在3分钟内，则此次短信发送成功；接收时长在3分钟以上或者该条短信发送不成功，此次测试作失败处理。

2. 彩信发送成功率

定义：彩信发送成功率=成功接收彩信条数/尝试发送彩信条数×100%。

其中，彩信是否成功接收的判决条件为：发送成功且接收端手机接收到PUSH消息后，自动进行彩信提取操作，在3分钟内收到彩信则认为接收成功；在3分钟内未能收到彩信，或直接返回发送错误消息，均认为发送失败。

3. 彩信时延

定义：彩信时延=每次彩信端到端时间总和/成功接收彩信总条数。

其中，每次彩信端到端时间：发送方手机尝试发送彩信开始，到接收端手机收到彩信的时长。只有成功接收彩信的次数计入总条数。

4. 分组业务建立成功率

定义：分组业务建立成功率=PPP连接建立成功次数（分组）/拨号尝试次数（分组）×100%

其中，PPP连接建立成功次数（分组）：发起拨号连接尝试之后，收到拨号连接成功消息认为PPP连接建立成功。

拨号尝试次数：终端发出拨号指令次数。

5. 平均分组业务建立时延

定义：平均分组业务呼叫建立时延=（分组业务呼叫建立时延总和/分组业务接通总次数）。

其中，呼叫建立时延：终端发出第一条拨号指令到接收到拨号连接成功消息的时间差。

接通次数：PPP连接建立成功次数（分组）。

取所有测试样本中除了连接失败情况外的平均时长。

6. 分组业务掉话率

定义：分组业务掉话率=异常释放的分组呼叫次数/分组业务接通总次数×100%

其中，满足以下条件之一均认为异常释放的分组呼叫次数：①网络原因造成拨号连接异常断开，判断依据为在测试终端正常释放拨号连接前的任何中断；②测试过程中超过3分钟FTP没有任何数据传输，且尝试PING后数据链路仍不可使用，此时需断开拨号连接并重新拨号来恢复测试。

分组业务接通总次数：PPP连接建立成功次数。

7. 下行FTP吞吐率

定义：下行FTP吞吐率=FTP下载应用层总数据量/总下载时间。

其中，FTP掉线时的数据不计入速率统计指标。

8. 上行FTP吞吐率

定义：上行FTP吞吐率=FTP上传应用层总数据量/总上传时间。

其中，FTP掉线时的数据不计入速率统计指标。

任务3.2　DT/CQT测试

【任务描述】

无线网络只有通过实际网络质量的检查测试才能获得真正意义上的网络运行质量信息，才能了解用户对网络质量的真实感受。通过DT测试和CQT测试在现场模拟用户行为，结合专业测试分析工具，是获取无线网络性能、发现无线网络问题的主要方法，如图3.2.1所示。通过与竞争对手网络进行现场测试综合对比，还可以了解网络与竞争对手在网络性能上的差距。

图3.2.1　DT/CQT测试职业场景图示

DT（Driving Test）测试是使用测试设备沿指定的路线移动，进行不同类型的呼叫，记录测试数据，统计网络测试指标。

CQT（Call Quality Test）测试是在特定的地点使用测试设备进行一定规模的拨测，记录测试数据，统计网络测试指标。

DT/CQT测试一般在一个规划的区域范围内进行，主要的区域类型如下所示。

城区：包含市区和郊县（含县城和人口密集型乡镇）。

农村：人口密度较低的行政村、远郊开发区、厂区及周边的卫星村镇。

高速公路：包含高速公路、国道、省道等重要公路。

在xx电信公司所辖的xx片区中，近来多次接到用户投诉，用户主要反映以下几个问题。

（1）通话质量不好。

（2）打电话过程中出现掉话现象。

（3）有时信号不好。

公司领导高度重视，指派小明作为解决这个问题的负责人，要求小明在10个工作日内必须想办法通过测试分析等手段找到产生问题的原因，并结合网络实际情况为网络优化做好基础准备工作。

假如你是小明，你将怎样解决这个问题？

【任务分析】

1. 任务的核心目标分析

该任务的核心目标是找到用户投诉现象背后的主要原因，并通过测试等手段采集数据，供优化分析使用。

本学习任务需要达到的目标如下所示。

（1）熟悉DT/CQT测试的流程与方法，如图3.2.2所示。

（2）掌握常用测试工具仪器、软件的操作技能与规范要求。

（3）能够按计划要求完成测试数据的采集与导出、整理与分析，其中任务分析如图3.2.3所示。

（4）能够与小组成员进行团队协作，制定并有效执行测试计划。

（5）能够编制简单的测试报告。

图3.2.2　DT/CQT测试示意图

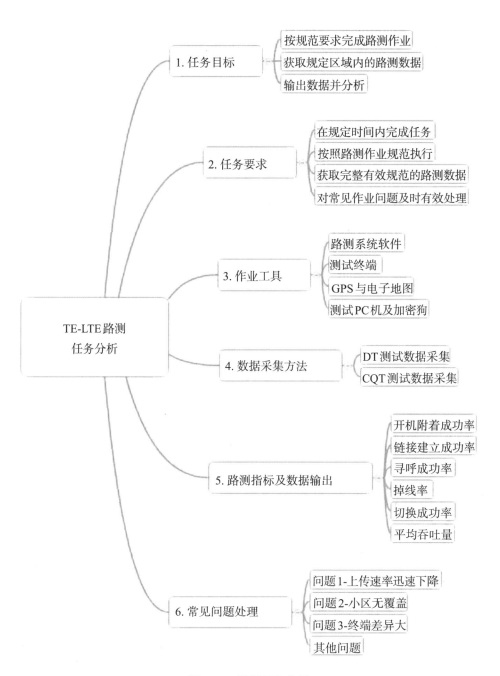

图3.2.3　路测任务分析

2. 工作流程分析

一般完成任务的主要步骤流程如图3.2.4所示。

图3.2.4　任务流程示意图

完成该任务，需要从人员组织分配、测试规划、车辆及仪器工具准备、路测实施、路测数据整理等环节认真分析落实。

TD-LTE路测作业一般遵循如图3.2.5所示的步骤：

（1）获取采集任务；

（2）工具、设备准备；

（3）设备连接；

（4）数据采集及记录观察；

（5）数据统计报表输出。

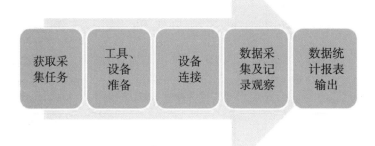

图3.2.5　路测作业一般流程图

3. 任务的关键点分析

该任务的重点在于如何组织规划合理的路测路线规划图、DT/CQT测试内容的选择、测试人员的能力基础等。

【必备知识】

1. DT/CQT定义。

2. DT/CQT测试基本规范要求。

3. 频域测试与故障点测量原理。

4. 驻波比SWR定义、原理。

【技能训练】

1. DT/CQT测试设备及软件使用

（1）测试设备包括：LG KX206c手机、笔记本电脑、GPS、加密狗、滤变器、电池、地图、前台软件Pilot Pionner 3.6.0（由珠海鼎利公司研发）、后台数据分析软件CDMA Navigator 2.9.4.8。

所需硬件设备如图3.2.6所示。

图3.2.6　路测所需硬件设备

（2）Pilot Pionner 3.6.0的主要操作流程

① 测试数据分析；

② 测试数据各窗口打开方式；

③ 测试准备；

④ 室内测试；

⑤ 室外测试；

⑥ 语音评估（Mos测试）；

⑦ 统计；

⑧ Scanner测试。

2. 天馈测试仪的使用

（1）天馈线测试仪。

Site Master为手持式SWR/RL（驻波比/回波损耗）和故障点定位的测量仪器。它包含一个内置的合成信号源。所有型号都有输入数据用的按键，以及一个在所选频率范围或距离内，显示SWR/RL图形的液晶显示屏。现场可更换的电池，在完全充电后，可供Site Master持续工作2.5小时。它也可以由12.5伏的直流电源供电。内置的能量保护电路可延长电池工作时间超过8小时。

Site Master 是专门为测量天线系统的 SWR、RL、电缆插入损耗和故障点定位而设计的。功率监测功能为选件。Site Master 的 S114C 和 S332C 型还具有频谱分析的能力，所显示的曲线可利用标记线（Marker）或限制线来测定读出。可在菜单中选定，在测量数据超过限制线值时，是否发出蜂鸣声。为了使用户可以在光线弱的情况下使用该仪器，使用前面板按键，开关 LCD 背景灯。

Site Master 系列产品中，S331D 是 Site Master 系列产品的最新型号，是天馈线测试仪表的行业标准和领先者。基本型号覆盖了从 25MHz 到 4GHz 的频率范围，可以通过选件扩展到 2MHz ~ 6GHz 的频率范围，满足任何用户的测试需要。

（2）频域特性与故障点测量原理。

① 频域特性测试原理。

不论是什么样的射频馈线都有一定反射波产生，另外还有一定的损耗，频域特性的测量原理是：仪表按操作者输入的频率范围，从低端向高端发送射频信号，之后计算每一个频点的回波，后将总回波与发射信号比较来计算 SWR 值。

② DTF 的测试原理。

仪表发送某一频率的信号，当遇到故障点时，产生反射信号，反射到仪表接口，仪表依据回程时间 x 和传输速率 v 来计算故障点，并同时计算 SWR。因此 DTF 的测试与两个因数有关：PROP v-传输速率和 LOSS-电缆损耗。

（3）Wiltron Site Master S331 测试仪使用。

Site Master S331 测试仪操作键如图 3.2.7 所示。

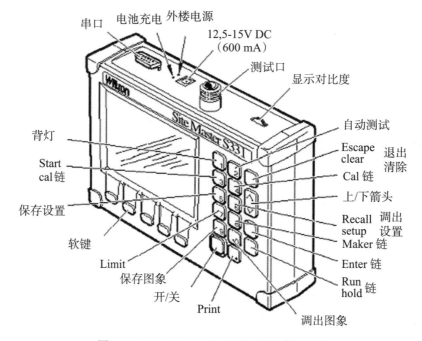

图 3.2.7　Site Master S331 测试仪操作键示图

主要操作步骤如下所示。

第一步：测试仪表预调。

① 测试仪表较准，如图3.2.8所示。

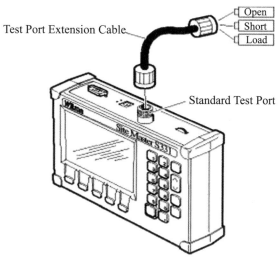

图3.2.8　测试仪的校准

② 输入天馈线的参数。

第二步：测试连接Test Set-Up。

第三步：驻波比（SWR）测试。

第四步：DTF测试。

【任务成果】

1. 任务成果

成果1：xx区域无线网络路测计划书。

成果2：xx区域无线网络路测数据。

2. 成果评价标准参考（如表3.2.1所示）。

表3.2.1　3G路测学习任务成果评价参考表

序号	任务成果名称	评价标准			
		优秀	良好	一般	较差
1	xx区域无线网络路测计划书	计划书格式规范完整、计划的各个方面完备、人员/路线规划等非常合理	计划书格式规范完整、计划的各个方面基本完备、人员/路线规划等合理，没有大的问题	计划书格式规范一般、计划的各个方面有小的偏差或遗漏、人员/路线规划等有部分不太合理	计划书格式不规范、计划的各个方面不完备、人员路线规划等不合理
2	xx区域无线网络路测数据				

【教学策略】

本部分建议老师在实施教学时，以任务工单或者项目的形式封装，从团队协同、沟通交流、专业技能训练等角度提升学生的职业能力与专业能力。并在任务完成的基础上，通过任务或项目拓展的方式，举一反三，扩展到WCDAMA、TD-SCDMA等的无线网络优化路测方面。

【任务习题】

1. 无线网络优化的流程方面，每一步的重点任务是什么？
2. 你认为该任务中的学习难点是什么？你计划采用什么方式解决？
3. DT测试的系统连接原理是什么？
4. CQT测试主要测试哪些关键指标？各自的含义是什么？
5. 对于组织室外作业的类似任务，你有什么创新性的解决方案？
6. 在DT/CQT测试中，如何制定安全措施并落实执行？

【知识链接与拓展】

1. DT测试

DT测试根据业务类型分为话音和数据的DT测试，根据所属区域可分为城区DT测试和主要道路DT测试。

话音业务DT测试评估项目包括覆盖率、呼叫成功率、掉话率、话音质量和切换成功率；数据业务DT测试主要收集前反向的平均传输速率。

城区DT测试通过在城区路测得到城区的网络性能，主要道路DT测试通过对公路（高速公路、国道、省道及其他重要公路）、铁路和水路的测试得到这些区域的网络性能。

（1）数据采集。

①话音业务。

对于城区DT测试，车辆移动速度较低，站点比较多，不同区域网络性能相差比较大，一般采用周期性呼叫。呼叫建立时间、保持时间和间隔时间（空闲时间）的缺省值分别为：10秒、60秒和5秒，根据运营商的要求可以调整。

对于主要道路的DT测试，车速比较快，为了保证数据的连贯和完整，一般要求采用连续长时呼叫，如果采用周期性呼叫，考虑到需要一定的呼叫次数才具有统计意义，呼叫保持时间一般设置为30秒，根据运营商的要求可以调整。

话音业务DT测试主要采集如下一些数据：测试软件记录前向FER、Tx、Rx、最强Ec/Io、总呼叫次数、起呼成功次数和掉话次数、测试过程中记录被呼成功次数、后台统计切换成功率等。

②数据业务。

数据业务测试一般在空闲时段，也就是无载或空载状态下进行，以免由于用户分布不均出现不同区域的数据不具备可比性及影响话音用户的问题，根据运营商要求可以调整。

数据业务 DT 测试主要测试对数据业务有重要需求的区域，这些区域的测试路线应尽可能地细化；对于其他可能有数据业务需求的区域，进行重点道路的测试。

数据业务 DT 测试可采用 Iperf 软件，要求设置的测试时间足够长，以免出现由于软件设置影响测试结果的问题，该测试需要分前反向分别执行；也可采用 FTP 软件从服务器上下载或上传大文件来完成。

数据业务 DT 测试得到应用层的前反向数据业务速率，可以用测试软件记录得到流量和位置的关系，根据记录的数据可以得到整个测试区域的平均传输速率，如图 3.2.9 所示。

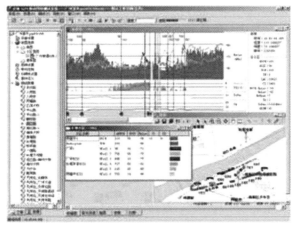

图 3.2.9　DT 数据分析

（2）测试步骤。

DT 测试一般遵照如下的测试步骤。

① 确定测试路线：与运营商相关人员共同确定，根据数据业务和话音业务的覆盖需求分别制定；数据业务测试路线可以和话音业务不一致。

② 测试准备：正确连接测试设备，根据运营商意见进行数据或话音的参数设置。

③ 测试：开始记录数据，发起数据或话音呼叫，在业务区内中速运动进行测试，市区车速要求大致在 30km/h ～ 50km/h，重要道路以较普遍的车速进行测试。

④ 完成测试：按照既定的测试路线，完成所有区域的测试后，停止记录数据。

2. CQT 测试

CQT（Call Quality Test）测试包括话音业务和数据业务的测试，测试项目如下所示。

① 话音业务：覆盖率、呼叫成功率、掉话率、质差通话率和平均呼叫时长。

② 数据业务：平均传输速率、呼叫成功率、呼叫延时、Dormant Active 成功率和

Dormant Active激活延时。

根据运营商的实际要求，话音业务和数据业务测试点选择的侧重点可以不同。对于同样类型的地点，应尽量选用同样的点，节省工作量。

（1）话音业务。

① 测试点选择原则。

CQT测试的测试点要求是覆盖区内的重点位置，具体项目根据运营商的需求和其他因素进行选择，表3.2.2是测试点选择的一个例子。

表3.2.2　测试点选取示例

序号	覆盖区	测试点选取比例
1	高档写字楼	20%
2	政府机关和运营商办公区和相关人员居住区	20%
3	重要商业区、重要酒店及其他大型活动场所	20%
4	景点、机场、火车站、汽车站、客运码头等人流量大的地点	30%
5	其他	10%

所有测试点的数据都用于统计覆盖率，前向接收功率不低于-100dBm的测试点的测试数据才参与统计其他参数，这些参数只有在保证覆盖的条件下才有意义。

CQT测试需用两个手机相互拨打，同时起呼和被呼，在选定测试点的室内进行测试，每个测试点进行多次呼叫，要求每次呼叫在不同的位置，如不同的房间进行。

② 数据记录。

根据定点测试拨测表，记录每次呼叫的Tx、Rx、Ec/Io、呼叫是否成功或掉话、根据主观感觉填写话音质量情况和测试软件记录每次呼叫的时长。

（2）数据业务。

① 测试点选择原则。

一般采用和话音业务同样的标准，根据运营商的要求也可以不一致。

对于接收功率和导频信号比较弱的区域，如接收功率低于-90dBm或导频低于-12dB，不需要参与测试，覆盖达到一定标准的区域才能起呼数据业务。

要求每个测试点在室内发起多次数据业务呼叫，可以在不同的房间进行，同时测试Dormant Active的状态转换。

② 数据记录。

测试软件记录应用层传输速率、呼叫延时（空中建链延时及PPP连接延时）及无线侧和网络侧发起的Dormant Active激活次数和延时（需要OMC后台配合）等参数。

（3）测试步骤。

CQT测试一般遵照如下的测试步骤。

①　确定测试点：根据选点原则，测试小组负责人与运营商负责人共同确认（如果运营商没有要求，按照前面的选点原则确定）测试点，根据数据业务和话音业务的覆盖需求分别确定；数据业务和话音业务的测试点可以不一致。

②　测试准备：连接好设备，根据运营商要求进行相关的参数设置。

③　测试：发起数据或话音呼叫，记录相关数据，如果测试点同时选作话音和数据测试，可以先作话音测试，根据接收功率和导频信号强弱确定是否进行数据业务的测试；对于话音业务的CQT测试，每个测试点需要按照附录中的测试表格进行记录。

④　同一个测试点可以在多个不同的位置进行测试，所有测试点完成测试后，根据所有数据统计得到整个网络的相关指标。

任务3.3　移动无线网覆盖优化

【任务描述】

质量、容量与覆盖是移动无线网络的三大关键指标，三者相互关联、互为影响。

由于天线的站址、天线高度、天线机械下倾角与方位角、电调下倾角、天线与网络参数设置等方面的原因，会导致在规划的覆盖范围内，发生覆盖盲区、弱覆盖、越区覆盖等方面的问题，给移动通信无线网络正常、高性能工作带来了障碍。

小明是一家运营商无线网络维护中心的优化技术人员。通过网络监控数据、用户投诉等渠道，发现某大楼基站覆盖区域呼叫成功率过低。领导指示小明，率领本部门技术人员组成优化小组，解决该问题。

由于该大楼基站较高（11层楼上面有一20多米铁塔），覆盖远，旁瓣范围较大，观察指标发现，此基站2扇区经常出现呼叫失败，前向功率不足等现象，导致指标相对较差。

1. 处理前向功率过载分析（如表3.3.1所示）

表3.3.1　前向功率过载分析

采集开始时间	BTS	Cell	子系统号	载频号	前向发射功率达到级别1的采样次数	前向发射功率达到级别2的采样次数	前向发射功率达到级别3的采样次数	前向发射功率达到级别4的采样次数	功率过载时长(ms)
2009-2-24 20:00	92	1	0	0	125	14	9	15	7800
2009-2-24 20:30	92	1	0	0	170	16	9	39	12800
2009-2-26 21:00	92	1	0	0	148	16	5	23	8800
2009-2-26 21:30	92	1	0	0	14	0	1	1	400
2009-2-27 20:30	92	1	0	0	1016	192	108	462	149600
2009-2-27 20:00	92	1	0	0	169	30	12	47	17800
2009-2-28 20:00	92	1	0	0	205	28	21	28	15400
2009-2-28 20:30	92	1	0	0	182	26	8	30	12800

2. 话务统计指标（如表3.3.2所示）

表3.3.2　话务统计指标

开始时间	BTS	CELL	1X: 语音呼叫话务量（Erl）	语音呼叫拥塞次数	1X: 语音起呼成功率（%）	业务信道负载率（%）
2月24 20:00	[92]邮电大楼	1	4.1739	2	98.62	16.82
2月25 20:00	[92]邮电大楼	1	5.9686	0	100	24.05
2月26 20:00	[92]邮电大楼	1	4.7878	1	98.15	19.3
2月27 20:00	[92]邮电大楼	1	5.0306	13	96.67	20.27
2月28 20:00	[92]邮电大楼	1	6.1469	2	97.81	24.77

从上面的统计来看，此基站2扇区连续几天晚忙时都存在前向功率过载，出现呼叫拥塞，导致呼叫失败，并且过载的时长相对较长。连续几天的起呼成功率都在99%以下。

假如你是小明，你将怎样完成这个任务。

【任务分析】

1. 任务目标分析

本任务是一个覆盖方面的优化工作任务。在已有问题现象与基础数据的基础上，需要通过本任务达成以下目标。

（1）掌握天馈系统覆盖优化基础知识。

（2）掌握基本的优化数据分析技能。

（3）通过制订相应的工作计划并有效执行来完成工作任务。

（4）组织团队协调分工，按分工完成对应工作。

（5）编制优化报告，总结优化经验。

2. 工作内容与步骤分析

（1）对优化对象进行前期分析。

（2）制订DT测试计划。

（3）实施DT测试并获取、整理测试数据。

（4）分析数据，制订优化方案。

（5）测试优化后覆盖性能指标，对比总结。

（6）编制优化报告。

3. 参考案例分析

（1）前期分析与处理。

分析此小区的话务量，发现并不是很高，并且没有出现由于CE不足导致的拥塞，查看呼叫次数也不是很高，观察前向功率状况分析统计，发现都是由于前向功率不足导致的呼叫失败，拥塞等现象，于是怀疑可能是此小区覆盖过远导致的前向功率不足。对此基站进行了实地勘察，发现此基站天线较高，在11层楼楼顶20米高的铁塔上，并且检查其俯仰角发现机械倾角仅1度，并且2扇区覆盖的区域没有太高的楼，因此造成此小区过远覆盖，旁瓣较大。对此小区的覆盖进行了DT测试，如图3.3.1所示。

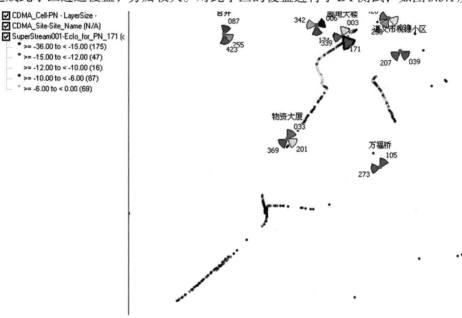

图3.3.1　DT测试结果分析图示

从上面图示来看，此小区旁瓣覆盖过大，并且覆盖到了万福桥附近，对周围小区造成一定的影响。

（2）处理过程。

根据以上的基站勘察和实地测试分析，发现此小区出现前向功率过载，呼叫失败，主要是由于此基站较高，主瓣覆盖过远，导致大部分用户处于离基站较远的位置进行通话。由于路径损耗，分给每个用户的前向功率就增多，这样造成在用户不多的情况下也很容易出现由于前向功率不足导致的起呼不成功。因此需要从两方面入手，处理此问题：一方面控制此小区的覆盖，另一方面调整此小区的过载功率门限。

（3）解决方案。

① 邮电大楼2扇区俯仰角从1度调整到7度。

② 限制呼叫门限从90设置到95；限制切换门限从95设置到98。

③ 导频占最大过载功率比例从150设置到120；

（4）处理后结果。

根据以上调整方案，进行调整实施。从调整后的情况来看，由于前向功率不足导致的拥塞已经没有了，并且起呼成功率也有所提高，覆盖基本正常合理。

前向功率过载观察如表3.3.3、表3.3.4所示。

表3.3.3　前向功率过载观察1

采集开始时间	BTS	Cell	子系统号	载频号	前向发射功率达到级别1的采样次数	前向发射功率达到级别2的采样次数	前向发射功率达到级别3的采样次数	前向发射功率达到级别4的采样次数	功率过载时长（ms）
3月3 19:00	92	1	0	0	0	0	0	0	0
3月3 19:30	92	1	0	0	0	0	0	0	0
3月3 20:00	92	1	0	0	0	0	0	0	0
3月3 20:30	92	1	0	0	0	0	0	0	0
3月4 20:00	92	1	0	0	0	0	0	0	0
3月4 20:30	92	1	0	0	1	0	0	0	0
3月4 20:00	90	1	0	0	0	0	0	0	0
3月4 20:30	90	1	0	0	0	0	0	0	0
3月5 19:00	92	1	0	0	0	0	0	0	0
3月5 19:30	92	1	0	0	0	0	0	0	0
3月5 20:00	92	1	0	0	0	0	0	0	0
3月5 20:30	92	1	0	0	1	0	0	0	0

表3.3.4　前向功率过载观察2

开始时间	BTS	CELL	1X：语音呼叫话务量（Erl）	语音呼叫拥塞次数	1X：语音起呼成功率（%）	业务信道负载率（%）
3月3 20:00	[92]邮电大楼	1	4.6472	0	99.27	18.73
3月4 20:00	[92]邮电大楼	1	4.9847	0	99.54	20.09
3月5 20:00	[92]邮电大楼	1	4.4906	0	99.41	18.1
3月6 20:00	[92]邮电大楼	1	4.3742	0	99.55	17.63

从上面的统计来看，经过调整后，前向功率过载测试明显减少，几乎没有；并且从指标观察，此小区的语音呼叫没有出现拥塞现象，并且起呼成功率有所提高在99%以上，业务信道负载也比以前明显降低。

覆盖图示如图3.3.2所示。

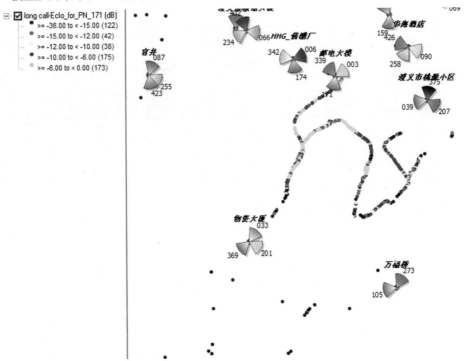

图3.3.2　DT测试结果之覆盖图示

从调整后的覆盖来看，此小区的覆盖得到了很好的控制，过覆盖现象基本消除，对周围基站的影响明显减少。

（5）总结。

从上面的案例分析得出，城区基站不宜选址较高。选址过高，可能造成超远覆盖，导致前向功率不足，影响相关的指标。并且天线挂高过高，为了控制覆盖，可能要大程度的下压天线俯仰角，这样很容易造成波形变型，旁瓣变大，对周围基站产生很大的影响，因此城区基站应该根据周围的建筑及用户量，覆盖距离合理的选取天线的高度。

【必备知识】

1. 天线方位角、下倾角、挂高、主瓣与旁瓣、前向功率、反向功率、RSSI等基本知识。

2. 无线电波空间链路损耗计算基本知识。

3. 常见无线电波传播模型基本知识。

4. 越区覆盖、盲覆盖等基本知识。

【任务成果】

1. 任务成果

成果1：xx大楼覆盖优化计划书。

成果2：xx大楼覆盖优化报告。

2. 成果评价参考标准（如表3.3.5所示）

表3.3.5 3G路测学习任务成果评价参考表

序号	任务成果名称	评价标准			
		优秀	良好	一般	较差
1	xx大楼覆盖优化计划书	计划书格式规范完整、计划的各个方面完备、人员/路线规划等非常合理	计划书格式规范完整、计划的各个方面基本完备、人员/路线规划等合理，没有大的问题	计划书格式规范一般、计划的各个方面有小的偏差或遗漏、人员/路线规划等部分不太合理	计划书格式不规范、计划的各个方面不完备、人员路线规划等不合理
2	xx大楼覆盖优化报告	优化报告格式完整、规范，测试数据完整、准确、翔实，优化方案详细完整，优化前后对比效果显著	优化报告格式规范完整，数据测试基本完整、准确，优化前后效果对比明确	优化报告格式规范基本完整，数据测试有效的偏差或遗漏但不影响整体方案实施，优化前后有一定效果，但不够显著	优化报告格式不规范、数据测试有大的偏差或遗漏，优化前后效果不明显

【教学策略】

本部分建议老师在实施教学时，以任务工单或者项目的形式封装，从团队协同、沟通交流、专业技能训练等角度提升学生的职业能力与专业能力，并在任务完成的基础上，通过任务或项目拓展的方式，举一反三。

如若学生接受困难，也可采取案例分析的形式，先进行示范案例的讲解，待学生掌握到一定程度后，实施本任务。

【任务习题】

1. 什么是覆盖优化，主要解决哪些方面的问题？

2. 优化前一般需要进行哪些准备工作？

3. 路测数据的采集方法主要有哪些？

4. 优化报告的作用是什么？

5. 如何编写优化案例并指导学生学习分析案例？

6. 在教学过程中，针对优化指标等难于理解的知识点，如何教学？

【知识链接与拓展】

知识点1：TD-SCDMA覆盖优化

一、问题分类

1. 影响网络覆盖的因素

良好的无线网络覆盖是提供移动通信服务的最基本条件，也是其他一切优化措施的基础。影响覆盖的主要因素有：

① 地理因素，包括周围建筑环境、基站站址、天线高度等；

② 天线类型，不同的天线类型直接影响覆盖效果；

③ 基站和UE的最大允许发射功率；

④ 接收机灵敏度。

2. 覆盖常见问题

覆盖问题可以归纳为以下几类。

（1）信号盲区。

由于相邻两个基站站址相距较远（受障碍物的影响），导致其信号覆盖区不交叠，出现信号覆盖盲区，如图3.3.3所示。在TD-SCDMA建网初期，受基站数目的限制，网络中可能存在较多的覆盖盲区。这种问题容易通过DT、CQT或用户投诉反映出来。

信号盲区问题的表现有以下几点。

①DT和CQT发现接收信号弱，广播信息无法解调。

②OMC统计信号电平偏低、掉话率高。

③用户投诉经常出现被叫不在服务区。

④UE脱网或搜索不到网络。

图3.3.3　信号盲区带来通信不便

（2）弱覆盖。

弱覆盖区域是指P-CCPCH RSCP值小于-95dBm的区域，UE进入弱覆盖区域会出现接入困难、掉话等现象。导致弱覆盖问题的常见因素有：邻区缺失、无线参数设置不合理、缺少主控基站、基站GPS故障等。

（3）越区覆盖。

如果基站的覆盖区域超过了规划预期的范围，就会在其他基站的覆盖区域内形成不连续的主导区域，形成越区覆盖，如图3.3.4所示。

某些站点高度大大超过周围建筑物平均高度的基站，其发射信号沿丘陵地形或道路可以传播很远的距离，就在其他基站的覆盖区域内形成了主导覆盖。当呼叫接入到远离该基站而仍由其服务的区域内，并且在小区切换参数设置时，如果其周围的小区没有被设置为该小区的邻近小区，则一旦UE进行切换，就会立即发生掉话。

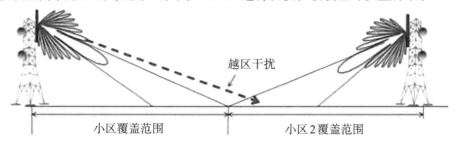

图3.3.4 越区覆盖示意图

（4）上下行覆盖不平衡。

上下行覆盖不平衡，指目标覆盖区域内，上下行对称业务出现下行覆盖良好而上行覆盖受限（如UE的发射功率达到最大仍不能满足上行BLER要求），或上行覆盖良好而下行覆盖受限（表现为下行专用信道码发射功率达到最大仍不能满足下行BLER要求）的情况。上下行覆盖不平衡的问题容易导致掉话。导致这类问题的常见因素有：上行干扰（比如直放站和干放等设备上下行增益设置存在问题），天馈系统问题，NodeB硬件原因等。

（5）无主服务小区。

在无主服务小区或者主服务小区更换过于频繁的地区，会导致UE产生"乒乓切换"效应，从而降低系统效率，增加掉话的可能性。

（6）其他常见问题。

有些常见问题如天馈实际安装与规划不一致等均可能引起覆盖问题。

二、解决思路

（1）信号盲区优化方法。

①如果两个相邻基站覆盖不交叠区域内用户较多或者不交叠区域面积较大时，应建设新基站，或扩大这两个基站的覆盖范围（如提高发射功率、增加天线高度），使两

基站覆盖交叠深度达到0.27R左右（R为小区半径）。但是在增加覆盖范围的同时，要注意降低对周边基站带来的不利影响。

②对于凹地和山坡背面等引起的盲区，可用新增基站覆盖，也可以采用直放站来补盲。直放站可以有效填补基站覆盖区域内的盲区、延伸覆盖范围，但同时可能会引入干扰，要着重控制其对周边基站的干扰。

③对于隧道、地下车库和高大建筑物内部的信号盲区，可采用直放站、泄露电缆或微蜂窝设备来进行覆盖优化。

（2）弱覆盖区域优化方法。

①对于由邻区缺失引起的弱覆盖，应添加合理的邻区。

②对于由无线参数设置不合理引起的弱覆盖（包括小区功率参数以及切换、重选参数），根据具体情况调整相关参数。例如增强导频功率，必要时进行S-CCPCH与PICH时隙调整以增大P-CCPCH发射功率。

③对于由于缺少基站的弱覆盖，应通过在合适地点新增基站以提升该区域覆盖质量。

④对于由于基站GPS故障引起的弱覆盖，应及时更换故障模块。

⑤可同时采用其他有效优化措施，如采用高增益天线、调整天线方位角和下倾角、增大天线挂高等。

（3）越区覆盖优化方法。

对于由越区覆盖导致的问题，应通过调整问题小区天线的挂高/方位角/俯仰角或者降低小区发射功率解决，如图3.3.5所示，但是降低小区发射功率将影响小区覆盖范围内所有区域的覆盖情况，通常不建议此种方法。由于调整天馈参数需要高空作业人员参与，对于暂时无法消除的已形成"孤岛效应"的越区覆盖，应在设置该小区切换参数时，将其过覆盖区周围的小区设置为该小区的邻近小区，以暂时应对切换问题。

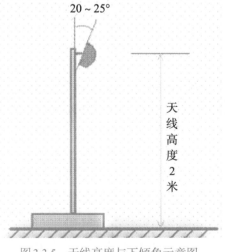

图3.3.5 天线高度与下倾角示意图

（4）上下行不平衡优化方法。

主要的解决方法是对设备硬件进行检查（天馈系统问题，Node B 硬件等），对设备参数设置进行调整。

（5）无主导小区优化方法。

应当通过调整天线下倾角/方位角等方法，增强某一强信号小区（或近距离小区）的覆盖，削弱其他弱信号小区（或远距离小区）的覆盖。

（6）天馈实际安装与规划不一致优化方法。

对于天馈安装与规划不一致（包括同一基站小区间天馈接反或者天馈下倾角/方位角设置不合适等）引起的覆盖问题，应对天馈进行调整。

三、案例分析

1.案例：信号盲区-背向覆盖问题

（1）问题描述。

在某地 DT 测试中，车辆由天目西路入口进入高架，UE 占用中投-3 小区（频点：10070，码字：108）通话，此时下行 P-CCPCH_RSCP 值较好，但 C/I 值却达到-5dB 以下，通话质量较差，最后出现主叫掉话。如图 3.3.6 所示。

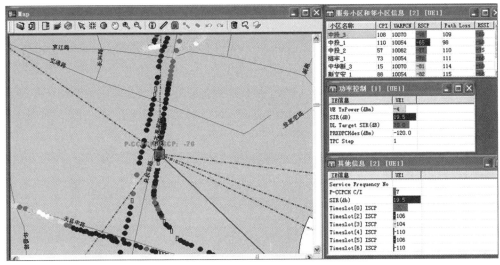

图 3.3.6　测试数据图

（2）问题分析。

分析测试数据，在该处梅丰-3 小区（频点：10070，码字：49）对中投-3 小区形成干扰，导致 C/I 较差，最终出现掉话。实际勘察梅丰-3 小区天线状况，发现其正对一玻璃幕墙建筑，导致该小区反向覆盖较严重，因此建议调整其天线方位角规避该问题。

梅丰-3小区覆盖情况如图3.3.7所示。

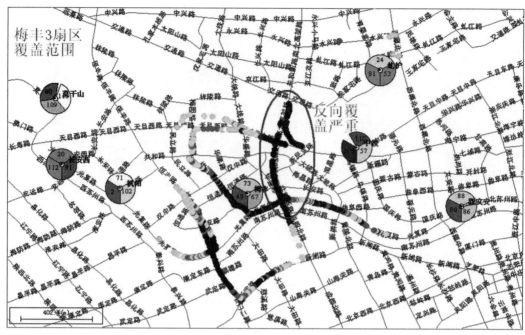

图3.3.7　小区覆盖范围

（3）解决措施。

将梅丰-3小区（频点：10070，码字：49）的天线方位角进行调整：由240°调到210°。

（4）处理后效果。

对原掉话区域进行复测，测试过程中未出现掉话，原问题段的C/I值一直正常，且在该路段，梅丰-3小区（频点：10070，码字：49）的覆盖已经较弱，如图3.3.8所示。

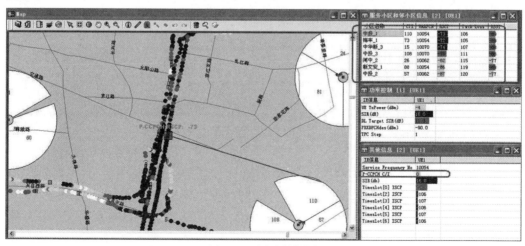

图3.3.8　测试数据图

知识点2：TD-LTE覆盖优化基础知识

良好的无线覆盖是保障移动通信网络质量和指标的前提，结合合理的参数配置才能得到一个高性能的无线网络。TD-LTE网络一般采用同频组网，同频干扰严重，良好的覆盖和干扰控制对网络性能意义重大。

移动通信网络中涉及的覆盖问题主要表现为四个方面：覆盖空洞、弱覆盖、越区覆盖和导频污染。

无线网络覆盖问题产生的原因主要有以下五类。

（1）无线网络规划准确性。无线网络规划直接决定了后期覆盖优化的工作量和未来网络所能达到的最佳性能。从传播模型选择、传播模型校正、电子地图、仿真参数设置以及仿真软件等方面保证规划的准确性，避免规划导致的覆盖问题，确保在规划阶段就满足网络覆盖要求。

（2）实际站点与规划站点位置偏差。规划的站点位置是经过仿真能够满足覆盖要求，实际站点位置由于各种原因无法获取到合理的站点，导致网络在建设阶段就产生覆盖问题。

（3）实际工程参数和规划参数不一致。由于安装质量问题，出现天线挂高、方位角、下倾角、天线类型与规划的不一致，使得原本规划已满足要求的网络在建成后出现了很多覆盖问题。虽然后期网优可以通过一些方法来解决这些问题，但是会大大增加项目的成本。

（4）覆盖区无线环境的变化。一种是无线环境在网络建设过程中发生了变化，个别区域增加或减少了建筑物，导致出现弱覆盖或越区覆盖。另外一种是由于街道效应和水面的反射导致形成越区覆盖和导频污染。这种要通过控制天线的方位角和下倾角，尽量避免沿街道直射，减少信号的传播距离。

（5）增加新的覆盖需求。覆盖范围的增加、新增站点、搬迁站点等原因，导致网络覆盖发生变化。

一、覆盖优化内容

覆盖优化主要消除网络中存在的四种问题：覆盖空洞、弱覆盖、越区覆盖和导频污染。覆盖空洞可以归到弱覆盖中，越区覆盖和导频污染都可以归为交叉覆盖，因此，从这个角度和现场可实施角度来讲，优化主要有两个内容：消除弱覆盖和交叉覆盖。

覆盖优化目标的制定，就是结合实际网络建设，衡量最大限度的解决上述问题的标准。

二、覆盖优化的目标

开展无线网络覆盖优化之前，首先确定优化的KPI目标，TD-LTE网络覆盖优化的目标KPI主要包括以下几点。

（1）RSRP：在覆盖区域内，TD-LTE无线网络覆盖率应满足RSRP > -105dBm的概率大于95%。

（2）RSRQ：在覆盖区域内，TD-LTE无线网络覆盖率应满足RSRQ > -13.8dB的概率大于95%。

（3）RS-CINR：在覆盖区域内，TD-LTE无线网络覆盖率应满足RS-CINR >0dB的概率大于95%。

（4）PDCCH SINR：在覆盖区域内，TD-LTE无线网络覆盖率应满足PDCCH SINR >-1.6dB的概率大于95%。

RSRP的测试建议采用反向覆盖测试系统或者SCANNER在测试区域的道路上测试，当测试天线放在车顶时，要求RSRP>-95dBm的覆盖率大于95%；当天线放在车内时，要求RSRP>-105dBm的覆盖率大于95%。RSRQ、RS-CINR、PDCCH SINR建议采用SCANNER和专用测试终端路测获得，无论天线放在车内还是车外，均需满足上述（2）、（3）、（4）点的要求。

三、覆盖优化常用手段

解决覆盖的四种问题（覆盖空洞、弱覆盖、越区覆盖和导频污染）有以下六种手段（按优先级排）。

（1）调整天线下倾角。

（2）调整天线方位角。

（3）调整RS的功率。

（4）升高或降低天线挂高。

（5）站点搬迁。

（6）新增站点或RRU。

在解决这四种问题时，优先考虑通过调整天线下倾角，再考虑调整天线的方位角，依次类推。

手段排序主要是依据对覆盖影响的大小，对网络性能影响的大小以及可操作性。

任务 3.4　TD-LTE 室内分布单站优化

【任务描述】

随着 TD-LTE 网络建设的深入，优化工作显得越发重要。某市移动公司决定对全市的 TD-LTE 无线网络室内分布站点进行一次全面的优化，以提升 4G 用户在室内的体验，并排除掉前期工程建设阶段可能隐藏的室内分布网络问题。

作为本市网络部技术骨干，小明被领导分配任务，带领一个网络优化小组，完成某室内分布单站的优化工作，如图 3.4.1 所示。

假如你是小明，你将怎样完成这个任务？

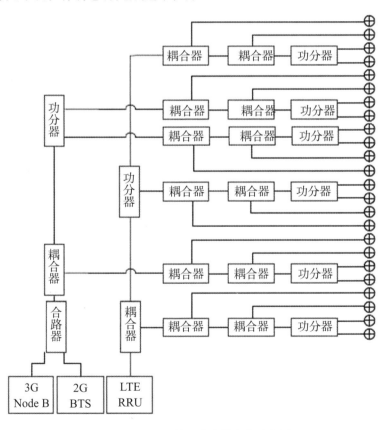

图 3.4.1　LTE 单通道建设方案示意图

【任务分析】

1. 总体任务分析

完成任务主要从目标分析入手，从计划制订、人员组织、测试准备、性能测试、分析优化能方面，结构化理解完成任务的步骤和要素，如图3.4.2所示。

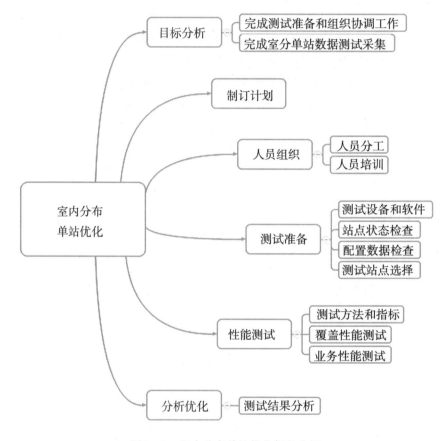

图3.4.2 室内分布单站优化任务分析

2. 测试前准备工作分析

（1）信息准备：测试前需要先期获取测试点的相关信息，包括站点名称、位置、室内分区、室外邻区、楼层平面图、系统设计图、物业联系人和联系方式、测试点承建集成商的信息等。

（2）测试设备仪表准备：测试终端及数据线1套、其他终端（含充电器）8部、测试软件和软件狗1套、笔记本电脑1部、数据卡2张～3张、SIM卡（对应所有终端和数据卡数量）、信令跟踪分析仪1部（如K1297）、SiteMaster1部、蓄电池和逆变器及多用插座1套。

（3）测试人员准备：一般参加测试的人数2～3人，以及相应的联系方式。

3.覆盖性能测试分析

（1）选择室内测试路线，测试路线应遍历室内主要覆盖区。

（2）根据测试路线，抽样选取典型天线点位，使用频谱仪对该点位天线口信号RSRP功率进行测试。每层抽样数量不少于该层总数的30%。

（3）打开路测软件，在室内以步行速度沿测试路线测试。路测仪记录接收的RSRP、SINR、PCI等数据。

（4）打开路测软件，在室外20米周边范围内以步行速度环绕建筑物，测试终端锁定室内目标小区进行测试，路测仪记录接收的RSRP、SINR、PCI等数据。

4.系统性能测试分析

（1）Attach激活成功率：测试统计PS附着（attach）成功率，平均附着（attach）时间。

①选择室内测试路线，测试路线应遍历室内主要覆盖区。

②使用一部UE，由UE发起PS附着（attach），如不能成功，等候20秒后重新附着；如成功，保持30秒，去附着，等候20秒后重新附着；在每个点记录附着尝试次数、成功次数、成功附着时间，总的附着次数不小于200次。

（2）系统内切换测试：在室内小区内以及室内外交界处选取能发生室内小区间和室内外小区间切换的测试点（如建筑物出入口处、地下停车场出入口处、电梯等）。

①使用一部UE激活，如不能成功，等候20秒后重新激活，直到成功。

②进行FTP下载一个大文件。

③网络侧（OMCR）统计切换时延，切换次数不小于200次。

（3）Ping测试：在室内小区内选择几个典型的测试点，在每个点进行以下测试：近点（RSRP>-65dBm）、中点（RSRP>-75dBm）、远点（RSRP>-85dBm）；每个测试点使用一部UE发起PDP激活，激活成功后使用网络命令ping事先指定的服务器，ping命令包长500byte，发送100次；记录发送次数、成功次数、成功情况下的平均时延。

（4）上传下载业务测试：在室内小区内选择几个典型的测试点，在每个点进行以下测试：近点（RSRP>-65dBm）、中点（RSRP>-75dBm）、远点（RSRP>-85dBm）。

①路测仪记录业务信道下行BLER。

②在网络侧记录业务信道上行BLER。

③打开DuMeter记录下载速率；每个测试点用1部测试UE发起业务，如不能成功，等候20秒后重新激活，直到成功；下载一个大文件，记录FTP上传/下载速率和上下行BLER、MCS、调度测试；每个点重复3次。

【必备知识】

1.TD-LTE室内系统覆盖指标要求。

2.Attach激活成功率、系统内切换、ping测试、上传下载测试、BLER等指标的定义及测试规范。

3.室内测试准备工作规范。

【任务成果】

1.任务成果

xxxx室内分布单站优化测试报告。

2.任务成果评价参考标准（如表3.4.1所示）

表3.4.1　任务成果评价标准参考

序号	任务成果名称	评价标准			
		优秀	良好	一般	较差
1	xx室内分布单站优化测试报告	测试报告格式规范、测试内容完整、数据采集合理完整、数据分析完整，能有效指导后续优化具体措施	测试报告格式基本规范、测试内容完整、数据采集合理完整、数据分析基本完整可靠	测试格式规范一般、测试内容基本完整、数据采集主体完整，有数据分析部分	格式不规范、内容缺失、数据采集有遗漏、无数据分析部分

【教学策略】

1.案例分析引导

建议先进行一个案例分析实施引导。通过分析一个完整的案例，让学生熟悉单站优化的基本内容、方法、流程和规范等，再进行任务的布置、分析和实施，并结合任务成果，综合评价学生对该部分内容的掌握情况。

2.相关知识点讲解

部分内容对相关知识点要求较高，建议教师通过指导学生先期学习、组织课堂共同学习研讨等方式，掌握基础内容，再进行任务的实施；也可结合案例分析过程，把相关知识点引导分享给学生。

【任务习题】

1.室内分布单站优化一般需要进行哪些指标的测试？

2.实施TD-LTE室内分布单站优化时，系统性能测试部分需要掌握哪些技能？如何训练这些技能？

3.室内覆盖性能测试如何选择合适的测试路线？

4.测试准备一般包括哪些内容？

5.ping测试如何进行？该主要目的是什么？

6.在组织人物分析环节的课堂教学时，描述一下你自己的创新计划。

【知识链接与拓展】

覆盖指标要求

1. 满足国家有关环保要求，电磁辐射值必须满足国家标准《电磁辐射防护规范》要求的室内天线载波最大发射功率小于15dBm。

2. 室内90%区域RSRP＞-85dBm，SINR＞15。

3. 室内用户应由室内覆盖系统提供主导频，并比室外最强信号高5dB以上。

4. 室内泄露控制，信号泄露楼外20米处RSRP＜-90dBm。

5. 各天线出口功率≥65dB，且天线口PCCPCH功率在0～5dBm，考虑覆盖要求，部分场合可达7dBm，且与设计值偏差不大于3dB。

覆盖性能详细指标列举如表3.4.2所示。

表3.4.2　覆盖性能详细指标

测试指标	测试项	指标要求
覆盖指标	RSRP和SINR	RSRP＞-85dBm，90%区域； SINR＞15，90%区域； 室内信号应作为主导，信号电平大于室外最强信号5dB以上； 室外20米处，室内泄露信号的RSRP＜-90dBm； 室内天线MCL≥65dB，天线口RSRP功率在0～5dBm，部分场合可达7dBm

学习情境四　基站配套设备与铁塔维护

学习情境概述

在移动通信无线网络中，除基站主设备与天馈系统之外，基站配套系统的维护也是重要的维护工作内容。

移动通信无线网络中，基站配套系统主要包括传输子系统、动力电源子系统与通信铁塔配套等。基站配套设备与铁塔维护学习情境，主要聚焦基站配套系统的日常维护，包括传输子系统日常维护、动力电源子系统日常维护及铁塔日常维护等，提升学生对完整的基站系统的日常维护能力。

主要学习任务

主要学习任务如表4.1.1所示，主要知识结构如图4.1.1所示。

表4.1.1　主要学习任务列表

序号	任务名称	任务主要内容	建议学时	任务成果
1	通信铁塔日常维护	熟悉通信铁塔结构与维护内容、工作流程与规范要求，按要求完成对通信铁塔的日常维护，包括日常类维护与检测类维护等	2	（1）维护过程中测得的各类数据和发现的各种现象 （2）填写完整的基站维护作业计划表
2	基站传输配套设施日常维护	熟悉基站传输子系统基本结构与维护工作流程、维护质量与规范要求，按规范要求完成基站传输配套设施的日常维护与检查工作	4	基站传输子系统日常维护记录表
3	基站电源日常维护	熟悉基站电源子系统主要组成部分及日常维护内容、工作流程与规范要求，按要求完成基站电源子系统日常维护工作	6	基站电源子系统日常维护记录表

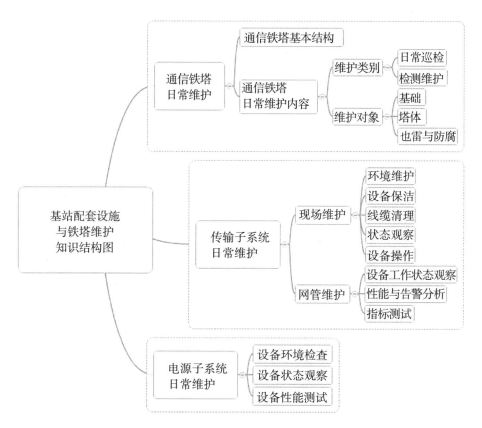

图4.1.1　基站配套及通信铁塔学习情境知识结构图

任务4.1　通信铁塔日常维护

【任务描述】

通信铁塔是通信网络中重要的基础设施，是天馈系统安装的主要场景之一，对于移动通信无线网络覆盖起到十分重要的作用。

通信铁塔的正常运行有赖于科学规范的日常维护。假设你是一名通信铁塔维护人员，和你的其他同事共同组成铁塔维护班组，你是铁塔维护班组长。请你组织你的团队按照日常维护要求完成通信铁塔的日常维护，如图4.1.2所示。

图4.1.2　　通信铁塔

【任务分析】

1. 任务主要目标分析

本任务要求在铁塔维护场景内，完成公司要求的通信铁塔日常维护内容，并对维护结果进行记录，对维护中发现的问题进行描述，如图4.1.3所示。

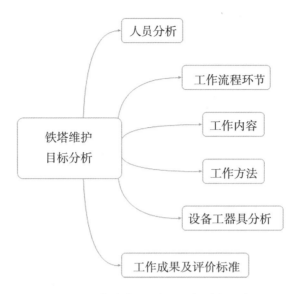

图4.1.3　通信铁塔维护任务目标分析示意图

2. 通信铁塔日常维护流程分析

通信铁塔日常维护包括日常巡检维护及检测维护两类。

● 日常巡检维护流程：

基础巡检维护→塔体巡检维护→防腐巡检维护→防雷巡检维护

● 检测维护流程：

塔体检测维护→防腐检测维护→防雷检测维护。

3. 维护检测内容

请通过阅读相关材料，填写表4.1.2、表4.1.3维护检测的内容。

表4.1.2　xx公司xx分公司xx年落地铁塔和通信杆日常巡检维护记录表

基站名称			基站GPS坐标			
铁塔高度			铁塔类型			
巡检人员			巡检日期		年　月　日	
项目	巡检内容			巡检结果	维护情况	
基础	地脚锚栓是否松动缺失（塔脚混凝土包封完好的无须检查）					
	地脚锚栓是否被拔出					
	塔脚是否包封或包封不符合要求					
	塔脚底板是否与基础面接触良好					
	基础是否有下沉、滑移情况					
	基础周围土体有无滑坡					
	基础上有无地面塌陷、开裂					

项目	巡检内容	巡检结果	维护情况
基础	基础周围是否积水		
	塔脚柱头、通信杆桩顶等外露部分的混凝土结构是否开裂		
	通信杆基础桩周围土体是否松动		
	通信杆底盘与桩顶间泄水孔有无堵塞		
塔体（包括室外走线架）	构件有无被盗、丢失情况		
	构件有无明显弯曲、扭曲变形情况		
	主要焊缝有无开裂情况和开裂位置		
	螺栓及螺母有无被盗、丢失情况		
	天线横担是否安装牢固，位置是否水平		
	危险标志牌是否丢失，安装是否牢固		
	室外走线架与楼板或墙体连接螺栓是否有松动情况		
	室外走线架与楼板或墙螺栓连接处的楼板或墙是否有明显的裂缝		
	美化树形式的通信杆的仿树枝、仿树叶、仿树皮是否有脱落或损坏情况		
防腐	全塔构件是否有生锈情况、镀锌层或涂料防锈层有无局部破损情况		
	焊缝有无生锈的情况		
防雷	防雷地网是否被人为破坏		
	铁塔、通信杆、支撑杆是否与地网有效连接		
	避雷针保护角是否大于45度		
	避雷针与防雷引下线之间的焊接是否牢固，接头有无生锈、绝缘现象		
	防雷引下线与塔体连接是否牢固，有无松动现象		
	防雷引下线与接地扁铁之间的连接是否牢固、绝缘		
	防雷引下线是否丢失		
	铁塔或通信杆和机房是否联合接地		
其他			

注：本表适用于落地塔和通信杆。

表 4.1.3　xx 公司 xx 分公司 xx 年房顶铁塔、支撑杆日常巡检维护记录表

基站名称		基站 GPS 坐标		
铁塔高度		铁塔类型		
巡检人员		巡检日期	年月日	
项目	巡检内容		巡检结果	维护情况
基础	地脚锚栓是否松动缺失（塔脚混凝土包封完好的无须检查）			
	地脚锚栓是否被拔出			
	塔脚是否包封或包封不符合要求			
	塔脚底板是否与基础面接触良好			
	机房基础是否有下沉、滑移			
	机房基础周围土体有无出现滑坡情况			
	机房基础上有无地面塌陷、开裂			
	机房基础周围是否积水情况			
	机房天面楼板是否有明显裂缝或楼板有渗水现象			
塔体（包括室外走线架）	构件有无被盗、丢失情况			
	构件有无明显弯曲、扭曲变形情况			
	主要焊缝有无开裂情况和开裂位置			
	螺栓及螺母有无被盗、丢失情况			
	天线横担是否安装牢固，位置是否水平			
	危险标志牌是否丢失，安装是否牢固			
	室外走线架与楼板或墙体连接螺栓是否有松动情况			
	室外走线架与楼板或墙螺栓连接处的楼板或墙是否有明显的裂缝			
防腐	全塔构件是否有生锈情况、镀锌层或涂料防锈层有无局部破损情况			
	焊缝有无生锈的情况			
防雷	防雷地网是否被人为破坏			
	铁塔、通信杆、支撑杆是否与防雷地网有效连接			
	避雷针保护角是否大于 45 度			
	避雷针与防雷引下线之间的焊接是否牢固，接头有无生锈、绝缘现象			
	防雷引下线与塔体连接是否牢固，有无松动现象			
	防雷引下线与接地扁铁之间的连接是否牢固、绝缘			
	防雷引下线是否丢失			
其他				

【必备知识】

1.通信铁塔基本结构及构件要求。

2.通信铁塔日常维护项目的定义及维护规范。

3.铁塔基础、塔体、防腐、防雷等基本知识。

【技能训练】

测量地阻

测量仪器：数字接地电阻测试仪。

测量方法：沿被测接地极E（C2、P2）和电位探针P1及电流探针C1，依直线彼此相距20米，使电位探针处于E、C中间位置，按要求将探针插入大地，用专用导线将地阻仪端子E（C2、P2）、P1、C1与探针所在位置对应连接，如图4.1.4所示。开启地阻仪电源开关"ON"，选择合适挡位轻按一下键该档指标灯亮，表头LCD显示的数值即为被测得的地电阻。

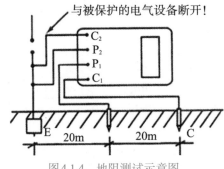

图4.1.4　地阻测试示意图

【任务成果】

1.任务成果

xxxx铁塔日常巡检维护记录。

2.任务成果评价参考标准（如表4.1.4所示）

表4.1.4　任务成果评价参考标准

序号	任务成果名称	评价标准			
		优秀	良好	一般	较差
1	xxxx铁塔日常巡检维护记录	维护流程组织高效、维护内容完整无遗漏、维护记录翔实符合规范、维护结果准确无误	维护流程组织流畅、维护内容完整、维护记录符合规范、维护结果无大的偏差	维护流程组织基本流畅、维护内容完整、维护记录基本符合规范、维护结果有个别处不准确	维护流程组织效率低不合理、维护内容不完整、维护记录多处不符合符合规范、维护结果有错误

【教学策略】

1.本学习任务建议采用项目教学法或任务教学法，通过教师下发相关任务工单的形式，让学生组成维护小组，并进行分工协作，完成本任务的目标要求。

2.条件许可时，教师可在做好相关安全措施后，带领学生到通信铁塔现场，对通信铁塔的结构、维护内容与要求、仪器的操作使用等，进行现场教学。

【任务习题】

1.通信铁塔一般有几种类型？

2.通信铁塔主要包括哪些构件？

3.铁塔基础巡检的主要内容有哪些？

4.地阻测量的基本原理是什么？测试中需要注意哪些事项？

5.类似通信铁塔室外教学，如何对学生进行分组及管理？

6.学生在分组过程中如何保障安全作业？

【知识链接与拓展】

知识点1：通信铁塔的组成与分类

铁塔的主要作用是支撑天线起到覆盖和网络优化的目的，铁塔可分为自立塔和拉线塔。铁塔的典型结构如图4.1.5所示。

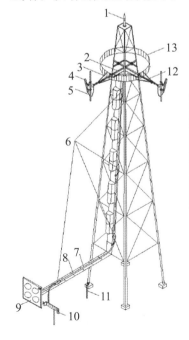

1 避雷针	2 天线支架	3 加强杆
4 定向天线	5 跳线避水弯	6 馈线避雷接地夹
7 馈线	8 室外走线架	9 馈线密封窗
10 室外接地排	11 铁塔接地体	12 线扣
13 铁塔平台护栏		

图4.1.5　通信铁塔结构示意图

知识点2：通信铁塔日常维护规范示例（摘选）

1. 一般规定

（1）铁塔、通信杆、支撑杆的日常巡检维护包括基础巡检维护、塔体巡检维护、防腐巡检维护、防雷巡检维护等内容。

（2）巡检人员在日常巡检维护时应根据本章要求逐项检查，并做好记录。

（3）巡检人员在日常巡检维护中发现问题无法解决的，应将情况及时书面向市分公司维护部门报告，由市分公司维护部门委托专业检测维护单位进行处理。

2. 基础巡检维护

（1）对铁塔基础、通信杆基础和支撑杆基础的日常巡检维护应包括以下几项通用巡检内容。

① 检查铁塔、通信杆、支撑杆的基础锚栓螺母有无松动、缺失情况。

检查方法：目测检查和用扳手检查。（塔脚混凝土包封完好的无须检查）

检查数量：全数检查。

维护方法：发现螺母松动的用扳手拧紧，发现螺母丢失用同规格螺母补回并拧紧。

② 检查基础锚栓是否有拔出的情况。

检查方法：目测检查。

检查数量：全数检查。

维护方法：发现锚栓被拔出的，应将情况及时上报维护部门。

③ 检查铁塔、通信杆、支撑杆的塔脚是否有包封或包封不符合要求的情况。

检查方法：目测检查和用小锤敲击检查。

检查数量：全数检查。

维护方法：发现塔脚没有包封的，如工程验收满一年且未超出保修期的，应及时通知工程部门并由工程部门要求原施工单位处理；如工程验收已超出保修期的，用C20混凝土将塔脚包封。发现包封混凝土有空鼓开裂情况的，将空鼓开裂部分混凝土凿掉后检查地脚螺栓是否松动和生锈，再重新用C20混凝土包封。

④ 检查铁塔、通信杆、支撑杆的塔脚底板是否与基础面接触良好。

检查方法：目测检查和用小锤敲击检查。

检查数量：全数检查。

维护方法：对于塔脚底板与基础顶面没有进行二次浇捣填缝的用C20细石混凝土填缝；对于塔脚底板与基础顶面有进行二次浇捣但填缝不密实的用铁片塞缝。

图4.1.6　通信铁塔基础建设场景

（2）对于落地铁塔基础（如图4.1.6所示）、通信杆基础，增加专项巡检维护内容，如下所示。

①检查落地铁塔、通信杆的基础是否有明显下沉、滑移情况。

检查方法：目测检查。

检查数量：全数检查。

维护方法：发现基础有明显下沉、滑移的及时报维护部门处理。

②检查落地铁塔、通信杆的基础护坡挡土情况，铁塔、通信杆基础周围土体有无出现滑坡情况。

检查方法：目测检查。

检查数量：全数检查。

维护方法：发现基础周围土体出现滑坡情况的及时报维护部门处理。

③检查落地铁塔、通信杆基础上面有无地面塌陷、开裂情况。

检查方法：目测检查。

检查数量：全数检查。

维护方法：发现对于基础上面出现地面塌陷、开裂情况的，如果基础无出现明显下沉、滑移情况的，则可判断该现象为基础上方回填土夯实不够引起，可重新夯实回填土并重做地面；如地面塌陷、开裂同时有基础下沉、滑移情况的，则应及时报维护部门处理。

④检查落地铁塔、通信杆基础周围是否积水情况。

检查方法：目测检查。

检查数量：全数检查。

维护方法：通过修建排水沟、铺设水泥地面等措施减少积水现象的发生。

⑤检查落地铁塔塔脚柱头、通信杆桩顶等外露部分的混凝土结构是否有开裂现象。

检查方法：目测检查和用小锤敲击检查。

检查数量：全数检查。

维护方法：如果仅仅是批挡层开裂，则将开裂部分批挡层铲除重新做批挡，如果是结构开裂则应及时报维护部门处理。

图4.1.7　通信铁塔基础图示

⑥ 检查通信杆基础桩周围是否有土体松动现象，如图4.1.7所示。

检查方法：目测检查。

检查数量：全数检查。

维护方法：对于通信杆基础桩顶周围的土体与桩脱开不超过10mm的，应重新夯实桩周围土体；对于通信杆基础桩顶周围的土体与桩脱开超过10mm的，应及时报维护部门处理。

⑦ 检查通信杆底盘与桩顶间泄水孔有无堵塞现象。

检查方法：用硬铁丝检查。

检查数量：全数检查。

维护方法：泄水孔存在堵塞情况是，可采用硬铁丝疏通。

（3）对于出现下列情况的，由维护部门请有甲级或乙级建筑工程设计资质的设计单位对该铁塔或通信杆进行评估，并提出整改要求。

① 对于出现明显下沉、滑移的落地铁塔和通信杆基础。

② 塔脚柱头、通信杆桩顶等外露部分的混凝土结构出现明显的结构裂缝。

③ 通信杆基础桩顶周围的土体与桩脱开超过10mm的。

（4）对于铁塔、支撑杆建在自建机房顶上的情况，应对机房基础做以下几项巡检维护。

① 检查机房基础是否有明显下沉、滑移情况。

检查方法：目测检查。

检查数量：全数检查。

维护方法：发现基础有明显下沉、滑移的及时报维护部门处理。

② 检查机房基础护坡挡土情况，机房基础周围土体有无出现滑坡情况。

检查方法：目测检查。

检查数量：全数检查。

维护方法：发现机房基础周围土体出现滑坡情况的及时报维护部门处理。

图4.1.8　通信铁塔建设过程场景

③ 检查机房基础上有无地面塌陷、开裂情况。

检查方法：目测检查。

检查数量：全数检查。

维护方法：发现对于机房基础上出现地面塌陷、开裂情况的，如果机房基础尚无出现明显下沉、滑移情况的，则可判断该现象为机房基础上方回填土夯实不够引起，可重新夯实回填土并重做地面；如地面塌陷、开裂同时有机房基础下沉、滑移情况的，则应及时报维护部门处理，如图4.1.8所示。

④ 检查机房基础周围是否积水情况。

检查方法：目测检查。

检查数量：全数检查。

维护方法：通过修建排水沟、铺设水泥地面等措施减少积水现象的发生，如图4.1.9所示。

图4.1.9　室外安装设备环境图示

⑤ 检查机房天面楼板是否有明显裂缝或楼板有渗水现象。

检查方法：目测检查。

检查数量：全数检查。

维护方法：发现机房天面楼板有明显裂缝或楼板有渗水情况的及时报维护部门处理。

（5）对于出现下列情况的，由维护部门请有甲级或乙级建筑工程设计资质的设计单位对该铁塔或支撑杆和机房进行评估，并提出整改要求。

① 对于出现明显下沉、滑移的机房基础。

② 对于机房天面楼板出现新的明显裂缝或楼板新出现有明显渗水现象的。

（6）对于铁塔、支撑杆、拉线塔加建在一般建筑物屋顶的情况，如图4.1.10所示，应对其基础做以下几项巡检维护。

① 对于采用植筋形式将地脚锚栓直接埋入原楼房结构的，应检查化学植筋是否有松动现象，植筋孔周围是否有明显的混凝土裂缝。

检查方法：目测检查和用小锤敲击检查。

检查数量：全数检查。

维护方法：发现化学植筋有松动现象，植筋孔周围有明显的混凝土裂缝情况的及时报维护部门处理。

② 对于采用膨胀螺丝直接固定在原楼房结构的支撑杆、美化杆，应检查膨胀螺丝是否有松动现象，膨胀螺丝孔周围是否有明显的混凝土裂缝。

检查方法：目测检查和用小锤敲击检查。

检查数量：全数检查。

维护方法：对于发现膨胀螺丝有松动现象的，如膨胀螺丝可以拔出的则可在原孔位安装膨胀螺丝，如膨胀螺丝无法拔出则应选取合适位置重新打入膨胀螺丝。

图4.1.10　通信铁塔结构场景图示

③ 检查铁塔和支撑杆基础的柱头、反梁批挡是否有脱落情况。

检查方法：目测检查和用小锤敲击检查。

检查数量：全数检查。

维护方法：将开裂部分批挡层铲除重新做批挡。

④ 检查铁塔和支撑杆基础的柱头、反梁是否有明显结构裂缝和露筋情况。

检查方法：目测检查。

检查数量：全数检查。

维护方法：如基础的柱头、反梁有明显结构裂缝和露筋情况应及时报维护部门处理。

⑤ 检查原楼房天面在加建铁塔或支撑杆位置附近的楼板是否有新增明显裂缝或楼板有新出现渗水现象。

检查方法：目测检查。

检查数量：全数检查。

维护方法：如加建铁塔或支撑杆位置附近的楼板有新增明显裂缝或楼板有新出现渗水现象情况应及时报维护部门处理。

（7）对于出现下列情况的，由维护部门请有甲级或乙级建筑工程设计资质的设计单位进行安全性评估，并提出整改要求。

① 铁塔或支撑杆和美化杆基础的柱头、反梁有明显裂缝和露筋情况。

② 原楼房天面在加建铁塔或支撑杆和美化杆位置附近的楼板或梁有新增明显裂缝或楼板有新出现明显渗水现象。

③ 对于发现化学植筋有松动现象的。

3. 塔体巡检维护

（1）铁塔、通信杆、支撑杆的塔体日常巡检维护应包括以下内容。

① 检查铁塔、通信杆、支撑杆的构件和室外走线架构件有无被盗、丢失情况并做记录。

检查方法：目测检查。

检查数量：全塔检查。

维护方法：发现构件被盗、丢失情况应及时报维护部门处理。

② 对于美化树形式的通信杆应检查仿树枝、仿树叶、仿树皮是否有脱落或损坏情况，如图4.1.11所示，并做好记录。

检查方法：目测检查。

检查数量：全塔检查。

维护方法：发现有脱落或损坏情况应及时报维护部门处理。

图4.1.11　铁塔与天线的美化

③ 检查铁塔、通信杆、支撑杆的构件和室外走线架构件有无明显弯曲、扭曲变形情况并做记录。

检查方法：目测检查。

检查数量：全塔检查。

维护方法：发现构件有明显弯曲、扭曲变形情况应及时报维护部门处理。

④ 检查铁塔、通信杆、支撑杆主要焊缝有无开裂情况并对开裂位置做好记录。

检查方法：目测检查。

检查数量位置：塔脚焊缝必检，其他5处。

维护方法：发现焊缝有开裂情况应及时报维护部门处理。

⑤ 检查铁塔、通信杆、支撑杆和室外走线架构件螺栓及螺母有无被盗、丢失情况并做记录。

检查方法：目测检查。

检查数量：全塔检查。

维护方法：如发现螺栓及螺母有被盗、丢失情况且巡检人员有办法补回的，按螺栓及螺母规格补回并拧紧；如巡检人员没办法补回的，应及时报维护部门处理。

⑥ 检查天线横担是否安装牢固，位置是否水平。

检查方法：手感检查是否牢固，用水平尺检查是否水平。

检查数量：全数检查。

维护方法：如发现天线横担不牢固用扳手将螺栓拧紧，如不水平则通过调节螺栓使天线横担水平。

⑦ 检查危险标志牌（如图4.1.12所示）是否丢失，安装是否牢固并做记录。

检查方法：目测检查。

维护方法：如发现危险标志牌丢失情况，向维护部门领取新的危险标志牌重新安装；如发现危险标志牌安装不牢固的将其重新安装牢固。

图4.1.12 危险标志牌图示

⑧ 检查室外走线架（如图4.1.13所示）与楼板或墙体连接螺栓是否有松动情况并做记录，特别是检查靠墙固定的螺栓是否与墙体连接牢固。

检查方法：手感检查是否牢固。

检查数量：全数检查。

维护方法：如发现室外走线架与楼板或墙体连接螺栓有松动情况且巡检人员有办法处理的，则将螺栓拧紧；如巡检人员没办法处理的，应及时报维护部门处理。

⑨ 检查室外走线架与楼板或墙螺栓连接处的楼板或墙是否有明显的裂缝并做记录。

检查方法：目测检查。

检查数量：全数检查。

维护方法：如发现室外走线架与楼板或墙螺栓连接处的楼板或墙有明显裂缝的，应及时报维护部门处理。

图4.1.13　室外走线架场景图

⑩ 对于拉线塔检查各拉线钢丝绳及相关构件有无缺失。

检查方法：目测检查。

检查数量：全数检查。

维护方法：发现拉线钢丝绳及相关构件有缺失的用原规格拉线钢丝绳及相关构件补回并紧固。

⑪对于拉线塔检查钢丝绳有无松弛现象。

检查方法：手感检查。

检查数量：全数检查。

维护方法：发现拉线钢丝绳松弛的通过调节拉线的方法紧固。

4.防腐巡检维护

（1）铁塔、通信杆、支撑杆的防腐日常巡检维护应包括以下内容。

① 对于采用热镀锌或涂料防锈的铁塔、通信杆、支撑杆检查全塔构件和焊缝是否有生锈或局部破损情况。

检查方法：目测检查。

检查数量：全数检查。

维护方法：如发现有生锈或局部破损的，应及时报维护部门处理。

② 支撑杆和室外走线架及有现场焊接的地方，加强锈蚀深度检查。

检查方法：小锤敲击检查。

检查数量：全数检查。

维护方法：如发现室外走线架，锈蚀到材料实体的，应及时报维护部门处理。

5. 防雷巡检维护

铁塔、通信杆、支撑杆的防雷日常巡检维护应包括以下内容。

① 检查防雷地网是否被人为破坏。

检查方法：观察检查。

维护方法：如发现防雷地网遭人为破坏的，应及时报维护部门处理。

② 检查铁塔、通信杆、支撑杆是否与防雷地网有效连接。

检查方法：目测检查。

检查数量：全数检查。

维护方法：如发现铁塔、通信杆、支撑杆与防雷地网连接达不到要求的重新焊接。

③ 检查铁塔、通信杆、支撑杆避雷针保护角是否大于45度。

检查方法：目测或钢尺检查。

检查数量：全数检查。

维护方法：如发现避雷针保护角大于45度的，应及时报维护部门处理。

④ 检查铁塔、通信杆、支撑杆避雷针与防雷引下线之间的焊接是否牢固，接头有无生锈、绝缘现象。

检查方法：目测检查和小锤敲击检查。

检查数量：全数检查。

维护方法：如发现铁塔、通信杆、支撑杆避雷针与防雷引下线之间的焊接不牢固的或发现接头生锈的，应及时报维护部门处理。

⑤ 检查铁塔、通信杆、支撑杆防雷引下线与塔体连接是否牢固，有无松动现象。

检查方法：目测检查和小锤敲击检查。

检查数量：全数检查。

维护方法：如发现防雷引下线与塔体连接有松动情况且巡检人员有办法处理的，则由巡检人员直接处理；如巡检人员没办法处理的，应及时报维护部门处理。

⑥ 检查铁塔的专用防雷引下线是否丢失，防雷引下线是否有生锈情况。

检查方法：目测检查。

检查数量：全数检查。

维护方法：如发现防雷引下线丢失或生锈的，应及时报维护部门处理。

⑦ 检查铁塔或通信杆和机房是否联合接地，如图4.1.14所示。

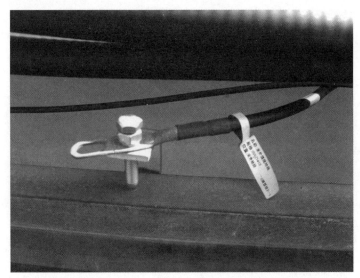

图4.1.14　馈线系统接地场景图

检查方法：用万能表检查。

检查数量：全数检查。

维护方法：如发现铁塔或通信杆和机房没有联合接地的，将铁塔或通信杆的地网和机房地网连接成联合接地体。

任务4.2　基站传输配套设施日常维护

【任务描述】

基站传输系统是移动无线网络的重要组成部分，在3G系统中负责基站子系统与无线控制器之间的通信联络，在4G系统中负责基站子系统与核心网之间的通信联络。传输部分的正常运行维护，对移动通信无线网络的正常运行，起到十分重要的作用。

因此，基站传输系统维护是基站日程维护工作重要内容。小王是某公司无线网络维护部门的一名维护人员，负责对基站部分的日常维护和传输系统的日常维护。公司近期计划对基站传输系统进行日常维护的检查，小王需要按照要求完成基站传输系统的维护检查工作。

假如你是小王，请按照日常维护的项目、内容与规范要求，编制日常维护作业实施流程，并完成一次例行维护。

【任务分析】

1. 任务目标分析

通过对基站传输系统的日常维护，保持设备处于良好工作状态，同时避免极端情况的故障发生概率。

（1）通过编制维护作业实施流程，能使日常维护工作规范、无遗漏。

（2）通过实施维护作业流程，达到维护目标。

2. 工作内容分析

基站传输系统日常维护包括现场维护与远程网管维护。通过前后端配合实施维护操作完成工作。具体需要实施的维护工作内容分析如图4.2.1所示。

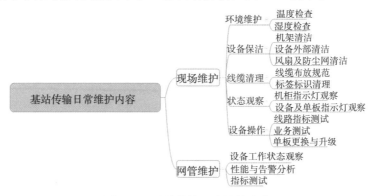

图4.2.1　基站传输日常维护内容

【必备知识】

1. 基站机房传输设备温湿度等环境标准规范。
2. 传输设备线缆及标签维护规范要求。
3. 基站传输设备单板指示灯状态及其含义。
4. 基站传输线路指标要求。

【技能训练】

日常维护也可以称为例行维护，为了保证PTN（IPRAN）设备能长期、稳定地运行，需要定期对其进行例行维护。例行维护可以分为远程维护（通过U2000网管实现）、现场维护，以及备件维护。远程维护通过检查设备的当前状态，及时了解设备的运行状况，防患于未然。现场维护通过定期清洁设备防尘网，使设备能在良好的环境中长期、稳定地运行。备件维护通过检查备件，确保单板故障时，其备件能及时替换上网运行。

1. 远程维护

远程维护的工具主要是U2000网管，通过它可以对设备进行例行维护的操作、备份网管和网元数据。

远程维护的主要指标有以下几个。

（1）网元和单板状态。

定期检查网元和单板的状态有助于及时发现异常状态并处理。本操作需要每天进行。检查标准为：在U2000上查看网元图标颜色和单板颜色应为绿色，且工作状态正常。操作步骤如下所示。

步骤1：登录网管，如图4.2.2所示。

图4.2.2　登录界面

步骤2：在U2000主拓扑上，单击快捷图标打开"图例"，将显示网元各种状态的说明，如图4.2.3所示。

步骤3：在U2000主拓扑中查看网元状态，网元图标的颜色应为绿色，且工作状态正常。

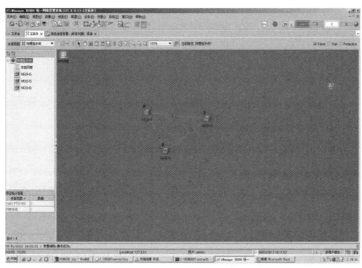

图4.2.3　传输网管界面

如果网元图标为其他颜色或工作状态不正常，则需进行相应处理。

· 网元图标为灰色且网元图标上方有红色"x"标记，说明U2000与网元通信中断。

· 网元图标为红色，说明网元所发生的告警中级别最高的为紧急告警。

· 网元图标为橙色，说明网元所发生的告警中级别最高的为重要告警。

· 网元图标为黄色，说明网元所发生的告警中级别最高的为次要告警。

· 网元图标为浅蓝色，说明网元所发生的告警中级别最高的为提示告警。

· 网元图标上方有，说明该网元的网管侧配置数据与网元侧的不一致。

步骤4：双击网元图标，查看单板的工作状态，如图4.2.4所示。单板图标应为绿色。如单板处于其他状态，可参考下列说明进行处理。

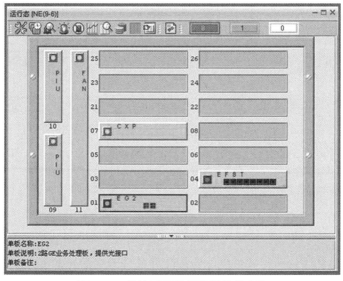

图4.2.4　传输网管单板运行状态查询

·浅绿色：说明物理单板在位而网管上没有添加该单板。选中该单板单击右键，在弹出的菜单中选择对应的单板类型。

·蓝色：表示运行态，但不在位。说明物理单板不在位而网管上离线添加了该单板。应现场检查单板，确保单板已经安装并且单板与母板的接触良好。

·灰色：表示安装态。说明单板运行异常。请查看单板的配置数据是否正确，或查看单板是否出现故障。

·单板右下角显示：单板处于备用状态。如果是原主用板处于备用状态，需要处理该单板故障。

·单板左下角显示：单板设置了环回。根据实际需要决定是否解除单板的环回设置。

（2）全网有无告警。

定期浏览告警有助于及时发现和清除故障。浏览全网告警需每天进行，其检查标准应为在 U2000 上浏览全网告警，无新增告警。操作步骤如下所示。

步骤1：查看 U2000 主拓扑右上方的告警指示灯，指示灯中间的数字显示当前全网未清除的各级别告警的数量。

步骤2：单击当前紧急告警指示灯，弹出窗口，浏览当前紧急告警。

步骤3：选中告警，在"处理建议"区域查看告警原因，并点击"详细描述"，参考联机帮助中的告警详细内容，分析这些告警是否会引发故障隐患。

步骤4：单击 U2000 主拓扑右上方当前重要告警指示灯，浏览当前重要告警。并按步骤3的方法分析并处理重要告警。

步骤5：单击 U2000 主拓扑右上方当前次要告警指示灯，浏览当前次要告警。并按步骤3的方法分析并处理次要告警。

步骤6：单击提示告警指示灯，浏览当前提示告警。并按步骤3的方法分析并处理提示告警。

（3）有无异常事件。

定期浏览网元的异常事件，可以判断网元的当前运行情况，及时排除隐患。其操作步骤如下所示。

步骤1：在主菜单中选择"故障>浏览事件日志"，弹出"过滤"对话框。

步骤2：单击左下角的"从模板复制"，导入事先已创建好的事件浏览模板（事先设置好的浏览事件的过滤条件）。创建事件浏览模板的方法请参见 U2000 联机帮助。

步骤3：在"基本设置"选项卡中设置要浏览事件的过滤条件。

步骤4：在"事件源"选项卡中选择要浏览事件的网元。

步骤5：单击"确定"，符合过滤条件的事件（如果存在的话）出现在"查询事件日志"窗口中。

步骤6：参考相关资料，并根据经验按需要处理产生的异常事件。

（4）光接口的光功率。

当光接口的接收光功率或发送光功率异常时，可能会产生误码或损坏光器件。因此需要检查光接口的接收、发送光功率，确保光接口的发送、接收光功率都在正常范围内。该指标需每天进行检查，检查步骤如下所示。

步骤1：在U2000主拓扑中选择网元，单击鼠标右键。在弹出的右键菜单中选择"网元管理器"，弹出"网元管理器"窗口。

步骤2：在网元管理器中选择安装有光接口的单板，在功能树中选择"性能>当前性能"。

步骤3：在"SDH性能浏览"中选择"发光功率"和"收光功率"，单击"查询"。

步骤4：检查平均发送光功率、接收光功率是否在正常范围内。

步骤5：如果激光器平均发送光功率不在正常范围内，可对光纤连接器进行检查和清洁，再重新查询光接口的平均发送光功率，直至查询的平均发送光功率值在正常的范围内。检查完成后要恢复被测光接口的光纤连接。

步骤6：如果激光器实际接收光功率不在正常范围内，当实际接收光功率过低时，需检查光纤连接器、光衰减器、ODF侧光纤法兰盘和光衰减器是否被污染，并进行清洁或更换；当实际接收光功率过高时，需检查光衰减器是否正常，如不正常则进行更换，直至查询的实际接收光功率值在正常的范围内。

（5）DCN通信状态。

定期浏览网元的DCN通信状态，确保DCN畅通。该指标需每天进行检查，网元的"通信状态"应为"正常"。其操作步骤如下所示。

步骤1：在主菜单中选择"系统>DCN管理"。

步骤2：在弹出的"DCN管理"窗口中单击"刷新"，查询结果界面如图4.2.5所示。

网元	网关网元		
网元名称 ∧	网元类型 ∧	所属子网 ∧	通信状态 ∧
NE90	OptiX PTN 1900	root	正常
NE106	OptiX PTN 3900	root	无法连接
NE14	OptiX PTN 950	root	无法连接
NE67-B	OptiX PTN 910	root	正常
NE49124	OptiX PTN 912	root	无法连接

图4.2.5　查询结果界面

步骤3：确认网元的"通信状态"为"正常"。如果不是，则按带内DCN故障处理。

（6）当前性能。

设备及业务在运行过程中可能会出现异常状态，但这种异常状态又不足以触发故障告警。因此在例行维护过程中需要通过浏览当前性能事件及时发现异常，及时排除隐患。可以浏览当前15分钟的性能数据、当前24小时的性能数据以及连续严重误码秒的情况。该指标需每天进行检查。在检查标准上，对于端口，应没有产生或接收误码；对于单板，其工作温度、CPU 占用率，以及内存占用率应正常；对于 Tunnel 以及以太网业务，应没有丢包或错包现象。其操作步骤如下所示。

步骤 1：在 U2000 主菜单中选择"性能>性能监控管理"。

步骤 2：在"资源类型"中单击待查询的资源类型。

步骤 3：选择需要监控的资源，查看当前性能数据。

（7）Tunnel 状态。

定期浏览 Tunnel 的运行状态，确保 Tunnel 均处于正常状态。该指标需每天进行检查，Tunnel 的"告警状态"应为"正常"。其操作步骤如下所示。

步骤 1：在主菜单中选择"业务> Tunnel > Tunnel 管理"。

步骤 2：在弹出的"设置过滤条件"窗口中设置相应的过滤条件，单击"过滤"。

步骤 3：确认 Tunnel 的"告警状态"均为"正常"。如果不是，则按 MPLS Tunnel 故障处理。

（8）PW 运行状态。

定期浏览 PW 的运行状态，确保承载业务的 PW 均处于正常状态。该指标需每天进行检查，PW 的"综合运行状态"应为"Up"。其操作步骤如下所示。

步骤 1：在 U2000 主拓扑中选择网元，单击鼠标右键。在右键菜单中选择"网元管理器"，弹出"网元管理器"窗口。

步骤 2：在网元管理器中选择网元，区分不同业务，执行如表 4.2.1 所示的操作。

表 4.2.1　业务区分

对象	浏览入口
ATM 业务	1. 在功能树中选择"配置>ATM 业务管理" 2. 单击"查询"，在弹出的"操作结果"对话框单击"关闭" 3. 选择下方的"PW"选项卡，在"基本属性"中查看 PW 运行状态
CES 业务	1. 在功能树中选择"配置>CES 业务管理" 2. 单击"查询"，在弹出的"操作结果"对话框中单击"关闭" 3. 在"基本属性"中查看 PW 运行状态
以太网业务	1. 在功能树中选择"配置>以太网业务管理"，选择一种以太网业务类型 2. 单击"查询"，在弹出的"操作结果"对话框中单击"关闭" 3. 选择下方的"NNI"选项卡，在"PW"中查看 PW 运行状态

步骤 3：确认"本端运行状态""远端运行状态"和"综合运行状态"均为"Up"。如果不是，通过修正业务配置，排除物理链路故障和清除告警等方式，使 PW 运行状态回复正常。

（9）以太网端口运行状态。

定期浏览以太网端口的运行状态，确保以太网端口均处于正常状态。该指标需每天检查，以太网端口的"运行状态"应为"Up"。其操作步骤如下所示。

步骤 1：在 U2000 主拓扑中选择网元，单击鼠标右键。在右键菜单中选择"网元管理器"，弹出"网元管理器"窗口。

步骤 2：在功能树中选择"配置>接口管理> Ethernet 接口"。

步骤 3：在"基本属性"选项卡中单击右下角"查询"。查询完成后弹出"操作结果"对话框提示操作成功，单击"关闭"。

步骤 4：确认以太网端口的"运行状态"均为"Up"。如果不是，通过排除物理链路故障及清除告警等方式，使以太网端口运行状态回复正常。

（10）定时备份 U2000 数据。

定时备份 U2000 的数据到本地服务器，以备数据库发生故障后能安全快速的恢复。该维护操作需每周进行，其操作步骤如下所示。

步骤 1：在 U2000 主菜单中选择"系统>任务计划>集中任务管理"，弹出"集中任务管理"窗口。

步骤 2：单击"创建"，弹出"创建任务"对话框。

步骤 3：选择任务类型为"数据库备份"，输入该定时任务的名称，执行类型选择"周期任务"。单击"下一步"。如图 4.2.6 所示。

图 4.2.6　数据库备份网管操作图示

步骤4：设置起始时间和周期（设置为1周）。单击"下一步"。

步骤5：选择"备份到本地服务器"，并输入本地服务器的备份路径。

步骤6：单击"完成"，则创建完的定时任务显示在"集中任务管理"窗口中。

（11）备份网元数据库。

为了确保网元丢失数据后或者设备掉电后能自动恢复运行，需要及时备份网元数据库。该操作通常每月进行一次，或是在其他有需要的时候进行。其操作步骤如下所示。

步骤1：在主菜单中选择"配置>网元配置数据管理"。

步骤2：在左边的对象树中选择网元，单击 >> 。

步骤3：在"配置数据管理列表"中选中一个或多个网元。

步骤4：单击"备份网元数据"，选择"备份数据库到主控板"或"手工备份数据库到CF卡"。如图4.2.7所示。

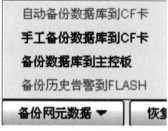

图4.2.7 备份方式选择

步骤5：在弹出的"确认"窗口中点击"确定"，开始备份。

步骤6：弹出"操作结果"对话框，待备份成功后单击"关闭"。

2.现场维护

现场维护的主要内容包含两项：一是现场设备的运行状态检查；二是定期清洁防尘网。

（1）现场设备运行状态检查。

现场设备的运行状态检查，主要目的是确保设备处于正常工作状态，是例行维护的基本操作。对于设备的温度检查要求夏季每三天进行一次，春、秋季节每二周进行一次，冬季每月进行一次。分以下几个步骤完成。

步骤1：设备温度检查，将手放于子架通风口上面，检查风量，同时检查设备温度。温度要求应满足表4.2.2的要求。

表4.2.2 设备温度、湿度要求表

环境条件项目	温度	湿度
保证性能工作范围	0℃—40℃	10%—90%
短期工作范围	−5℃—50℃	5%—95%

步骤2：线缆检查，网线和2M线长时间运行后，容易出现松动的现象。因此需要定期检查接业务的线缆是否出现松动的情况。对于线缆检查要求每月进行一次。

步骤3：设备指示灯检查，主要包括机柜指示灯、设备单板指示灯和设备声音告警检查。

（2）机柜指示灯观察。

首先从整体上观察设备是否有高级别（危急和主要）告警，可观察机柜顶部的告警指示灯来获得。在机柜顶上，有红、黄、绿三个不同颜色的指示灯。表4.2.3为机柜顶上红、黄、绿三个指示灯表示的含义。

表4.2.3　机柜顶指示灯及含义

指示灯	名称	状态	
		亮	灭
红灯	危急告警指示灯	当前设备有危急告警，一般同时伴有声音告警	当前设备无危急告警
黄灯	主要告警指示灯	当前设备有主要告警	当前设备无主要告警
绿灯	电源指示灯	当前设备供电电源正常	当前设备供电电源中断

其中绿灯亮表示有适当的电源（-38.4～-57.6V）输入；红灯亮表示本设备发生危急告警，且伴随有声音告警；黄灯亮表示本设备发生主要告警，无声音告警。告警信号是由主控板通过电源告警线送至柜顶。注意告警的级别可通过网管更改。

应每天查看机柜指示灯的状态，发现有红、黄灯亮应及时通知中心站的网管人员，并进一步查看单板指示灯。在设备正常工作时，柜顶指示灯应该仅绿灯亮。

（3）单板指示灯观察。

只观察机柜顶部的告警指示灯，可能会漏过设备的次要告警（次要告警机柜顶部指示灯不亮），而次要告警往往预示着本端设备的故障隐患，或对端设备存在故障，不可轻视。因此，在观察了机柜顶部告警指示后，还需观察设备各单板告警指示灯的闪烁情况。

系统中所有单板，除PWS板（电源板）、BA2等板外，各单板的拉手条上都有一个红灯和一个绿灯。设备正常运行时，各单板应该只有运行灯（绿灯）在正常闪烁（1秒亮1秒暗），不应有告警灯（红灯）闪烁。

① 绿灯是运行灯，其闪烁状态的含义见表4.2.4。

表4.2.4　SBS系统单板绿色运行指示灯

运行灯状态	状态描述
快闪：每秒闪烁5次	未开工状态
正常闪烁：1秒亮1秒灭	正常开工状态
慢闪：2秒2秒灭	与主控板通信中断，处于脱机工作状态

运行灯慢闪是一个不容易察觉的危险状态。某些板处在该状态，会导致保护倒换协议无法正常启动，此时网管上该板显示"不在位"。解决方法：复位单板或将该板插拔一下。

②红灯是告警灯，其闪烁状态的含义见表4.2.5。

表4.2.5　SBS系统单板红色告警指示灯

告警灯状态	状态描述
常灭	无告警发生
每隔1秒闪烁3次	有危害告警发生
每隔1秒闪烁2次	有主要告警发生
每隔1秒闪烁1次	有次要告警发生
常亮	单板存在硬件故障，自检失败

（4）设备声音告警检查。

在日常维护中，设备的告警声通常比其他告警更容易引起维护人员的注意，因此在日常维护中必须保持该告警来源的通畅。定期检查机柜上的"MUTE"开关，正常情况应置于"ON"态。

定期检查设备主控板上的ALC钮，看其是否打到向上（远离ALC字符的一侧）。如果告警外接到列头柜，则定期检查列头柜上的开关或接线是否正常。

（5）定期清洁防尘网。

定期清洁防尘网，主要目的是确保设备进风通畅，散热正常。该操作每三个月需进行一次，检查标准为防尘网上没有附着灰尘。操作步骤如下所示。

步骤1：拔出风扇板下方的防尘网。如图4.2.8所示。

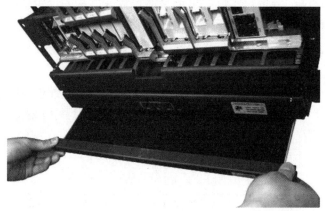

图4.2.8　防尘网取出操作图示

步骤2：将压住海绵的铁丝取下来，把粘贴在防尘网上的黑色海绵撕下后用水清洗干净。为确保洗涤效果，清洗时可添加合适的洗涤剂。

步骤3：在通风处吹干海绵。

步骤4：将清洁后的海绵重新安装回防尘网上。

步骤5：将清洁后的防尘网沿导槽轻轻插回原位置。

3. 备件维护

通过备件的定期维护，可以保证备件随时可以替换网上的故障单板，提高维护效率。该检查每年进行一次，检查的标准为备件的单板名称、硬件版本和软件版本应与网上运行的同类单板的版本一致。操作步骤如下所示。

步骤1：登录U2000客户端，在主菜单中选择"存量>物理存量>单板"。

步骤2：在"单板列表"选项卡中单击"过滤"，设置相应的单板过滤条件，单击"确定"。

步骤3：记录备件的单板名称、硬件版本和软件版本。

步骤4：检查备件版本是否与网上运行的同类单板的版本一致。

步骤5：如果需要输出报表，则单击"打印"或"另存为"输出报表。

【任务成果】

1. 主要任务成果

（1）日常维护及巡检记录表。

（2）按要求完成的技能训练模块的情况。

2. 任务成果评价参考标准（如表4.2.6所示）

表4.2.6 任务成果评价参考标准

序号	任务成果名称	评价标准			
		优秀	良好	一般	较差
1	编制的日常维护实施流程	内容完整规范，维护结果及巡检效果优秀	内容完整规范，维护结果及巡检效果良好	内容基本完整规范，维护结果及巡检效果基本达标	内容不完整规范，有遗漏，维护结果及巡检效果不达标
2	技能训练模块完成情况	熟练掌握相关知识点与技能点，熟练完成技能训练任务	熟练掌握大部分关键知识点与技能点，熟练完成技能训练任务	基本掌握关键知识点与技能点，能够完成技能训练任务	能够掌握部分技能点，不能够熟练完成技能训练任务

【教学策略】

本任务建议教师以任务工单的形式下发任务给学生，学生可按照实际维护的要求进行分组，并在小组中注明每个人的具体分工。

教师结合讲解、任务工单驱动和研讨归纳等形式，传授相关知识与技能。

1. 重难点

基站传输系统日常维护的主要内容、网管操作与现场操作。

2. 技能训练程度

熟练掌握基站传输设备维护实施流程的编写方法与步骤。

熟练掌握现场维护与远程维护的各项操作。

3. 教学讨论

可采用教师讲授、分组讨论的方法首先制定日常维护实施流程，包括确定作业内容、周期，以及制作维护作业记录表。可采用现场教学法、演示教学法等教学方法，先由教师讲解演示日常维护操作方法，然后由学生完成具体任务，在此过程中，教师负责指导。在实验条件允许的情况下，应该由每个学生单独完成；如条件有限，可以2到3人一组协作完成，但必须保证小组内每个学生都参与。在维护操作方面，教师应重点讲解演示。

【任务习题】

1. 基站传输设备日常维护工作中，现场维护包括哪些工作内容？

2. 基站传输设备日常维护工作中，远程维护包括哪些工作内容？

3. PTN950设备主要有哪些单板？请简述各单板功能与指示灯状态。

4. 日常维护中，做业务误码测试时，如何搭建测试的环境？

5. 如何判定光传输设备发送和接收光功率是否正常？

6. 备件检查主要检查哪些方面？

【知识链接与拓展】

目前基站传输设备主要以PTN设备和IPRAN设备为主：PTN设备主要被移动公司应用到3G或4G基站信号回传系统中；IPRAN设备主要被应用在电信和联通的基站信号回传系统中。

1. PTN设备知识

就目前的运用情况来看，实际网络中常用的PTN设备主要来自中兴和华为。中兴的PTN产品包括ZXCTN 6100、ZXCTN 6200、ZXCTN 6300、ZXCTN 6500等。华为的PTN产品包括OptiX PTN 3900、OptiX PTN 1900、OptiX PTN 960、OptiX PTN 950、OptiX PTN 912、OptiX PTN 910等，其中OptiX PTN 3900、OptiX PTN 1900为框式设备，OptiX PTN 960、OptiX PTN 950、OptiX PTN 912、OptiX PTN 910为盒式设备。

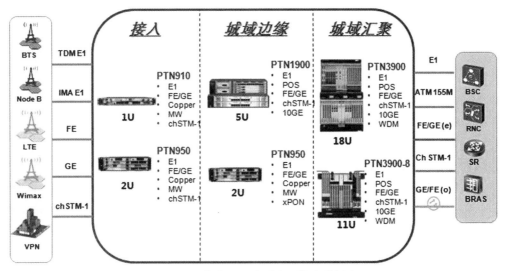

图4.2.9 华为PTN产品在网络中的层次

其中OptiX PTN 3900主要应用于城域汇聚，OptiX PTN 1900主要用于城域边缘，OptiX PTN 950既可用于城域边缘，也可用于接入层，OptiX PTN 910则主要应用于接入层，如图4.2.9所示。结合实际使用的情况，以下主要介绍OptiX PTN 1900和OptiX PTN 950两款设备。

（1）OptiX PTN 1900。

OptiX PTN 1900是一款框式PTN设备，主要应用于城域网的边缘节点。其设备外形如图4.2.10所示，子架结构如图4.2.11所示，槽位分配如图4.2.12所示。

图4.2.10 OptiX PTN 1900设备外形

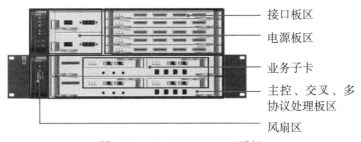

图4.2.11 OptiX PTN 1900子架

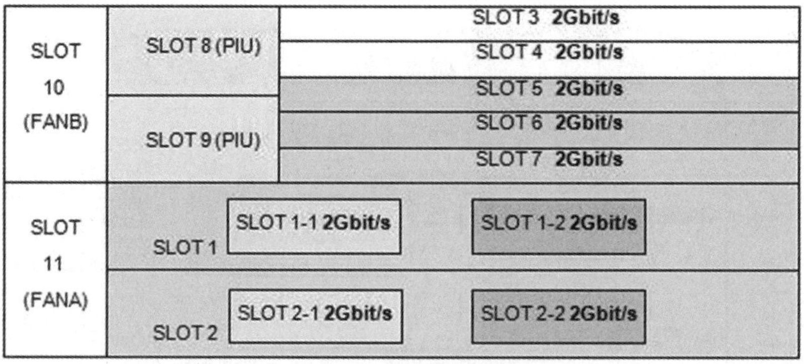

图4.2.12　OptiX PTN 1900槽位分配

OptiX PTN 1900的单板可以分为处理类单板、接口类单板、交叉及系统控制类单板、电源及风扇类单板等。以下简单介绍其常用单板。

① MD1。

MD1是多协议TDM/IMA/ATM/MLPPP 32路E1/T1业务子卡，其负责处理IMA E1、CES E1、ML-PPP E1信号。其名称中"M"表示其处理业务类型为多业务，"D"表示其面板接口密度为32路E1，"1"表示其速率等级和接口类型为E1。其单板外形如图4.2.13所示。

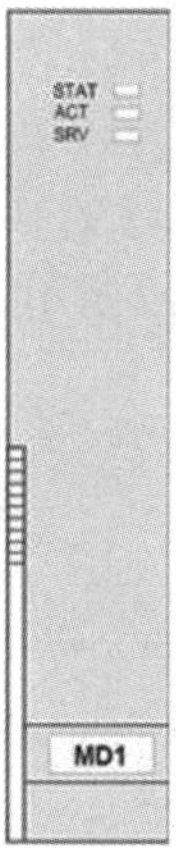

图4.2.13　MD1板外形及单板指示灯

② EFG2。

EFG2是2路GE光接口板，它可以完成两路GE业务的接入和发送，支持LAG链路聚合组保护，支持同步以太时钟、TOP时钟，支持1588v2时钟。

③ POD41。

POD41板在客户侧提供2路光接口，接口速率支持STM-1/STM-4，可根据需要选择，单板支持恢复线路时钟，支持端口内环回和外环回，支持LMSP 1+1/1：1保护，倒换时间50ms。

④ CXP。

CXP是主控、交叉与业务处理板，其主要功能包括：支持系统控制与通信功能，完成单板及业务配置功能，处理二层协议数据报文，监测PIU/FAN单板状态；支持业务处理与调度功能，完成交叉容量为10Gbit/s业务调度，提供层次化的QoS；支持时钟功能，跟踪外部时钟源提供系统同步时钟源，支持1588和TOP时钟，120欧姆时钟输入输出接口；支持CXP单板的1+1保护；业务子卡TPS保护。其单板外形如图4.2.14所示。

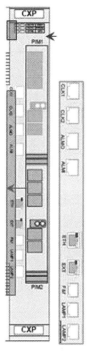

图4.2.14 CXP单板外形

⑤ PIU。

PIU是电源接入单元，其主要功能包括提供-48V外置单元供电接口，提供电源告警的检测和上报，两块PIU板可以提供1+1热备份，支持电源防雷和滤波等功能。

⑥ FAN。

FAN为风扇板，其主要功能包括保证系统散热，智能调速功能，提供风扇状态检测功能，提供风扇告警信息，提供子架告警和状态指示灯，提供告警测试和告警切除功能。

（2）OptiX PTN 950。

如前所述，OptiX PTN 950是盒式设备，它既可以放在基站侧做基站业务接入，也可以放置在IPRAN汇聚层做业务汇聚设备，将多个低等级PTN设备接入的业务经过整合后传送到更高层次的设备中。最大业务交换能力是8G，最大接入能力可提供2个

GE电光接口，48个FE光电接口，192个E1接口，6个通道化STM-1，48个ADSL/ADSL2+接口。

其设备外形如图4.2.15所示。

图4.2.15　OptiX PTN 950设备外形

OptiX PTN 950的子架外观如图4.2.16所示。

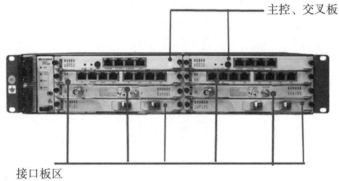

图4.2.16　OptiX PTN 950子架外观

OptiX PTN 950的槽位分配如图4.2.17所示。

SLOT 10	SLOT 11	SLOT 7	SLOT 8
		SLOT 5（1Gbit/s）	SLOT 6（1Gbit/s）
SLOT 9		SLOT 3（1Gbit/s）	SLOT 4（1Gbit/s）
		SLOT 1（2Gbit/s）	SLOT 2（2Gbit/s）

图4.2.17　OptiX PTN 950槽位分配

OptiX PTN 950常用的单板包括以下几种。

① CXP（控制交叉协议处理板）单板。

由业务处理和调度模块、系统控制模块、时钟处理模块、辅助接口模块和电源模块组成，实现系统的告警和硬件检测、单板控制、开销处理、设备管理、向各单板提供系统时钟、提供网管及时钟接口等功能。CXP单板可插在slot 7、slot 8上，面板外观如图4.2.18所示。

图4.2.18　设备接口图示

"ETH/OAM"接口是RJ45的10M/100M自适应的以太网网管网口/网管串口，外部网络通过这个接口与设备进行通信，其他接口不需使用。

②EF8T单板。

主要完成8路FE业务电信号的接入，与CXP配合完成业务处理功能，由接入汇聚模块、控制驱动模块、时钟模块，以及电源模块组成。EF8T单板可插在slot 1～slot 6，面板外观如下图4.2.19所示。

4.2.19　设备接口图示

FE1～FE8是RJ-45的FE电信号的输入输出接口，一般用来接入用户侧分组业务。

③EG2单板。

EG2单板主要完成2路GE业务的接入，与CXP配合完成业务处理功能，由接口转换模块、控制驱动模块、时钟模块，以及电源模块组成；选择不同光接口，可实现多模、单模等不同距离的传输要求。EG2单板可插于slot 1～slot 6，面板外观如图4.2.20所示。

4.2.20　设备接口图示

EG2单板上共有2个SFP接口，既可用作光接口也用作电接口，需要与不同的光电模块配合使用，一般作为网络侧分组业务接口使用。当使用双纤双向光模块时，光模块在左右两侧分别提供两个LC接口。两个接口各自需要占用一根光纤，分别用于收发业务信号。当使用单纤双向光模块时，光模块只在左侧提供一个LC接口。该接口只占用一根光纤，可以同时收发业务信号。用作电接口时，需要与电模块配合使用。

OptiX PTN 950的光接口单板使用可插拔光模块ESFP（Enhanced Small Form-Factor Pluggable），如图4.2.21，ESFP为应用于光通信的协议独立光收发器，实现信号的光电、电光转换，并支持诸如收发器性能、制造商等信息的查询，ESFP光模块可插在GE、FE和STM-1光接口中。

图4.2.21　可拔插光口接头

（3）PTN设备典型应用。

PTN设备在移动通信传送网的应用如图4.2.22所示。

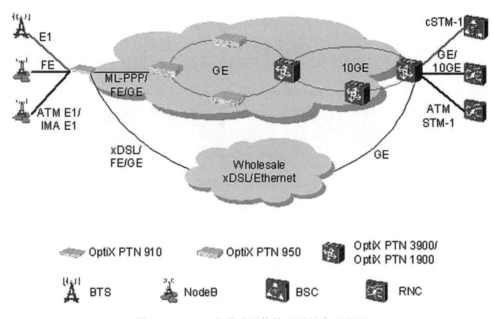

图4.2.22　PTN在移动通信传送网的典型应用

（4）业务类型。

PTN设备提供的业务类型包括以下几种。

① CES业务：支持E1电接口接入和通道化STM-1光接口接入。

② ATM业务：支持IMA接入和ATM E1接入。

③ 以太专线业务（E-Line）：点对点的以太网仿真业务，即VPWS（Virtual Private Wire Service）业务。

④ 以太专网业务（E-LAN）：多点对多点的以太网仿真业务，即VPLS（Virtual Private LAN Service）业务。

2. IPRAN设备知识

IPRAN设备目前主要包括核心层、汇聚层和接入层的相关设备，在基站传输配套设施中，主要以汇聚层和接入层的设备为主，为了便于大家学习，下面选择汇聚层的B路由器和接入层的A路由器给大家介绍。

（1）汇聚层B路由器。

CX600-X3作为B节点路由器，采用集中式路由引擎、分布式转发架构进行设计。为一体化机箱设计，其单板支持热插拔，有3个业务槽位，设备的交换容量为1.08Tbps。机箱系统如图4.2.23所示。

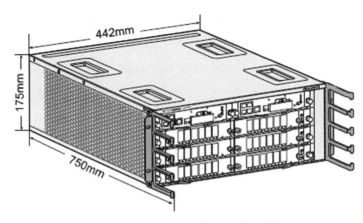

图4.2.23　CX600-X3机箱外观示意图

CX600-X3的主要特性包括：采用分布式硬件转发，没有独立交换网板。控制通路同业务通路分离，保证控制通路的畅通；电信级的高可靠性和可管理性；系统采用模块级屏蔽，完全满足EMC（Electro Magnetic Compatibility）要求；单板、电源模块和风扇支持热插拔；主控板MPU（Main Process Unit）采用1∶1冗余备份；电源、风扇、时钟、管理总线等关键器件实现冗余备份；提供单板防误插保护，避免因插错槽位导致故障；提供电源告警提示信息、告警指示、运行状态和告警状态查询；提供电压和环境温度告警提示信息、告警指示、运行状态和告警状态查询。

CX600-X3的槽位分布如图4.2.24所示。

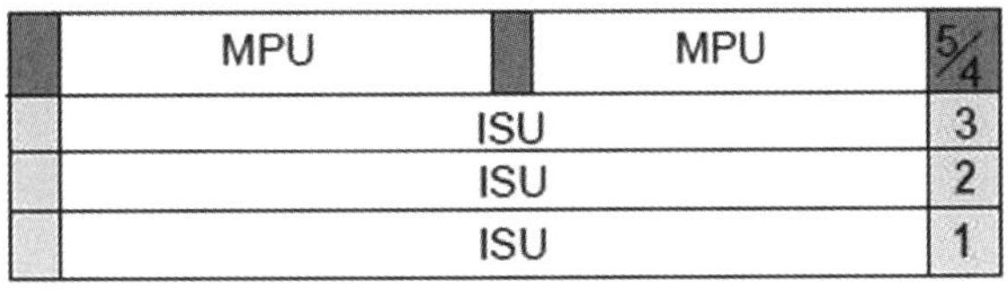

MPU		MPU	5/4
		ISU	3
		ISU	2
		ISU	1

图4.2.24　CX600-X3插板区示意图

线路板槽位号：对于CX600-X3，槽位号从1开始计数，其计数范围是1～3。排列顺序为正对路由器前面板从下到上递增（面板上有相应的标记）。

业务接口卡号：业务接口卡号从0开始计数，按照从右到左、从下到上递增。若单板没有业务接口卡，则该卡号为0。

端口号：端口号从0开始计数，按照从上到下、从右到左递增。

CX600-X3的物理参数如表4.2.7所示。

表4.2.7　CX600-X3的物理参数

项目	描述
外形尺寸（宽×深×高）	442mm×650mm×175mm（机箱主体尺寸）442mm×750mm×175mm（包括机箱前后的装饰件、走线架等）
安装	可安装在N68E和19英寸标准机柜中

续表

项目		描述
重量	空机箱	21kg
	满配置	38kg
典型功耗		1130W（200G平台）
散热值		3666 BTU/hour
直流（DC）输入电压	额定电压	-48V
	最大电压范围	-72V ~ -38V
交流（AC）输入电压	输入电压范围	90V ~ 275V 175V ~ 275V（推荐）
系统可靠性	MTBF（年）	37.35
	MTTR（小时）	0.5
工作环境温度	长期	0℃ ~ 45℃
	短期	-5℃ ~ 55℃
存储温度		-40℃ ~ 70℃
工作环境相对湿度	长期	5%RH ~ 85%RH，无凝结
	短期	5%RH ~ 95%RH，无凝结
存储相对湿度		5%RH ~ 100%RH，无凝结
长期工作海拔高度		≤4000m（当海拔高度在1800m ~ 4000m之间时，每升高220m，设备运行温度降低1℃）

① 电源系统。

CX600-X3系统支持直流及交流供电。供电模块将输入电压转换成-48V直流电提供给系统。供电系统有以下特点：供电系统由两个交流或直流供电模块组成，形成1+1冗余备份。交流供电模块和直流供电模块均具有电源告警功能，直流框支持I2C通信，交流框支持RS485通信。

② 散热系统。

散热系统负责解决系统的散热问题。系统单板产生的热量由散热系统散出，单板上的器件温度经过散热系统得到控制而长期工作在稳定状态。散热系统包括风扇框（每个框内有2个风扇），风扇监控板，温度传感器、防尘网、系统进出风口和系统风道。风扇框内的所有风扇同时工作，同时调速，当有一个风扇失效时，其他风扇自动满转。

系统单风扇失效时散热系统能够支持系统在环境温度40℃下短期工作。温度传感器分别位于系统出风口和系统单板上。温度传感器用于监控单板器件温度并通过主控芯片下发命令进行风扇调速从而达到控制单板器件温度的目的。系统采用抽风的散热方式，如图4.2.25所示。

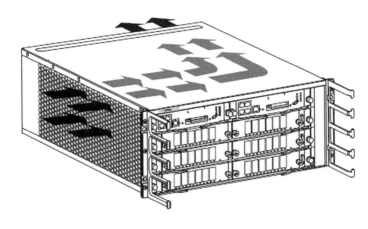

图4.2.25 CX600-X3散热气流走向

CX600-X3系统风道为左进后出的风道形式。进风口位于系统左侧，出风口位于系统后侧，风扇位于系统出风口。

③控制平面系统。

CX600-X3使用MPU作为主控交换单元，负责系统的集中控制和管理以及数据交换。MPU采用1：1冗余备份设计。MPU板主要由系统主控单元、系统时钟单元、交换同步时钟单元、系统维护单元组成。下面从以下几个方面介绍主控板的功能特性。

系统控制和管理核心：作为系统控制和管理核心，实现系统控制平面的相关功能。

路由计算：所有路由协议报文的处理都由转发引擎送到MPU板进行处理。此外，MPU板还负责路由报文的广播、过滤及从策略服务器下载路由策略等。

整个系统单板间的带外通信：MPU板上集成了LAN Switch模块，为各单板提供板间的带外通信。完成MPU、ISU单板间的控制、维护和交换消息。

设备管理和维护功能：通过MPU板对外提供的管理接口（如串口）来实现设备管理和维护等功能。

数据配置功能：系统配置数据、启动文件、计费信息、升级软件、系统运行日志信息等均放在MPU板上。

保存数据：MPU板上提供两个CF卡接口，作为海量存储设备用来保存数据文件。

系统时钟单元：作为系统时钟单元，向各个线路板提供高可靠性的同步SDH接口时钟信号。MPU板向各个线路板提供高精度、高可靠性的同步SDH（Synchronous Digital Hierarchy）接口时钟信号。向下游设备提供2路2.048MHz的同步时钟信号，也可以接收外部2.048MHz或2.048Mbit/s时钟基准；同时提供2路时间接口，可以支持1PPS+ASCII或者2*DCLS。

系统维护单元：作为系统维护单元，实现收集系统监控信息，实现从远端或近端测试或在线升级系统各单元。通过监控总线（Monitorbus）定期收集系统各单元运行数据。根据各单元运行状态产生控制信息，如检测各单板在位、风扇调速等。通过系统JTAG总线，实现从远端或近端对系统各单元进行测试或在线升级。

可靠性：MPU的主控模块、时钟模块、LAN Switch模块均采用1：1热备份，提高了系统可靠性。MPU板采用1：1冗余备份工作方式。MPU板之间相互进行状态监视，一旦主用MPU板出现故障，则备用MPU板自动升级到主用。

（2）接入层A路由器。

① 设备简介。

ATN 910I作为A节点路由器。设备外观如下图4.2.26所示。

图4.2.26　910I外观设备图

ATN 910I所有接口与子卡均为固化设计，不可插拔，总计8路光口，4路电口。

② 功能和特性。

ATN 910I实现FE、GE、E1业务信号的接入处理，完成业务调度功能，支持系统控制，系统时钟处理及辅助接口功能。ATN 910I的主要功能特性如表4.2.8所示。

表4.2.8　ATN 910I的主要功能特性

功能特性	说明
辅助接口	提供1个网管串口/网管网口，用于对网元设备的管理和查询
	提供2个外时间/外时钟的输入输出接口
	提供1个告警输入输出接口(支持3路告警开关量输入)
以太网接口	FE SFP接口支持FE光模块、FE电模块 GESFP接口支持GE光模块、GE电模块 FE/GESFP接口支持FE光模块、FE电模块、GE光模块、GE电模块
	FE电接口支持10Mbit/s、100Mbit/s FE/GE电接口支持10Mbit/s、100Mbit/s、1000Mbit/s 电接口支持PoE功能，最大支持输出功率30W(仅ATN 910IPOE支持)
	支持内环回和外环回
	GE接口支持流量控制
	支持二层、三层工作模式
	支持物理层时钟同步，支持1588v2、1588ACR
E1接口	支持75欧姆和120欧姆接口阻抗(根据E1电缆自适应)
	支持E1和CE1模式
	支持内环回和外环回
	支持收发方向上E1端口的成帧、非成帧格式的PRBS功能
	支持ATM、TDM、PPP协议
	支持物理层时钟同步

③ 系统散热。 续表

ATN 910I采用左进右出的抽风散热方式，系统风道如图4.2.27所示。

图 4.2.27　ATN910I散热示意图

ATN 910I进风口和出风口的散热孔应保持清洁，无堵塞。进风口和出风口处应保留至少50mm的间隙，保持风道通畅。安装在机柜中使用时，机柜内的温度应满足ATN 910I的运行环境温度，并且风道一致。

④ 工作原理和信号流。

ATN 910I设备由控制交叉协议处理板、电源模块、风扇模块组成。设备的功能框图4.2.28如所示。

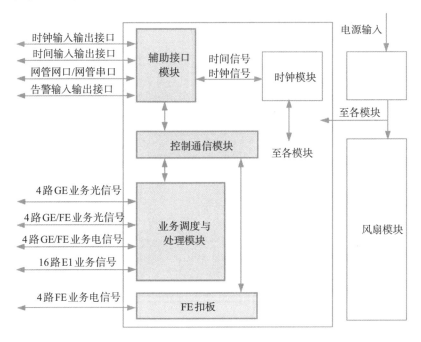

图 4.2.28　ATN 910I设备的功能框图

在业务调度与处理模块完成业务报文缓存和报文调度后，进行编解码、并/串转换等适配功能，最后通过设备面板上的接口将以太网光/电业务信号和E1信号发送出去。以太网光/电业务信号和E1信号由设备面板上的业务接口接入，在业务调度与处理模块完成串/并转换及编解码功能，并进行业务报文缓存和报文调度。

任务4.3 基站电源日常维护

【任务描述】

    小王是某移动通信运营商网络维护部的一名基站维护人员,今天他需要完成×××(站号站名)LTE基站的巡检维护工作。他来到需要巡检的×××(站号站名)基站,在进入基站前小王通知监控中心:"您好,监控机房吗,我是××公司××驻点维护员王××,现在我要进入×××(站号站名)基站进行巡检,请您记录,并麻烦您查看门开告警是否正常。谢谢!"

    进入基站后,如图4.3.1所示,小王选择首先完成动力环境监控系统的巡检维护。LTE基站动力环境监控系统的巡检维护,该任务一般分布在月维护和季度维护工作计划里。

图4.3.1 移动通信基站室内场景图

【任务分析】

    1. 任务的核心目标

    本次任务的核心目标是完成LTE基站动力环境监控系统的月维护和季度维护工作内容,根据巡检情况进行故障判断和处理。

    2. 完成任务的流程步骤

    完成本次任务的主要步骤流程如图4.3.2所示。

图4.3.2 任务流程示意图

要完成本次任务，首先需熟悉基站的各项维护制度，以便规范地从事工作；其次应分析基站维护作业计划表，以便明确维护项目；再次开展巡检，得到巡检结果；最后将巡检结果与参考标准进行比对，以便判断各部分是否工作正常，并进入后续故障处理阶段。

3. 任务的重点

根据我国通信行业标准YD/T1970.8《通信局（站）电源系统维护技术要求第8部分：动力环境监控系统》以及各大通信运营商的"电源、空调维护规程"，基站动力环境监控系统维护周期表中规定的巡检维护主要项目有以下几项。

（1）检查各类监控采集设备是否运行正常，指示灯是否正常，是否有告警。

（2）检查门禁刷卡和远程开门是否工作正常。

（3）检查水浸、烟感、温湿度有无告警，传感器安装位置是否合理，是否需要调整或增补。

（4）检查蓄电池各采集点接触是否接触可靠。

（5）检查各类监控采集设备的电源、接地、信号等接点是否连接牢固可靠。

（6）进行烟雾告警、水浸告警、市电故障告警、温湿度传感器和变送器有效性测试。

（7）各智能设备监控测试。

【必备知识】

1. 开关电源基本知识及维护基本要求。
2. 防雷接地基本知识及维护基本要求。
3. 动力环境监控系统基本结构及传感器等基本功能。
4. 蓄电池基本知识及维护基本要求。
5. 机房空调系统基本知识。

【技能训练】

1. 动力环境监控系统模块检查：检查面板显示正常、无告警。各传感器/变送器工作正常，状态为绿灯闪。各面板显示如果出现红灯，需联系动力环境监控负责人员查看告警内容配合解决。

2. 门禁：开关门IO板件红灯告警是否出现和消失，门控灯是否随着门的开关而亮灭。

3. 水浸：使用一元硬币放置在空调附近地面的水浸传感器钢片上，查看IO是否有告警出现。

4. 烟感：红灯闪表示正常，长亮表示烟雾告警需立即处理。

5. 蓄电池温感、蓄电池单体电压和总电压测点：联系动力环境监控负责人员查看测点数据是否正常。

6. 空调变送器：联系动力环境监控负责人员进行遥开遥关操作是否正常。

7. 开关电源变送器：联系动力环境监控负责人员查卡各项数据是否正常。

【任务成果】

1. 任务成果

成果1：巡检过程中测得的各类数据和发现的各种现象。

成果2：填写完整的基站维护作业计划表。

2. 成果评价（如表4.3.1所示）

表4.3.1　"LTE基站动力环境监控系统巡检维护"任务成果评价参考表

序号	任务成果名称	评价标准			
		优秀	良好	一般	较差
1	维护过程中测得的各类数据和发现的各种现象	能完成90%~100%的维护项目，测试数据无误，观察现象到位	能完成70%~90%的维护项目，测试数据正确，观察现象到位	能完成50%~60%的维护项目，测试数据基本正确，观察现象到位	只完成不到50%的维护项目，测试数据基本正确，能观察到某些突出现象
2	填写完整的基站维护作业计划表	填写正确率为90%~100%	填写正确率为70%~90%	填写正确率为50%~60%	填写正确率低于50%

【教学策略】

本部分建议老师在实施教学时采用任务驱动法。

1. 将学生进行分组，要求每组完成不同的维护任务。

2. 布置任务时，给每组学生发任务工单，工单由老师根据学生情况自行设计，内容应包括任务完成人、任务说明、任务成果的记录（含基站维护作业计划表）等。

3. 任务完成后，以组为单位填写任务工单，并以组为单位对任务进行汇报总结。

4. 任务成果评价的方式可以是组内互评、组间互评和教师评价相结合。

本部分侧重于从技能训练、团队合作、工作规范等角度提升学生的专业能力和职业能力，并在此任务完成的基础上，加深对动力环境监控系统网络结构、监控原理等的理解。

【任务习题】

　　1.各监控点被监控的设备有哪些?

　　2.各监控点安装了哪些传感器?

　　3.各监控点安装了数据采集器?

　　4.画出通信电源集中监控系统拓扑结构示意图。

　　5.动力电源部分的维护作业与安全操作关系密切,如何在实践中做到安全作业?

　　6.该任务的评价如何结合分组的方式进行?请思考你的创新建议。

【知识链接与拓展】

　　LTE基站动力环境监控系统的监控对象分为两大类:一是动力系统,包括备用发电机组、整流配电设备、蓄电池组、直流-直流变换器等;一是环境系统,包括空调、局房环境、安全保卫系统等。

　　该系统采用逐级汇接的结构,一般由监控中心、区域监控中心、监控单元和监控模块组成,如图4.3.3所示。在此基础上根据实际情况和维护管理要求,可以灵活地组织成各种类型的运行系统。

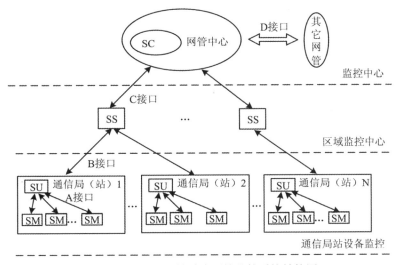

图4.3.3　1 LTE基站动力环境监控系统结构图

　　监控对象按被监控设备本身的特性,可分为智能设备和非智能设备。其中智能设备本身能采集和处理数据,并带有智能通信接口(RS232、RS422/RS485),可直接或通过协议转换的方式接入监控系统,如智能高频开关电源系统等,一般每台智能设备作为一个监控模块(SM)。而非智能设备本身不能采集和处理数据,没有智能通信接口,如一般的低压交流配电柜、蓄电池组等,需要通过数据采集控制设备(数据采集器)才能接入监控系统,每个数据采集控制设备作为一个监控模块。

被监控信号可分为电量信号和非电量信号，也可分为模拟信号和数字信号。在监控系统中，对被监控信号的处理一般要经过传感、变送、转换过程，才能转换为计算机内的数字信号。

非智能设备和环境量不能直接接入数据采集器的采集通道进行测量，需要通过传感器/变送器先将这些电量信号或非电量信号变成标准电量信号，方可接入数据采集器。

数据采集器一般可直接测量的模拟量信号范围是：直流电压-4V～10V，直流电流0～20mA，交流电压0～2.5V。可直接测量的开关量信号范围是：直流电压0～30V，交流电压0～20V。

传感器的作用是将非电量信号变换成标准电量信号。监控现场遇到的非电量信号有：温度、湿度、液位等。监控现场需要测量的开关量有：红外感应、烟感、门碰、漏水等。这些非电量信号和开关量信号，需要通过相应的传感器（如温度传感器、湿度传感器、液位传感器、红外探测器、感烟探测器、门磁开关、水浸探测器等）转换成标准电量信号后，才能被数据采集器采集。

变送器的作用是将非标准的电量信号变换成标准电量信号。监控现场遇到的模拟电量数值较大、范围较宽，如交流电压220V、380V，交流电流0～200A，直流电压24V、48V，直流电流0～1000A，频率50Hz等，需要通过变送器将非标准电量信号变换成标准电量信号（如变成直流4mA～20mA或0～5V等），才能被数据采集器采集。常用的变送器有三相电压变送器、三相电流变送器、有功功率变送器、功率因数变送器、频率变送器、直流电压变送器等。不同厂家的变送器外特性有差别，应按照产品说明书来安装使用。

智能电量变送器集成了多个电压、电流隔离变换模块，采用了可编程增益放大器、高精度A/D转换器以及单片机技术，可以实时测量几乎所有的交流电量，取代所有三相变送器，并以远程通信接口输出数字测量信号。目前这种智能电量变送器已较广泛地运用于通信电源监控系统中。

在不特指时，常将传感器和变送器统称为传感器。

附录1 认知移动通信技术与移动网络

一、概述

在过去的10年中，世界电信发生了巨大的变化，移动通信特别是蜂窝小区的迅速发展，使用户彻底摆脱终端设备的束缚，在实现个人移动、可靠传输、跨区接续等方面都有了突破性的发展。进入21世纪，移动通信逐渐演变成社会发展和进步的必不可少的工具，它满足了人们在任何时间、任何地点与任何个人进行通信的愿望，也是实现未来理想的个人通信服务的必由之路。

本学习情境聚焦移动通信技术基础，通过对衰落、路径损耗等现象的分析和对分集、扩频等技术的介绍，让学习者完成认知移动通信基本技术的任务；通过对蜂窝移动通信网的组网方式、系统结构、无线信道和关键技术等内容的分析，让学习者完成认知2G网络—GSM和CDMA的任务。

本学习情境知识地图如附录图1.1.1所示。

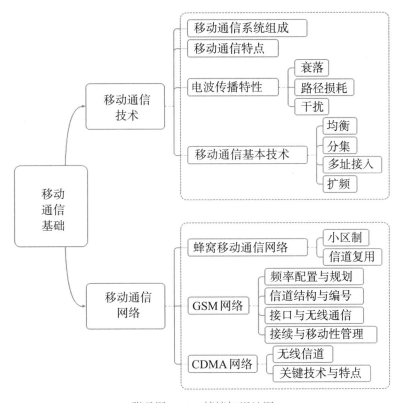

附录图1.1.1 情境知识地图

二、认知移动通信技术

（一）移动通信系统的组成

　　移动通信，是指通信双方至少有一方是处于移动状态，并且其中的一部分传输介质是无线的通信方式。从通信网的角度看，移动通信可以看成是有线通信的延伸，它由无线和有线两部分组成。无线部分提供用户终端的接入，利用有限的频率资源在空中可靠地传送话音和数据；有线部分完成网络功能，包括交换、用户管理、漫游、鉴权等，构成公众陆地移动通信网PLMN。

　　移动通信包括无线传输、有线传输、信息的收集、处理和存储等，通常意义上，移动通信系统由移动业务交换中心MSC、基站子系统BSS（包括基站控制器BSC和基站收发信器BTS）、移动台MS及传输线路等部分组成。附录图1.2.1就是移动通信系统的示意图。

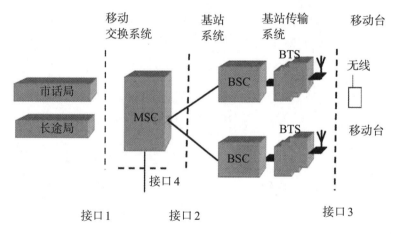

附录图1.2.1　移动通信系统组成

　　1.移动台MS：是一个子系统。它实际上是由移动终端设备和用户数据两部分组成的，移动终端设备称为移动设备，用户数据存放在一个与移动设备可分离的数据模块中，此数据模块称为用户识别卡SIM。移动台有便携式、手提式、车载式三种，所以说移动台不单指手机，手机只是一种便携式的移动台。

　　2.基站子系统BSS：主要负责手机信号的接收和发送，把收集到的无线信号简单处理之后再传送到移动业务交换中心，通过交换机等设备的处理，再传送给终端用户，也就实现了无线用户的通信功能。所以基站系统能直接影响到手机信号接收和通话质量的好坏。

　　（1）基站收发信器BTS：提供无线信道，与移动台进行无线通信。

　　（2）基站控制器BSC：对下属基站（即BTS）进行控制，其功能包括呼叫处理、切换控制、实现陆地电路和空中信道的动态连接/交换、操作和维护管理等。

3.移动业务交换中心MSC：是整个移动通信系统的核心，它控制所有基站控制器的业务，提供交换功能及和系统内其他功能的连接，并提供与公共电话交换网PSTN、综合业务数字网ISDN、公共数据网PDN等固定网的接口功能，把移动用户与移动用户、移动用户和固定网用户互相连接起来。它除具有一般市话交换机的功能之外，还有移动业务所需处理的位置登记、越区切换、自动漫游等功能。

4.传输线路部分：主要是指连接各设备之间的传输信道，基站与移动台之间采用无线信道连接，基站与移动交换中心之间常采用有线信道连接。

（二）移动通信的特点

和固定通信相比，移动通信采用无线信道，电波传播条件恶劣，用户数量大且在广大区域内进行不规则运动，故其有以下几个特点。

1.设备性能要求高

不同的移动通信系统有不同的特点，这也是对通信设备性能要求的依据。在陆地移动通信系统中，要求移动台体积小、重量轻、功耗低、操作方便。同时，在有振动和高、低温等恶劣的环境条件下，要求移动台依然能够稳定、可靠地工作。

2.电波传播有严重的衰落现象

移动台因受到城市高大建筑物的阻挡、反射、电离层散射的影响，移动台收到的信号往往不仅是直射波，还有从各种途径来的散射波，称为多径现象，这种多径信号在接收端所合成信号的幅度与相位都是随机的，其幅度是瑞利（Ravleigh）分布而相位在0-2π域内均匀分布，因此出现严重的衰落现象。

当移动台处于高速运动状态时，加快了衰落现象。据分析，移动通信的衰落可达30dB左右，这就要求移动台具有良好的抗衰落能力。

3.存在远近效应

移动通信是在运动过程中进行通信，则大量移动台之间会出现近处移动台干扰远距离相邻信道移动台的通信，一般要求移动台的发射功率进行自动调整，同时随通信距离的变化迅速改变，要有良好的自动增益控制能力。

4.强干扰条件下工作

移动台通信环境变化很大，很可能进入强干扰区进行通信，在移动台附近的发射机也可能对正在通信的移动台进行强干扰。当汽车在公路上行驶时，本车和其他车辆的噪声干扰也相当严重，这就要求移动通信具有很强的抗干扰能力。

5.存在多普勒效应

多普勒效应指的是当移动台（MS）具有一定速度v的时候，基站（BS）接收到移动台的载波频率将随v的不同，产生不同的频移，反之也如此。移动产生的多普勒频偏为

$$f_d = \frac{v}{\lambda}\cos\theta$$

式中，v为移动速度，λ为工作波长，θ为电波入射角，如附录图1.2.2所示。此式表明，移动速度越快，入射角越小，则多普勒效应就越严重。

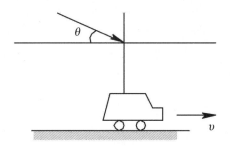

附录图1.2.2　多普勒效应示意图

6. 技术复杂

移动通信，特别是陆地移动通信的用户数量很大，为了缓和用户数量大与可利用的频率资源有限的矛盾，除了开发新频段之外，还要采取各种措施来更加有效地利用频率资源，如压缩频带、缩小信道间隔、多信道共用等。

移动台的移动是在广大区域内的不规则运动，而且大部分的移动台都会有关闭不用的时候，它与通信系统中的交换中心没有固定的联系，因此，要实现通信并保证质量，移动通信必须是无线通信或无线通信与有线通信的结合，而且必须要发展自己的跟踪、交换技术，如位置登记技术、信道切换技术、漫游技术等。

（三）移动通信的电波传播特性

1. 衰落

由同一波源所产生的电波，经过不同的路径（反射、折射与绕射）到达某接收点，则该接收点的场强由不同路径来的电波合成，这种现象称为波的干涉。合成电场强度与各射线电场的相位有密切关系，当它们同相位时，合成场强最大；当它们反相时，合成场强最小。所以当接收点在变化时，合成场强也是变化的。移动通信系统多建于大中城市的市区，城市中的高楼林立、高低不平、疏密不同、形状各异，这些都使移动通信中无线电波的传播路径进一步复杂化，并导致其传输特性变化十分剧烈。移动台接收到的电波一般是直射波和随时变化的绕射波、反射波、散射波的叠加，且移动中信号随接收机与发射机之间的距离不断变化，这样就造成所接收信号的电场强度起伏不定，这种现象称为衰落，如附录图1.2.3所示。

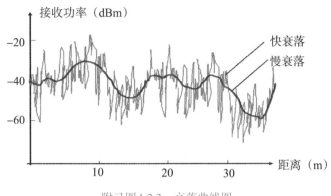

附录图1.2.3　衰落曲线图

（1）快衰落。

移动通信中，到达移动台天线的信号不是单一路径来的，而是许多路径来的众多反射波的合成，如附录图1.2.4所示，电波通过各个路径的距离不同，因而各个路径来的反射波到达时间不同，相位也就不同，不同相位的多个信号在接收端叠加，有时叠加而加强（方向相同），有时叠加而减弱（方向相反），这样，接收信号的幅度将急剧变化，即产生了快衰落。这种衰落是由多径引起的，所以又称为多径衰落，它使接收端的信号近似于一种叫作瑞利（Rayleigh）分布的数学分布，故又称为瑞利衰落。

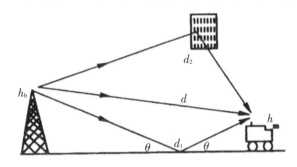

附录图1.2.4　多径传播示意图

快衰落会产生信号的频率选择性衰落和时延扩展等现象。

频率选择性衰落是指信号中各分量的衰落状况与频率有关，即传输信道对信号中不同频率成分有不同的、随机的响应。因为信号中不同频率分量衰落不一致，所以衰落信号波形将产生失真。

时延扩展是指由于电波传播存在多条不同的路径，路径长度不同，且传输路径随移动台的运动而不断变化，因而可能导致发射端一个较窄的脉冲信号在到达接收端时变成了由许多不同时延脉冲构成的一组信号。时延扩展可直观地理解为在一串接收脉冲中，最大传输时延和最小传输时延的差值，即最后一个可分辨的延时信号与第一个延时信号到达时间的差值，记为Δ。实际上，Δ就是脉冲展宽的时间。时延扩展示意图如附录图1.2.5所示。

附录图 1.2.5　时延扩展示意图

（2）慢衰落。

移动通信中，在电波传输路径上受到建筑物或山丘等障碍物的阻挡所产生的阴影效应会使接收信号强度下降，但该场强中值随地理改变缓慢变化，称为慢衰落。慢衰落产生的主要原因是：

①路径损耗，这是慢衰落的主要原因；

②障碍物阻挡电磁波产生的阴影区，因此慢衰落也被称为阴影衰落；

③天气变化、障碍物和移动台的相对速度、电磁波的工作频率等。

2. 路径损耗

在移动通信网的规划阶段和优化期间，最重要的传播问题是路径损耗。路径损耗是移动通信系统规划设计的一个重要依据，对蜂窝设计中的覆盖范围、信噪比、远近效应都有影响。因此，在移动通信网络最初规划阶段或今后的扩容、网络优化期间都需要进行路径损耗预测。无线传播模型可以用来预测不同传播环境下的路径损耗，从而更好地建设无线通信网络。

从基站发出的无线电信号不仅存在大气层中传播遇到的路径损耗，而且还受到地面传播路径损耗的影响，而地面传播损耗受地面地形地物的影响很大。移动台天线高度较低，一般非常接近地平面，这是产生这一附加传播损耗的原因之一。一般来说，地面的质地和粗糙度往往导致能量耗散，减小移动台和基站的接收信号强度。这种类型的损耗和自由空间损耗相结合，共同构成了传播路径损耗。

（1）自由空间路径损耗。

自由空间是指相对介电常数和磁导率为1的均匀介质所存在的空间，该空间具有各向同性、电导率为零的特点，它是一种理想的传播环境。电波在自由空间传播时与在真空中传播一样，只有直线传播的扩散损耗。

对于移动通信系统而言，其自由空间路径损耗 L 仅与传输距离 d 和电波频率 f 有关，而与收、发天线增益无关。可用下式来表示。

$$L_{bs} = 32.44 + 20\lg d + 20\lg f$$

式中，传输距离 d 的单位为 km，电波频率 f 的单位为 MHz，L_{bs} 的单位为 dB。

（2）传播模型。

移动通信所在环境具有多样性，对这样复杂环境中传播信号的变化进行精确特征描述是一项非常艰巨的任务，在分析移动通信的无线电波传播过程中，传播路径损耗是人们关心的主要参数之一，可以用无线传播模型分析方法来预测无线电波的传播路径损耗。下面介绍的各种模型就是通过大量的实测数据或者精确的电磁理论计算预测出的当地无线信号的变化情况。

每个传播模型都是对某特定类型环境设计的。因此，可以根据传播模型的应用环境对它们进行分类。通常考虑的三类环境（小区）：宏小区（宏蜂窝）、微小区（或微蜂窝）和微微小区（或微微蜂窝）。

宏小区是面积很大的区域，覆盖半径约1km～30km，基站发射天线通常架设在周围建筑物上方。通常，在收发之间没有直达射线。

微小区的覆盖半径在0.1km～1km之间，覆盖面积不一定是圆的。发射天线的高度可以和周围建筑物的高度相同或者略高或略低。通常，根据收发天线和环境障碍物的相对位置分成两类情况：LOS（视距）情况和NLOS（非视距）情况。

微微小区的典型半径是在0.01km～0.1km之间。微微小区可以分为两类：室内和室外。发射天线在屋顶下面或者在建筑物内。无论在室内还是在室外情况中，LOS和NLOS通常要分别考虑。

目前，常用的电波传播模型有以下几种。

①宏小区的Okumura Hata模型。

Okumura-Hata模型是Hata在Okumura大量测试数据的基础上用公式拟合得到的。使用Okumura模型需要查找各种曲线，不利于计算机预测。Hata根据Okumura的基本中值场强预测曲线，通过曲线拟合，提出了传播损耗的经验公式。这个模型做了下列三点假设，以求简化：作为两个全向天线之间的传播损耗处理；作为准平滑地形而不是不规则地形处理；以城市市区的传播损耗公式作为标准，其他地区采用校正公式进行修正。

a. 适用条件。

f为150MHz～1500MHz。

基站天线有效高度h_b为30m～200m。

移动台天线高度h_m为1m～10m。

通信距离为1km～35km。

b. 传播损耗公式。

$$L_{b城} = 69.55 + 26.16 \lg f - 13.82 \lg h_b - a(h_m) + (44.9 - 6.55 \lg h_b)(\lg d)^\gamma$$

c. 公式说明。

d的单位为km，f的单位为MHz；$L_{b城}$为城市市区的基本传播损耗中值；h_b、h_m为基站、移动台天线有效高度，单位为m。

基站天线有效高度计算：设基站天线离地面的高度为h_s，基站地面的海拔高度为

h_g，移动台天线离地面的高度为h_m，移动台所在位置的地面海拔高度为h_{mg}，则基站天线的有效高度$h_b=h_s+h_g-h_{mg}$，移动台天线的有效高度为h_m。

注：基站天线有效高度计算有多种方法，如基站周围5km～10km的范围内的地面海拔高度的平均；基站周围5km～10km的范围内的地面海拔高度的地形拟合线等。不同的计算方法一方面与所使用的传播模型有关，另外也与计算精度要求有关。

移动台天线高度修正因子

$$a(h_m) = \begin{cases} (1.1\lg f - 0.7)h_m - (1.56\lg f - 0.8) & \text{中小城市} \\ 8.29(\lg 1.54 h_m)^2 - 1.1 & 150\text{MHz} < f < 200\text{MHz} \\ 3.2(\lg 11.75 h_m)^2 - 4.97 & f > 400\text{MHz} \\ 0 & h_m = 1.5\text{m} \end{cases} \quad \text{大城市}$$

远距离传播修正因子

$$\gamma = \begin{cases} 1 & d \leqslant 20 \\ 1 + (0.14 + 1.87 \times 10^{-4} f + 1.07 \times 10^{-3} h_b)(\lg \dfrac{d}{20})^{0.8} & d > 20 \end{cases}$$

另外还有各种环境的修正因子，例如：K_{street}是街道校正因子、Kmr是郊区校正因子、Q_o是开阔地校正因子、Q_r是准开阔地校正因子、R_u是乡村校正因子、K_h是丘陵地校正因子、K_{sp}是一般倾斜地形校正因子、K_{im}是孤立山峰校正因子、K_s是海（湖）混合路径校正因子、$S(a)$是建筑物密度校正因子，等等。

则总体路损就是：$L = L_b + K_{各种环境修正因子}$。

②用于微小区的双射线传播模型。

双射线模型在计算接收处的场时，只考虑直达射线和地面反射射线的贡献。该模型对平坦的乡村环境是可以胜任的，也适合于具有低基站天线的微蜂窝小区，在那里收发天线之间有LOS路径。对这种情况，若建筑物的墙对电波也发生反射和绕射，在简单的双射线模型中会导致场强幅度的快速变化，但是并不改变由双射线预测的整个路径损耗（幂定律指数n的值）。

双射线模式给出的路径损耗被表示成收发之间距离d的函数，并且可以用两个不同斜率（n_1和n_2）的直线段近似。两线段之间的突变点（也称为拐点）出现在离发射端的距离为

$$d_b = \frac{4h_t h_r}{\lambda}$$

式中h_r和h_t分别是收发天线的高度。

路径损耗可以用下式表示

$$L = L_b + 10n_1 \log\left(\frac{d}{d_b}\right) \qquad d \leqslant d_b$$

$$L = L_b + 10n_2 \log\left(\frac{d}{d_b}\right) \qquad d > d_b$$

这个近似式称为双斜率模型。对于理论上的双射线地面反射模型，n_1 和 n_2 的值分别是 2 和 4。在市区微蜂窝小区 1800MHz ~ 1900MHz 测量结果表明 n_1 的值在 2.0 ~ 2.3 之间，n_2 的值在 3.3 ~ 13.3 之间。L_b 是在突变点处的路径损耗。

$$L_b = 10\log\left(\frac{8\pi h_t h_r}{\lambda^2}\right)^2$$

③用于室内覆盖的对数距离路径损耗模型。

对于用室外基站覆盖室内的系统，实验研究已经表明，建筑物内部接收到的信号强度随楼层高度而增加。在建筑物的较低层，由于都市群的原因有较大的衰减，使穿透进入建筑物的信号电平很小。在较高楼层，若存在视距路径的话，就会产生较强的直射到建筑物外墙处的信号。信号的穿透损耗被发现是频率和建筑物内部高度的函数，穿透损耗随频率的增加而增大，测量表明有窗户的穿透损耗比没有窗户的建筑物少6dB。

平均路径损耗是距离的 n 次幂的函数，如下

$$L_{50}(d) = L(d_0) + 10n\log(\frac{d}{d_0})$$

式中 $L_{50}(d)$ 是平均路径损耗（dB），d 是收发之间的距离（m），$L(d_0)$ 是发射点到参考距离 d_0 的路径损耗，d_0 是参考距离（m），n 是取决于环境的平均路径损耗指数。参考路径损耗可以通过测试或利用自由空间路径损耗表示式计算得到。

从上式发现路径损耗是对数正态分布的。平均路径损耗指数 n 和标准差 σ 是取决于建筑物类型、建筑物侧面以及发射机和接收机之间楼层数的参数。在收发间隔距离 d 米处的路径损耗可以直接给出。

这是一个经验模型，式 $L(d) = L_{50}(d) + X_\sigma(dB)$ 中 X_σ 是具有标准差 $\sigma(dB)$ 的零均值对数正态分布随机变量，代表环境地物的影响。

④计算机仿真预测。

为了提高预测精度和减少无线网络规划工程师的工作量，更多的是采用计算机程序来预测传播损耗和所覆盖的区域。路径损耗的预测，和基站周围的地形、地物、距离密切相关，因此可以把地形、地物等信息存储在电子地图中，计算机在运算时可以随时调用这些信息。附录图 1.2.6 是某地的电子地图，图中不同颜色表示的是不同的地物。

输入电子地图、基站信息和选择一个合适的模型，就可以通过软件把离基站不同距离位置的接收功率等信息计算出来，并且显示在屏幕上。附录图 1.2.7 就是通过软件对某城市的覆盖进行了预测，图中不同颜色代表预测得到的不同接收功率，其中绿色

代表该区域接收机的接收功率在−65dBm ~ −75dBm之间。

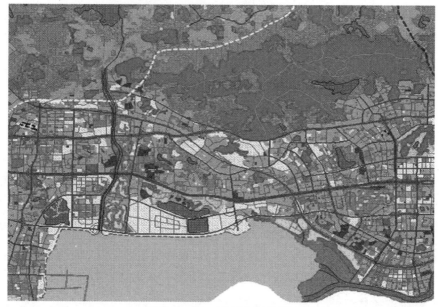

附录图1.2.6　某地电子地图

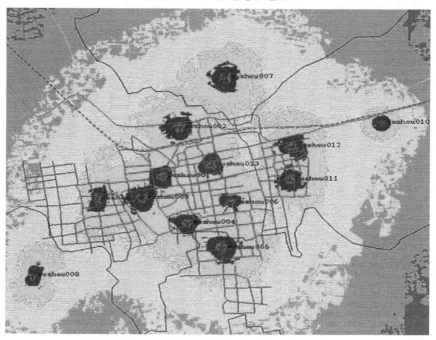

附录图1.2.7　某城市的覆盖图（前向接收功率）

　　城市、郊区、乡村等不同的地方路径传播损耗是不同的，可以选用不同的传播模型和修正因子。有的预测软件提供了通过实地测试就可以进行模型参数校正的功能，这种模型的提供大大地提高了计算机仿真预测覆盖情况的精度。例如General模型，其公式表示如下

$$P_{PRE} = ERP + K_1 + K_2 \log_{10}(d_m) + K_3 \log_{10}(H_{eff}) + K_4(-L_{DIFF}) \ldots +$$
$$K_5 \log_{10}(H_{eff}) \log_{10}(d_m) + K_6 H_{eff} + K_{Clutter}$$

式中：

P_{PRE}表示接收功率；

ERP表示有效发射功率；

d_m表示移动台距基站的距离；

H_{eff}表示基站天线的有效高度；

$-L_{DIFF}$表示衍射损耗。

K_1、K_2、K_3、K_4、K_5、K_6分别是各个参量的校正因子，$K_{Clutter}$地物校正因子。其中$K_1 \sim K_5$、$K_{Clutter}$可根据实地的电测数据在计算机中进行实际传播模型的校正。

不管是用哪一种模型来估算电波传播损耗，只是基于理论分析和实际测试结果的近似计算。由于移动通信的实际环境千差万别，因而很难用一种数学模型来精确地表征各种不同地区的传播特性。随着移动通信的发展，小区半径越来越小，小区传播环境的特殊性也越来越突出，也就越难归纳出统一的传播模型。

3. 干扰

移动通信的质量，除与本身的电气和机械性能有关外，还要受到外部噪声和干扰的影响。当噪声和干扰超过一定数量后，通信质量将明显下降，甚至无法正常工作。因此，研究各种干扰对移动通信系统的设计来说，具有十分重要的意义。移动通信常见的干扰有以下几种。

（1）同频干扰。

凡由其他信号源发送出来与有用信号的频率相同并以同样的方法进入收信机中频通带的干扰都称为同频干扰。由于同频干扰信号与有用信号同样被放大、检波，当两个信号出现载频差时，会造成差拍干扰；当两个信号的调制度不大时，会引起失真干扰；当两个信号存在相位差时也会引起失真干扰。干扰信号越大，接收机的输出信噪比越小。当干扰信号足够大些，便可造成接收机的阻塞干扰。这种干扰，大都是由于同频复用距离太小造成的。一些违章使用电台者，私自使用频率，有意或无意使用与合法电台相同的频率，但因复用距离太小往往对合法无线电台（站）造成同频干扰。当然，也有因无线电管理部门指配频率不当，或相邻地域的无线电管理部门在指配频率时未进行频率协调，或通信网络设计部门在通信网络设计时，在网络电磁兼容性分析计算上疏忽或失误等原因造成同频干扰的。

（2）邻频干扰。

凡是在收信机射频通带内或通带附近的信号，经变频后落入中频通带内所造成的干扰，称为邻频干扰。这种干扰会使收信机信噪比下降，灵敏度降低，强干扰信号可使收信机出现阻塞干扰。这种干扰大部分是由于无线电设备的技术指标不符合国家标准造成的。对发射机来说，如频率稳度太差或调制度过大，造成发射频谱过宽，可造成对他台的邻频干扰。如不严格控制影响发射机带宽因素。很容易产生不必要的带外辐射；对收信机来说，当中频滤波器选择性不良时，也容易形成干扰或使干扰变得严重。

（3）带外干扰。

发信机的杂散辐射和接收机的杂散响应产生的干扰，称为带外干扰。

①发信机的杂散辐射干扰。

在 VHF 和 UHF 的低频段，移动通信设备尤其是基站的发信机大都采用晶体振荡器以获得较高的频率稳定度。这种干扰是发信机的杂散辐射值过大造成的，因此，国家标准中大都对各种类型的发信机的杂散辐射值进行了严格的规定。发信机杂散辐射值过大，通常是由于倍频次数多、倍频器输出回路的选择性差、倍频器之间的屏蔽隔离不良等因素造成的。

②收信机的杂散响应。

接收机除收到有用信号外，还能收到其他频率的无用信号。这种对其他无用信号的"响应"能力，通常称为杂散响应，它与接收机本振的频率纯度有关。超外差或收信机的杂散响应主要有镜频响应和中频响应。收信机的杂散响应，通常是由于发信机的杂散辐射造成的，当然也与收信机本身的本振频率纯度、输入回路和高放回路选择性有着直接的关系。

（4）互调干扰。

互调干扰是指两个或多个信号作用在通信设备的非线性器件上，产生同有用信号频率相近的频率，从而对通信系统构成干扰的现象。在移动通信系统中产生的互调干扰主要有三种：发射机互调、接收机互调及外部效应引起的互调。

①发射机互调。

发射互调是由于两个发信机天线距离较近（几米至十几米），频率也相近，一台发信机的功率通过天线耦合到另一台发信机内，而互相在另一台发信机的功放级产生互调，其互调频率为：$f_0=mf_1 \pm nf_2$，然后再发射出去。

常见的发射互调分两种 $f_0=2f_1-f_2$，称为三阶一型发射互调；$f_0=f_1+f_2-f_3$，称为三阶二型发射互调。

②接收机互调。

在接收机天线上、接头，触点等锈蚀后，都有半导体的单项导电性，在强信号下就能产生混频 $f_0=mf_1 \pm nf_2$。

常见的接收互调分两种：$f_0=2f_1-f_2$，称为三阶一型接收互调；$f_0=f_1+f_2-f_3$，称为三阶二型接收互调。

（四）移动通信的抗衰落技术

1. 均衡技术

在数字通信系统中码间干扰是一个需要解决的重要问题。数字移动通信除一般数字通信系统的码间干扰外，由于多径效应也会引起码间干扰。均衡技术就是用来克服时分信道中多径效应而引起的码间干扰的一种技术。

（1）均衡的概念。

在带宽受限且时间扩散的信道中，由于多径效应而导致的码间干扰会使被传输的信号变形，致使在接收端产生误码。为了减小码间干扰，提高通信质量，通常在数字通信系统中接入一种可调整滤波器用以减小码间干扰的影响，改善系统传输的可靠性。这种起补偿作用的可调整滤波器称为均衡器。

均衡可以分为频域均衡和时域均衡两大类。频域均衡是利用可调整滤波器的频率特性去补偿实际信道的幅频特性和相频特性，使总特性满足一定的规定值。时域均衡是从时间响应的角度考虑，使均衡器与实际传输系统总和的冲击响应接近无码间干扰的条件。即时域均衡是利用波形补偿的方法将失真了的波形加以校正，附录图1.2.8为时域均衡原理图。

附录图1.2.8（a）所示的为发送波形，为简单起见，假设发送为单个脉冲。附录图1.2.8（b）所示的为经过信道和接收滤波器后输出的信号波形。显然，由于信道特性的不理想和干扰造成了波形的失真。这样在 $t_0 \pm T_b$，$t_0 \pm 2T_b$，$t_0 \pm 3T_b$，…抽样点上将造成对其他码元的干扰。如果在判决之前设法给失真的波形再加上一个如附录图1.2.8（c）所示的补偿波形，由图可见，在 $t_0 \pm T_b$，$t_0 \pm 2T_b$，$t_0 \pm 3T_b$，…抽样点上，补偿波形与接收波形大小相等，极性相反，二者叠加的结果正好将接收波形失真的部分抵消掉。附录图1.2.8（d）所示的为校正后的波形。显然，均衡后的波形不再有码间干扰。

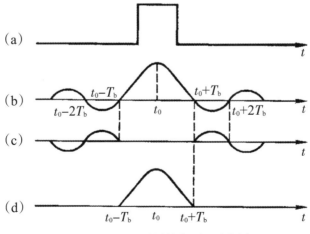

附录图1.2.8　时域均衡原理示意图

（2）自适应均衡器。

由于移动衰落信道具有随机性和时变性，这就要求均衡器必须能够实时地跟踪移动通信信道的时变特性，这种均衡器被称为自适应均衡器。通常在接收系统中加入自适应均衡器，得到补偿波形实现时域均衡。

自适应均衡器一般需要工作在两种模式，即训练模式和跟踪模式。首先，发射机发射一个已知的定长训练序列，以便接收机中的均衡器可以做出正确的设置。典型的训练序列是一个二进制伪随机信号或是一串预先制定的数据，紧跟其后的是要传送的用户数据。在发射端先发送训练序列的目的在于使接收端的均衡滤波器在训练模式下调整到最佳的工作状态，使在接收数据时不断跟踪数据信号的变化，正确地工作在跟踪模式。具体说就是接收机处的均衡器通过递归算法估计出信道特性，修正滤波器系数以对信道做出补偿。在设计训练序列时，要求做到即使在最差的信道条件下，均衡器也能通过这个序列获得正确的滤波系数。这样就可以使均衡器的滤波系数在收到训练序列后已经接近于最佳值。在接下来的数据接收中，均衡的自适应算法就可以跟踪不断变化的信号，自适应均衡器将不断改变其滤波特性。

为了保证能有效地消除码间干扰，均衡器需要周期性地做重复训练。由于在时分多址数字通信系统中用户的数据是按时间段传送的，均衡器很方便地进行重复训练，所以均衡器被大量用于时分多址的数字通信系统中。均衡器一般在接收机的基带或中频部分实现。

均衡器可以分为线性均衡器和非线性均衡器两大类。它们的主要差别在于均衡器的输出被用于反馈控制的方法。如果接收机解调出来的数字信号未被应用于均衡器的反馈逻辑中，则均衡器为线性均衡器。反之，如果接收机解调出来的数字信号被用于均衡器的反馈逻辑中，并帮助改变了均衡器的后续输出，则均衡器为非线性均衡器。当信道失真严重，用线性均衡器不易处理时，可考虑采用非线性均衡器。线性均衡器在信道中有深衰落时不能取得满意的效果，因为为了补偿频谱失真，线性均衡器会对出现深衰落段频谱附近的那段频谱产生很大的增益，从而增加了那段频谱的噪声。而非线性均衡器可以通过一些反馈算法加以调整，故在移动通信系统中都采用即使是在严重畸变信道上也有较好的抗噪声性能的非线性均衡器。非线性均衡器有判决反馈均衡器（DFE，Decision Feedback Equalizer）和最大似然序列估值器（MLSE，Maximum Likelihood Sequence Estimator）等。

自适应均衡器是一个时变滤波器，其参数必须不断地进行调整。自适应均衡器的基本结构如附录图 1.2.9 所示。

在附录图 1.2.9 中，任意时刻只有一个输入 y_K，其值依赖于无线信道和噪声的瞬时状态，即它是一个随机过程。其中的下标后表示离散的时间。附录图 1.2.9 中的自适应均衡器被称为横向滤波器，它有 n 个时延单元，阶数为 $n+1$，有 $n+1$ 个抽头及可调的复乘数，称为权重。这些权重被自适应算法不断更新，更新的方式既可以是每一次采样更新一次，也可以是每一组采样更新一次。

自适应算法由误差信号控制，而误差信号是通过对均衡器的输出和信号进行比较而产生的。均衡算法通过误差信号，使期望输出值与均衡器实际输出值之间的均方差达到最小，即以迭代方式更新均衡器的权重来获得均方差最小。

自适应算法有最小均方误差算法（LMSE，Least Mean Square Error）、递归最小二乘法（RLS，Recursive Least Square）、快速递归最小二乘法（Fast RLS）、平方根递归最小二乘法（Square Root RLS）和梯度最小二乘法（Gradient RLS）等。

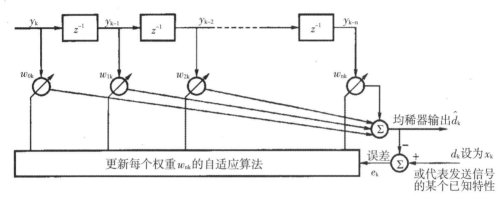

附录图1.2.9 一种常用自适应均衡器的结构

2. 分集技术

多路经传播的信号到达接收机输入端，形成幅度衰落、时延扩展及多普勒频谱扩展，将导致数字信号的高误码率，严重影响通信质量。为了提高系统抗多径的性能，一个有效的方法是对信号进行分集接收。

（1）分集的基本原理。

分集的基本原理是通过多个信道（时间、频率或者空间）接收到承载相同信息的多个副本，由于多个信道的传输特性不同，信号多个副本的衰落就不会相同。接收机使用多个副本包含的信息能比较正确的恢复出原发送信号。如果不采用分集技术，在噪声受限的条件下，发射机必须要发送较高的功率，才能保证信道情况较差时链路正常连接。在移动无线环境中，由于手持终端的电池容量非常有限，所以反向链路中所能获得的功率也非常有限，而采用分集方法可以降低发射功率，这在移动通信中非常重要。

分集技术包括两个方面：一是分散传输，使接收机能够获得多个统计独立的、携带同一信息的衰落信号；二是集中处理，即把接收机收到的多个统计独立的衰落信号进行合并以降低衰落的影响。因此，要获得分集效果最重要的条件是各个信号之间应该是"不相关"的。

（2）分集的种类。

总结起来，发射分集技术的实质可以认为是涉及空间、时间、频率、相位和编码多种资源相互组合的一种多天线技术。根据所涉及资源的不同，可分为以下几大类。

①空间分集。

在移动通信中，空间略有变动就可能出现较大的场强变化。当使用两个接收信道时，它们受到的衰落影响是不相关的，且二者在同一时刻经受深衰落谷点影响的可能性也很小，因此这一设想引出了利用两副接收天线的方案，独立地接收同一信号，再合并输出，衰落的程度能被大大地减小，这就是空间分集。

空间分集是利用场强随空间的随机变化实现的，空间距离越大，多径传播的差异就越大，所接收场强的相关性就越小。这里所提相关性是个统计术语，表明信号间相似的程度，因此必须确定必要的空间距离。经过测试和统计，CCIR建议为了获得满意的分集效果，移动单元两天线间距大于0.6个波长，并且最好选在波长1/4的奇数倍附近。若减小天线间距，即使小到波长的1/4，也能起到相当好的分集效果。

空间分集分为空间分集发送和空间分集接收两个系统。其中空间分集接收是在空间不同的垂直高度上设置几副天线，同时接收一个发射天线的微波信号，然后合成或选择其中一个强信号，这种方式称为空间分集接收。接收端天线之间的距离应大于波长的一半，以保证接收天线输出信号的衰落特性是相互独立的，也就是说，当某一副接收天线的输出信号很低时，其他接收天线的输出则不一定在这同一时刻也出现幅度低的现象，经相应的合并电路从中选出信号幅度较大、信噪比最佳的一路，得到一个总的接收天线输出信号。这样就降低了信道衰落的影响，改善了传输的可靠性。

空间分集接收的优点是分集增益高，缺点是还需另外单独的接收天线。

②频率分集。

频率分集是采用两个或两个以上具有一定频率间隔的微波频率同时发送和接收同一信息，然后进行合成或选择，利用位于不同频段的信号经衰落信道后在统计上的不相关特性，即不同频段衰落统计特性上的差异，来实现抗频率选择性衰落的功能。实现时可以将待发送的信息分别调制在频率不相关的载波上发射，所谓频率不相关的载波是指当不同的载波之间的间隔大于频率相干区间，即载波频率的间隔应满足

$$\Delta f \geqslant B_c = \frac{1}{\Delta \tau_m}$$

式中Δf为载波频率间隔，B_c为相关带宽，$\Delta \tau_m$为最大多径时延差。

当采用两个微波频率时，称为二重频率分集。同空间分集系统一样，在频率分集系统中要求两个分集接收信号相关性较小（即频率相关性较小），只有这样，才不会使两个微波频率在给定的路由上同时发生深衰落，并获得较好的频率分集改善效果。在一定的范围内两个微波频率f_1与f_2相差，即频率间隔$\Delta f = f_2 - f_1$越大，两个不同频率信号之间衰落的相关性越小。

频率分集与空间分集相比较，其优点是在接收端可以减少接受天线及相应设备的

数量，缺点是要占用更多的频带资源，因此，一般又称它为带内（频带内）分集，并且在发送端可能需要采用多个发射机。

③时间分集。

时间分集是将同一信号在不同时间区间多次重发，只要各次发送时间间隔足够大，则各次发送降格出现的衰落将是相互独立统计的。时间分集正是利用这些衰落在统计上互不相关的特点，即时间上衰落统计特性上的差异来实现抗时间选择性衰落的功能。为了保证重复发送的数字信号具有独立的衰落特性，重复发送的时间间隔应该满足。

$$\Delta t \geqslant \frac{1}{2f_{\mathrm{m}}} = \frac{1}{2(v / \lambda)}$$

式中f_{m}为衰落频率，v为移动台运动速度，λ为工作波长。

若移动台是静止的，则移动速度$v=0$，此时要求重复发送的时间间隔才为无穷大。这表明时间分集对于静止状态的移动台是无效果的。时间分集与空间分集相比较，优点是减少了接收天线及相应设备的数目，缺点是占用时隙资源增大了开销，降低了传输效率。

④极化分集。

在移动环境下，两副在同一地点，极化方向相互正交的天线发出的信号呈现出不相关的衰落特性。利用这一特点，在收发端分别装上垂直极化天线和水平极化天线，就可以得到2路衰落特性不相关的信号。所谓定向双极化天线就是把垂直极化和水平极化两副接收天线集成到一个物理实体中，通过极化分集接收来达到空间分集接收的效果，因此极化分集实际上是空间分集的特殊情况，其分集支路只有2路。

这种方法的优点是它只需一根天线，结构紧凑，节省空间，缺点是它的分集接收效果低于空间分集接收天线，并且由于发射功率要分配到两副天线上，将会造成3dB的信号功率损失。分集增益依赖于天线间不相关特性的好坏，通过在水平或垂直方向上天线位置间的分离来实现空间分集。

而且若采用交叉极化天线，同样需要满足这种隔离度要求。对于极化分集的双极化天线来说，天线中两个交叉极化辐射源的正交性是决定微波信号上行链路分集增益的主要因素。该分集增益依赖于双极化天线中两个交叉极化辐射源是否在相同的覆盖区域内提供了相同的信号场强。两个交叉极化辐射源要求具有很好的正交特性，并且在整个120°扇区及切换重叠区内保持很好的水平跟踪特性，代替空间分集天线所取得的覆盖效果。为了获得好的覆盖效果，要求天线在整个扇区范围内均具有高的交叉极化分辨率。双极化天线在整个扇区范围内的正交特性，即两个分集接收天线端口信号的不相关性，决定了双极化天线总的分集效果。为了在双极化天线的两个分集接收端口获得较好的信号不相关特性，两个端口之间的隔离度通常要求达到30dB以上。

（3）合并的种类。

分集技术是研究如何充分利用传输中的多径信号能量，以改善传输的可靠性，它也是一项研究利用信号的基本参量在时域、频域与空域中，如何分散开又如何收集起来的技术。"分"与"集"是一对矛盾，在接收端取得若干条相互独立的支路信号以后，可以通过合并技术来得到分集增益。合并时采用的准则与方式主要分为四种：最大比值合并、等增益合并、选择式合并和切换合并。

①最大比值合并。

在接收端由多个分集支路，经过相位调整后，按照适当的增益系数，同相相加，再送入检测器进行检测。如附录图 1.2.10 所示，可以设定第 N 个支路的可变增益加权系数为该分集之路的信号幅度与噪声功率之比。

最大比值合并方案在收端只需对接收信号做线性处理，然后利用最大似然检测即可还原出发端的原始信息。其译码过程简单、易实现。合并增益与分集支路数 N 成正比。

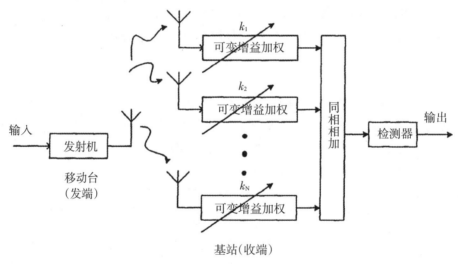

附录图 1.2.10　最大比值合并

②等增益合并。

等增益合并也称为相位均衡，仅仅对信道的相位偏移进行校正而幅度不做校正。等增益合并不是任何意义上的最佳合并方式，只有假设每一路信号的信噪比相同的情况下，在信噪比最大化的意义上，它才是最佳的。它输出的结果是各路信号幅值的叠加。当 N（分集重数）较大时，等增益合并与最大比值合并后相差不多，约仅差 1dB 左右。等增益合并实现比较简单，其设备也简单。

③选择式合并。

采用选择式合并技术时，N 个接收机的输出信号先送入选择逻辑，选择逻辑再从 N 个接收信号中选择具有最高基带信噪比的基带信号作为输出，如附录图 1.2.11 所示。每增加一条分集支路，对选择式分集输出信噪比的贡献仅为总分集支路数的倒数倍。

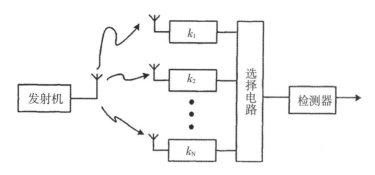

附录图1.2.11 选择性合并

④切换合并。

接收机扫描所有的分集支路，并选择SNR在特定的预设门限之上的特定分支。在该信号的SNR降低到所设的门限值之前，选择该信号作为输出信号。当SNR低于设定的门限时，接收机开始重新扫描并切换到另一个分支，该方案也称为扫描合并，如图1.2.12所示。因为切换合并并非连续选择最好的瞬间信号，所以比选择合并可能要差一些。但是，切换合并并不需要同时连续不停地监视所有的分集支路，因此这种方法要简单得多。对选择合并和切换合并而言，两者的输出信号都是只等于所有分集支路中的一个信号。另外，它们也不需要知道信道状态信息。因此，这两种方案既可用于相干调制也可用于非相干调制。

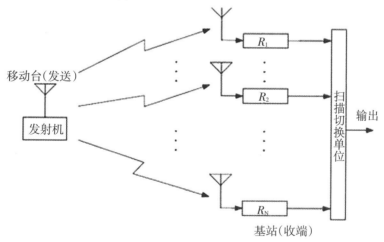

附录图1.2.12 切换合并

在这几种合并方式中，最大比值合并的性能最好，选择式合并的性能最差。当N较大时，等增益合并的合并增益接近于最大比值合并的合并增益。

3.信道编码技术

（1）信道编码的作用。

因为无线信道容易受到外界干扰和噪声的影响，所以导致信息在传输过程中发生改变，从而在接收端接收不到完全正确的信息，为了达到系统可靠性的要求，通常需要在发送端所要传输的信息序列上附加一些监督码元，这些监督码元与信息序列之间存在一定的规则。在接收端按照既定的检测规则检验收到码与监督码之间的关系，如果这一关系被破坏，说明传输中产生了误码。将这种完成检错功能的编码称为差错控制编码。因为差错控制编码是为了提高信号在信道中传输的可靠性而设，所以也称为信道编码。信道编码能够检查和纠正接收信息流中的差错。

（2）信道编码的分类。

信道编码要加入监督码元，而监督码元的个数与误码率存在一定的反比关系。监督码元越多，误码率就越小，系统的可靠性就越高；但同时，监督码元越多，编码位数就越多，需要的传输速率就越高，占用的信道带宽就越宽。因此，必须研究编码技术，在保证系统可靠性的前提下，尽量降低传输速率，减小信道带宽。

信道编码按照信息码元和监督码元之间的约束方式不同，可分为分组码和卷积码两种。

①分组码是往要发送的信息比特中添加一些监督比特，以形成一定长度的码组，监督码与信息码之间具有某种特定的关系，利用这种关系可以在接收端对接收到的码元进行检错或纠错。分组码编码的规则仅局限于本码组之内，码组的监督码元仅和本码组的信息码元相关。

②卷积码是指本码组的监督码元不仅和本码组的信息码元相关，而且还与本码组相邻的前 $n-1$ 个码组的信息码元相关，是在一定长度的编码中，把前后码元按一定的规则相关联起来以形成整个码的输出。

在编码器复杂程度相同的情况下，卷积码的性能优于分组码。但是，分组码理论上有严格的代数结构，而卷积码尚未找到如此严密的数学手段把检错、纠错性能与码的构成有规律地联系起来。目前大多采用计算机来搜索好的编码方法，解码大多采用概率的方法实现。较常用的一种解码方法是Viterbi算法以及在此基础上产生的Turbo码。

（五）移动通信的多址接入技术

通信系统以信道来区分通信对象，一个信道只容纳一个用户进行通话，许多用户同时通话是以不同的信道加以区分，这样多个信道就叫多址。多址技术就是要使众多的用户公用公共通信信道所采用的一种技术。

目前移动通信中应用的多址方式有：频分多址（FDMA）、时分多址（TDMA）、码分多址（CDMA）、空分多址（SDMA）以及它们的混合应用方式。频分多址是以传输信号的载波频率不同来区分信道建立多址接入；时分多址是以传输信号存在的时间不同来区分信道建立多址接入；码分多址是以传输信号的码型不同来区分信道建立多址接入；空分多址是通过空间的分割来区分信道建立多址接入。

1. 频分多址（FDMA）

该技术按照频率来分割信道，即给不同的用户分配不同的载波频率以共享同一信道。频分多址技术是模拟载波通信、微波通信、卫星通信的基本技术，也是第一代模拟移动通信的基本技术。

在FDMA系统中，信道总频带被分割成若干个间隔相等且互不相交的子频带（地址），每个子频带分配给一个用户，每个子频带在同一时间只能供给一个用户使用，相邻子频带之间无明显的干扰。在通信时，不同的移动台占用不同频率的信道进行通信，因为各个用户使用不同频率的信道，所以相互没有干扰。

FDMA的信道每次只能传递一个电话，并且在分配成语音信道后，基站和移动台就会同时连续不断地发射信号，在接收设备中使用带通滤波器只允许指定频道里的能量通过，滤除其他频率的信号，从而将需要的信号提取出来，而限制临近信道之间的相互干扰。由于基站要同时和多个用户进行通信，基站必须同时发射和接收多个不同频率的信号，另外，任意两个移动用户之间进行通信都必须经过基站的中转，因而必须占用四个频道才能实现双向通信。

基站向移动台传输信号，常称前向传输或下行传输，移动台向基站传输信号，常称反向传输或上行传输。这些频道的分配都是临时的，通信结束后，频道就被释放，以供其他用户使用。

附录图1.2.13是频分多址示意图。实际中，在高低两个频段之间留有一段保护频段，其作用是防止同一部电台的发射机对接收机产生干扰。

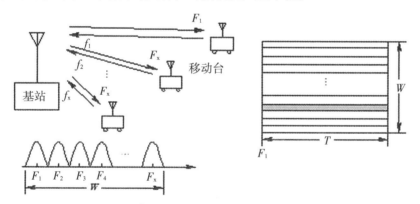

附录图1.2.13　FDMA示意图

FDMA是最经典的多址技术之一，在第一代蜂窝移动通信网（如TACS、AMPS等）中使用了频分多址。这种方式的特点是技术成熟，对信号功率的要求不严格。但是在系统设计中需要周密的频率规划，基站需要多部不同载波频率的发射机同时工作，设备多且容易产生信道间的互调干扰，同时，信道效率很低。因此现在国际上蜂窝移动通信网已不再单独使用FDMA，而是和其他多址技术结合使用。

2. 时分多址（TDMA）

时分多址技术按照时隙来划分信道，即给不同的用户分配不同的时间段以共享同一信道。时分多址技术是数字通信和第二代移动通信的基本技术。

在TDMA系统中，时间被分割成周期性的帧，每一帧再分割成若干个时隙（地址）。无论帧或时隙都是互不重叠的。然后，根据一定的时隙分配原则，使各个移动台在每帧内只能按指定的时隙向基站发送信号，在满足定时和同步的条件下，基站可以分别在各时隙中接收到各移动台的信号而互不干扰。同时，基站发向多个移动台的信号都按顺序安排，在预定的时隙中传输。各移动台只要在指定的时隙内接收，就能在合路的信号中把发给它的信号区分出来。附录图1.2.14是时分多址示意图。

TDMA技术广泛应用于第二代移动通信系统中。在实际应用中，综合采用FDMA和TDMA技术的，即首先将总频带划分为多个频道，再将一个频道划分为多个时隙，形成信道。例如GSM数字蜂窝标准采用200KHz的FDMA频道，并将其再分割成8个时隙，用于TDMA传输，如附录图1.2.15所示。

在TDMA通信系统中，系统设备必须有精确的定时和同步来保证各移动台发送的信号不会在基站发生重叠，并且能准确地在指定的时隙中接收基站发给它的信号。

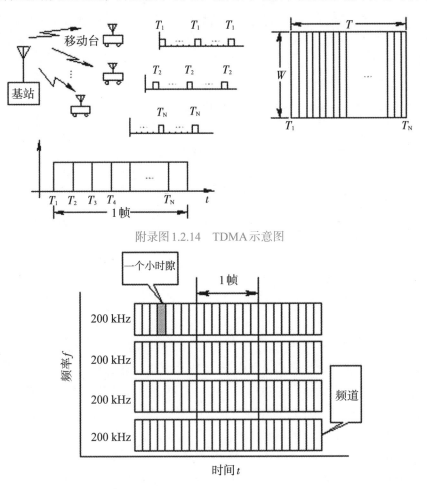

附录图1.2.14　TDMA示意图

附录图1.2.15　FDMA/TDMA示意图

3. 码分多址（CDMA）

码分多址技术是第二代移动通信的演进技术和第三代移动通信的基本技术。在CDMA通信系统中，不同用户传输信息所用的信号不是靠频率不同或时隙不同来区分，而是用各自不同的编码序列来区分，或者说，靠信号的不同波形来区分。

码分多址技术按照码序列来划分信道，即给不同的用户分配一个不同的编码序列以共享同一信道。在CDMA系统中，每个用户被分配给一个唯一的扩频序列，各个用户的码序列相互正交，因而相关性很小，由此可以区分出不同的用户。与FDMA划分频带和TDMA划分时隙不同，CDMA既不划分频带又不划分时隙，而是让每一个频道使用所能提供的全部频谱，因而CDMA采用的是扩频技术，它能够使多个用户在同一时间、同一载频以不同码序列来实现多路通信，如附录图1.2.16所示。

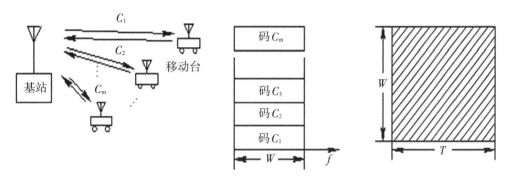

附录图1.2.16 CDMA示意图

以上三种多址技术相比较，CDMA技术的频谱利用率最高，所能提供的系统容量最大，它代表了多址技术的发展方向；其次是TDMA技术，目前技术比较成熟，应用比较广；FDMA技术由于频谱利用率低，将逐渐被TDMA和CDMA所取代，或者与后两种方式结合使用，组成TDMA/FDMA、CDMA/FDMA方式。

4. 空分多址（SDMA）

空分多址（SDMA）是一种新发展的多址技术，在由中国提出的第三代移动通信标准TD—SCDMA中就应用了SDMA技术。空分多址方式是通过空间的分割来区分不同的用户，其实现的核心技术是智能天线的应用，理想情况下它要求天线给每个用户分配一个点波束，这样根据用户的空间位置就可以区分每个用户的无线信号。举例来说，在一颗卫星上使用多个天线，各个天线的波束射向地球表面的不同区域，地面上不同地区的地球站，它们在同一时间、即使使用相同的频率进行工作，它们之间也不会形成干扰。

实际上，SDMA通常都不是独立使用的，而是与其他多址方式如FDMA、TDMA和CDMA等结合使用，也就是说对于处于同一波束内的不同用户再用这些多址方式加以区分，例如空分-码分多址（SD-CDMA）。

应用SDMA的优势是明显的：它可以提高天线增益，使得功率控制更加合理有效，显著地提升系统容量；可以削弱来自外界的干扰，也可以降低对其他电子系统的干扰。

（六）移动通信的扩频技术

1.扩频通信的定义

扩频通信是近年发展非常迅速的一种技术，它与光纤通信、卫星通信，一同被誉为进入信息时代的三大高技术通信传输方式。它不仅在军事通信中发挥了不可取代的优势，而且广泛地渗透到了社会的各个领域，如通信、遥测、监控、报警和导航等。

所谓扩频通信，即扩展频谱通信（Spread Spectrum Communication），是一种把信息的频谱展宽之后再进行传输的技术。频谱的展宽是通过使待传送的信息数据被数据传输速率高许多倍的伪随机码序列（也称扩频序列）的调制来实现的，与所传信息数据无关。在接收端则采用相同的扩频码序列进行相关同步接收、解扩，将宽带信号恢复成原来的窄带信号，从而获得原有数据信息。扩频通信与CDMA的关系是：CDMA只能由扩频技术来实现，而扩频通信并不意味着CDMA。

这一定义包含了以下三方面的含义。

（1）信号的频谱被展宽了。

众所周知，传输任何信息都需要一定的带宽，这种带宽称为信息带宽。一般的调频信号，或脉冲编码调制信号，它们的带宽与信息带宽之比也只有几到十几，扩频通信信号带宽与信息带宽之比则高达100—1000，属于宽带通信。为什么要用这样宽的频带的信号来传输信息呢?这样岂不太浪费宝贵的频率资源了吗? 通过后面分析扩频通信的理论基础能找到答案。

（2）采用高速扩频码序列调制的方式来展宽信号频谱。

众所周知，在时间上有限的信号，其频谱是无限的，信号的频带宽度与其持续时间近似成反比，$1\mu s$ 的脉冲的带宽约为$1MHz$。因此，如果用很窄（高速）的脉冲序列来对所传信息进行调制，则可产生很宽频带的信号。

（3）在接收端用相关解调来解扩。

正如在一般的窄带通信中，已调信号在接收端都要进行解调来恢复所传的信息。在扩频通信中接收端则用与发送端相同的扩频码序列与收到的扩频信号进行相关解调，恢复所传的信息。换句话说，这种相关解调起到解扩的作用，即把扩展以后的信号又恢复成原来所传的信息。这种在发端把窄带信息扩展成宽带信号，而在收端又将其解扩成窄带信息的处理过程，会带来一系列好处。弄清楚扩频和解扩处理过程的机制，是理解扩频通信本质的关键所在。

2.扩频通信的理论基础

长期以来，人们总是想让信号所占领谱尽量的窄，以充分利用十分宝贵的频谱资源。为什么扩频通信要用这样宽频带的信号来传送信息呢?简单的回答就是主要为了通信的安全可靠。

扩频通信的可行性，是从信息论和抗干扰理论的基本公式中引申而来的。

（1）信息论中关于信息容量的香农（Shannon）公式

$$C = W \log_2 \left(1 + \frac{P}{N} \right)$$

式中：C——信道容量（用传输速率度量）

W——信号频带宽度

P——信号功率

N——白噪声功率

香农公式说明，在给定的传输速率C不变的条件下，频带宽度W和信噪比P／N是可以互换的。即可通过增加频带宽度的方法，在较低的信噪比P／N（S／N）情况下传输信息，甚至是在信号被噪声淹没的情况下，只要相应的增加信号带宽，仍然能够保证可靠地通信。扩展频谱换取信噪比要求的降低，正是扩频通信的重要特点，并由此为扩频通信的应用奠定了基础。

（2）关于信息传输差错概率的柯捷尔尼可夫公式

$$P_{\text{owj}} \approx f \left(\frac{E}{N_0} \right)$$

式中：P_{owj}——差错概率

E——信号能量

N_0——噪声功率谱密度

因为信号功率$P=E/T$（T为信息持续时间）、噪声功率$N=WN_0$（W为信号频带宽度）、信息带宽$DF=1/T$，该公式可转化为

$$P_{\text{owj}} \approx f \left(T \cdot P \cdot \frac{W}{N} \right) = f \left(\frac{P}{N} \cdot \frac{W}{\Delta F} \right)$$

总之，用信息带宽的100倍，甚至1000倍以上的宽带信号来传输信息，就是为了提高通信的抗干扰能力，即在强干扰条件下保证可靠安全的通信。这就是扩频通信基本思想和理论依据。

3. 扩频通信的主要性能指标

处理增益和抗干扰容限是扩频通信系统的两个重要的性能指标。

（1）处理增益。

处理增益G_p，也称扩频增益（Spreading Gain），指的是频带扩展后的信号带宽W与频谱扩展前的信息带宽ΔF之比，即

$$G_{\text{p}} = \frac{W}{\Delta F}$$

在扩频通信系统中，接收端要进行扩频解调，其实质只是提取出伪随机码处理后的带宽 ΔF 的原始信息，而排除掉了宽频带 W 中的外部干扰、噪音和其他用户的通信影响。因此，处理增益 G_p 与抗干扰性能密切相关，它反映了扩频通信系统信噪比的改善程度。工程上常以分贝（dB）表示，即

$$G_p = 10\lg\left(\frac{W}{\Delta F}\right)$$

除了系统信噪比改善程度之外，扩频系统的其他一些性能也大都与 G_p 有关。因此，处理增益是扩频系统的一个重要性能指标。一般来讲，处理增益值越大，系统性能越好。

（2）抗干扰容限。

抗干扰容限是指扩频通信系统在正常工作条件下可以接收的最小信噪比，即它反映的是系统对于噪声的容忍情况，其定义为

$$M_j = G_p - \left[(S/N)_{our} + L_s\right]$$

其中，M_j 为抗干扰容限；G_p 为处理增益；$(S/N)_{out}$ 为信息数据被正确解调而要求的最小输出信噪比；L_s 为接收系统的工作损耗。

例如，一个扩频系统的处理增益为35dB，要求误码率小于 10^{-5} 的信息数据解调的最小的输出信噪比 $(S/N)_{out} < 10$dB，系统工作损耗 L_s 为3dB，则干扰容限

$$M_j = 35 - (10 + 3) = 22\text{dB}$$

这说明，该系统能够在干扰输入功率电平比扩频信号功率电平高22dB的范围内正常工作，也就是说，该系统能够在负信噪比（-22dB）的条件下，把信号从噪声的淹没中提取出来。由此可见，扩频通信系统的抗干扰能力有多强。

4.扩频通信的工作方式

按照频谱扩展的方式不同，CDMA扩频通信系统可以分为基本CDMA和复合CDMA两种。其中，基本CDMA主要包括直接序列扩频（DS）、跳频扩频（FH）和跳时扩频（TH）三种方式。复合CDMA包括DS/FH、DS/TH、FH/TH等，如附录图1.2.17所示。下面将重点介绍IS-95系统所采用的直扩方式和在GSM系统中采用的跳频方式。

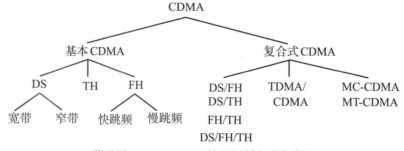

附录图1.2.17　CDMA扩频调制方式分类图

（1）直接序列扩频（DS，Direct Sequence Spread Spectrum）技术。

①基本概念。

所谓直接序列扩频，就是直接用具有高码率的扩频码序列在发端去扩展信号的频谱。而在收端，用相同的扩频码序列去进行解扩，把展宽的扩频信号还原成原始的信息。

②工作原理。

直接序列扩频的工作原理如附录图1.2.18所示。

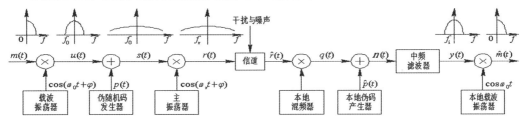

附录图1.2.18　直扩原理框图

图中，$m(t)$是原始信号，$u(t)$为经载波$\cos(w_0t+\phi)$调制（相乘）后得到的中频信号，$p(t)$是伪随机序列信号，$s(t)$是$p(t)$对$u(t)$进行扩频调制后产生的宽带调制信号，为了适应信道的传输特性，$s(t)$还要与主振荡器产生的载波$\cos(w_tt+\phi)$相乘，得到射频调制信号$r(t)$，$r(t)$经过信道传输后，到达接收端变成叠加了信道噪声的信号$\hat{r}(t)$，在接收端首先对其进行混频放大，得到中频信号$q(t)$，$q(t)$再经伪随机序列$\hat{p}(t)$的解扩，得到信号$n(t)$，$n(t)$通过中频滤波滤除了干扰信号，得到信号$y(t)$，$y(t)$再与载波$\cos w_0t$相乘实现解调，最终恢复出原始信号$\hat{m}(t)$。

下面再通过直扩信号的频谱变化来说明扩频过程。如附录图1.2.19所示，设原始信号$m(t)$为图(a)所示的低通信号，经过载波调制后，中心频率变为f_0且带宽加倍（如图(b)所示），再经过扩频后产生宽带信号$s(t)$（如图(c)所示），$s(t)$的带宽取决于扩频序列信号的带宽，最后经射频调制，中心频率被搬移到f_t（如图(d)所示）后发送出去。经信道叠加一个干扰信号，在接收端获得信号$\hat{r}(t)$（如图(e)所示），$\hat{r}(t)$经过变频放大，中心频率恢复到f_0，再经过解扩后，有用信号变为窄带信号的同时干扰信号变成宽带信号（如图(f)所示），再通过中频滤波器滤除掉多余的干扰信号，得到信号$y(t)$，$y(t)$中的信噪比已经大大提高（如图(g)所示），最后经过解调，还原出原始信号$\hat{m}(t)$。

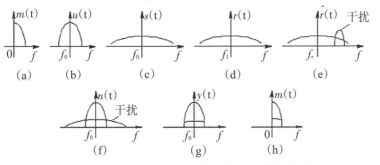

附录图1.2.19　直扩系统传输信号频谱变化图

从以上分析可以得出以下两个重要的结论。

一是为了扩展信号的频谱，可以采用窄的脉冲序列去进行调制某一载波，得到一个很宽的双边带的直扩信号。采用的脉冲越窄，扩展的频谱越宽。如果脉冲的重复周期为脉冲宽度的2倍，即$T=2t$，则脉冲宽度变窄对应于码重复频率的提高。直扩系统正是应有了这一原理，直接用重复频率很高的窄脉冲序列来展宽信号的频谱。

二是如果信号的总能量不变，则频谱的展宽，使各频谱成分的幅度下降，换句话说，信号的功率谱密度降低。这就是为什么可以用扩频信号进行隐蔽通信，及扩频信号被截获概率低的缘故。

③优点和缺陷。

直扩系统具有以下几个优点。

a. 直扩信号的功率谱密度低，具有隐蔽性和低的截获概率，因此抗侦察、抗截获的能力强；另外，功率污染小，即对其他系统引起的电磁环境污染小，有利于多种系统共存。

b. 直扩伪随机序列的伪随机性和密钥量使信息具有保密性，即系统本身具有加密的能力。因为用伪随机序列对信息比特流进行扩展频谱，就相当于对信息的加密；而所拥有的码型不同的伪随机序列的数目，就相当于密钥量。当不知道直扩系统所采用的码型时，就无法破译。

c. 利用直扩伪随机序列码型的正交性，可构成直接序列扩展频谱码分多址系统。在这样的码分多址系统中，每个通信站址分配一个地址码（一种伪随机序列），利用地址码的正交性通过相关接收识别出来自不同站址的信息。

d. 直接扩展频谱系统具有抗宽带干扰、抗多频干扰及抗单频干扰的能力，这是因为直接扩展频谱系统具有很高的处理增益，对有用信号进行相关接收，对干扰信号进行频谱扩展使其大部分的干扰功率被接收机的中频带通滤波器所滤除。

e. 直接扩展频谱信号的相关接收具有抗多径效应的能力。当直扩伪随机序列的码片宽度（持续时间）小于多径时延时，利用相关接收可以消除多径时延的影响，因而直接扩展频谱系统具有抗多径干扰的能力。

f. 利用直接扩展频谱信号可实现精确的测距定位。直接扩展频谱系统除可进行通信外，还可利用直接扩展频谱信号的发送时刻与返回时刻的时间差，测出目标物的距离。因此，在同时具有通信和导航能力的综合信息系统中显示了直接扩展频谱系统的优势。

其缺陷在于以下几点。

a. 直接序列扩展频谱系统是两个宽带系统，虽然可与窄带系统电磁兼容，但不能与其建立通信。另外，对模拟信源（如话音）需做预先处理（如语音编码）后，才可接入直扩系统。

b. 直接扩展频谱系统的接收机存在明显的远近效应。所谓远近效应是指大功率的信号（近端的电台）抑制小功率信号（远端的电台）的现象。对此，需要在系统中采用自动功率控制以保证远端和近端电台到达接收机的有用信号是同等功率的。这一点增加了直接扩展频谱系统在移动通信环境中应用的复杂性。

c. 直接扩展频谱系统的处理增益受限于码片（Chip）速率和信源的比特率，即码片速率的提高和信源比特率的下降都存在困难。处理增益受限，意味着抗干扰能力受限，多址能力受限。

（2）频率跳变（FH，Frequency Hopping）技术。

①基本概念。

所谓跳频，简单来讲，就是用一定的码序列进行选择的多频率频移键控。具体来讲，跳频就是给载波分配一个固定的宽频段并且把这个宽频段分成若干个频率间隙（称为频道或频隙），然后用扩频码序列去进行频移键控调制，使载波频率在这个固定的频段中不断地发生跳变。由于这个跳变的频段范围远大于要传送信息所占的频谱宽度，故跳频技术也属于扩频。

由上述可见，跳频的实质是频移键控，但又不同于一般的频移键控。简单的频移键控，如 2FSK 只有两个频率，分别代表传号和空号。而跳频系统却可能有几个、几十个，甚至上千个频率，由所传信息与扩频码的组合去进行选择控制，不断跳变。

另外，跳频技术也与直接序列扩频技术不同，是另一种意义上的扩频。它不像直扩技术那样直接对被传送信息进行扩频，从而获得处理增益。跳频相当于瞬时的窄带通信系统，只是由于跳频速率很快，跳变的频谱范围比实际信息带宽更宽，从而在宏观上实现频谱的扩展。

②工作原理。

跳频通信系统的工作原理如附录图 1.2.20 所示。图中，受时钟控制的跳频指令发生器和频率合成器统称跳频器。跳频指令发生器常常利用的是伪随机序列发生器，当然也可以靠软件编程来实现，频率合成器输出什么频率的载波信号是受跳频指令发生器控制的。在时钟的作用下，跳频指令发生器不断地发出控制指令，控制频率合成器不断地改变其输出载波的频率，混频器输出的已调波的载波频率也随着指令而不断地跳变，因而，再经过高通滤波器和天线发送出去的就是跳频信号，整个构成的是跳频系统而不是定频系统。跳频系统的关键部件是跳频器，能产生频谱纯度好的、具有快速切换能力的频率合成器和伪随机性好的跳频指令发生器决定着跳频系统的性能。

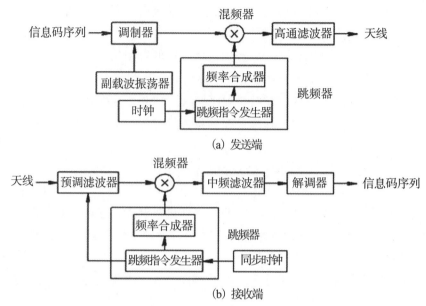

(a) 发送端

(b) 接收端

附录图1.2.20　跳频通信系统原理框图

③跳频图案。

跳频系统中载波频率改变的规律，叫作跳频图案。有什么样的跳频指令就会产生什么样的跳频图案。在实际通信中，尤其是在军事通信中，为了抗干扰和保证通信的隐蔽性，往往采用具有"伪随机性"的跳频图案。所谓"伪随机性"是指不是真的具有随机性，而是有规律可循，但是因为兼具一些随机性的特点，因而要查出其中的规律也很难。只有知道跳频图案的双方才能互相通信，第三方很难加以干扰或窃听。附录图1.2.21为跳频图案例图。

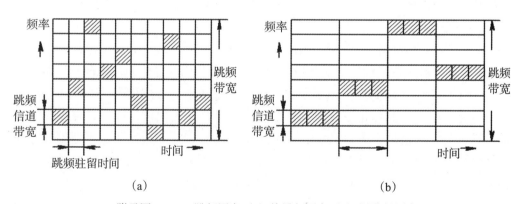

(a)　　　　　　　　　　　　　　(b)

附录图1.2.21　跳频图案（a）快跳频图案（b）慢跳频图案

一个好的跳频图案应具备以下几点。

a. 图案本身的随机性要好，要求参加跳频的每个频率出现的概率相同。随机性好，抗干扰能力就强。

b. 图案的密钥量要大，要求跳频图案的数目要足够多，这样抗破译的能力强。

c.各图案之间出现频率重叠的机会要尽量的小，要求图案的正交性要好，这样有利于组网通信和多用户的码分多址。

当跳频信号发生器采用的是伪随机码序列发生器时，跳频图案的性质主要依赖于伪码的性质，此时，选择好的伪随机码序列就成为获得好的跳频图案的关键。

④跳频技术指标与抗干扰的关系。

a.跳频带宽。跳频带宽的大小与抗部分频带的干扰能力有关，跳频带宽越宽，抗宽带干扰的能力越强。因此希望能全频段跳频。例如，在短波段，从1.5MHz到3MHz全频段跳频；在甚高频段，从30MHz到80MHz全频段跳频。

b.跳频频率的数目。跳频频率的数目与抗单频干扰及多频干扰的能力有关，跳变的频率数目越多，抗单频、多频以及梳状干扰的能力就越强。在一般的跳频电台中，跳频的频率数目不超过100个。

c.跳频的速率。跳频的速率是指每秒钟频率跳变的次数，它与抗跟踪式干扰的能力有关，跳频的速率越快，抗跟踪式干扰的能力就越强。在短波跳频电台中，一般跳速不超过100跳/秒。在高频电台中，一般跳速在500跳/秒。对某些更高频段的跳频系统可工作在每秒几万跳的水平。

d.跳频码的长度（周期）。跳频码的长度决定跳频图案延续时间的长短，这个指标与抗截获（破译）的能力有关，跳频图案延续时间越长，敌方破译越困难，抗截获的能力也越强。跳频码的周期可长达10年甚至更长的时间。

e.跳频系统的同步时间。跳频系统的同步时间是指系统使收/发双方的跳频图案完全同步并建立通信所需要的时间。系统同步时间的长短将影响该系统的顽存程度。同步过程一旦被破坏，不能实现收/发跳频图案的完全同步，则将使通信系统瘫痪。因此，希望同步建立的过程越短越好，越隐蔽越好。根据使用的环境不同，目前跳频电台的同步时间可在秒或几百毫秒的量级。

总的来讲，希望跳频带宽要宽，跳频的频率数目要多，跳频的速率要快，跳频码的周期要长，跳频系统的同步时间要短。当然，一个跳频系统的各项技术指标应依照使用的目的、要求以及性能价格比等方面综合考虑才能做出最佳的选择。

⑤优点及缺陷。

跳频系统具有以下优点。

a.跳频图案的伪随机性和跳频图案的密钥量使跳频系统具有保密性。即使是模拟话音的跳频通信，只要不知道所使用的跳频图案，那么它就具有一定的保密能力。当跳频图案的密钥足够大时，就具有抗截获的能力。

b.由于载波频率是跳变的，具有抗单频及部分带宽干扰的能力，所以当跳变的频率数目足够多时，跳频带宽足够宽时，其抗干扰能力是很强的。

c.利用载波频率的快速跳变和具有频率分集的作用，可使系统具有抗多径衰落的能力。条件是跳变的频率间隔要大于相关带宽。

d.跳频图案的正交性可构成跳频码分多址系统，共享频谱资源，并具有承受过载的能力。

e.跳频系统为瞬时窄带系统，能与现有的窄带系统兼容。即当跳频系统处于某一定载频时，可与现有的定频窄带系统建立通信。另外，跳频系统对模拟信源和数字信源均适用。

f.跳频系统无明显的无近效应，这是因为大功率信号只在某个频率上产生远近效应，当载波频率跳变至另一个频率时则不再受其影响。这一点，使跳频系统在移动通信中易于得到应用与发展。

同时，跳频系统也具有以下缺陷。

a.信号的隐蔽性差。

b.跳频系统抗多频干扰及跟踪式干扰能力有限。

c.快速跳频器的限制。

综上所述，可以对以上介绍的两种扩频技术进行比较。一般来讲，慢跳跳频系统的实现最简单、成本最低，但性能也最差。采用软扩频的编码技术可以达到高速率，实现快速跳频，但只局限于室内近距离范围内的应用。先解调后解扩的直扩系统，可以采用集成电路直接对扩频序列进行数字处理，但前提是信号强度要很高。先解扩再解调的直扩系统是扩频系统中性能最好的技术方式，但是它需要完成伪随机码的同步和载波恢复，因而大大增加了系统的复杂程度。例如，一个速率为64Kb/s的直扩系统，其伪随机码的速率要超过5Mb/s左右，其实现方法比速率为3Mb/s的跳频系统复杂得多。但是为了保证通信的质量，现代移动通信系统大都采用先解扩再解调的直扩系统，最典型的应用就是在CDMA系统中。

5.扩频码和地址码的选择

（1）对扩频码和地址码的要求。

在扩频系统中，信号频谱的扩展是通过扩频码实现的，扩频系统的性能同扩频码的性能有很大关系。对扩频码通常提出下列几点要求。

①易于产生。

②具有随机性。

③扩频码应具有尽可能长的周期，使干扰者难以通过扩频码的一小段去重建整个码序列。

④扩频码应具有双值自相关函数和良好的互相关特性,以有利于接收时的截获和跟踪,以及多用户应用。

从理论上说，用纯随机序列去扩展信号频谱是最理想的。但在接收机中为了解扩应当有一个和发送端扩频码同步的副本，这是不可能实现的。因此，实际工程中，只能用伪随机序列（PN码序列）作为扩频码。伪随机序列具有貌似噪声的性质，但它又是周期性的有规律的，既容易产生，又可以加工和复制的序列。

伪随机序列具有类似于随机序列的性质，归纳起来有下列三点。

①平衡特性：随机序列中0和1的个数接近相等。

②游程特性：把随机序列中连续出现0或1的子序列称为游程。连续的0或1的个数称为游程长度。随机序列中长度为1的游程约占游程总数的1/2，长度为2的游程约占游程总数的1/22，长度为3的游程约占游程总数的1/23，以此类推。

③相关特性：随机序列的自相关函数具有类似于白噪声自相关函数的性质。

但和纯随机序列不同的是它的结构或形式是预先可以确定的，并且可以重复地产生和复制。

（2）扩频码的自相关性。

作为扩频码，它要有很好的自相关性。自相关是指某一序列与该序列的任意位移序列的相关性的度量。在数学上，信号的自相关性是用自相关函数来表征的，而自相关函数所解决的是信号与它自身相移以后的相似性问题，其定义如下

$$\phi_a(\tau) = \frac{1}{T} \int_{-T/2}^{T/2} f(\tau) f(t-\tau) dt$$

式中，$f(t)$为信号的时间函数，τ为时间延迟，$f(t-\tau)$为$f(t)$经时间τ的延时后得到的信号。当$f(t)$与$f(t-\tau)$完全重叠，即$\tau=0$时，自相关函数值$\varphi_a(0)$为一常数（通常为1）；当两信号不完全重叠，即$\tau \neq 0$时，自相关函数值$\varphi_a(\tau)$很小（通常为一负值）。

其重要意义是：对通信系统的接收端而言，只有包含伪随机序列与接收机本地产生的伪随机序列相同且同步的信号才能被检测出来，其他不同步（有延时τ）的信号，即使包含的伪随机序列完全相同，也会作为背景噪声（多址干扰）来对待。以PN码中典型的m序列为例，其自相关函数曲线如附录图1.2.22所示。其中，p为序列的周期长度，R_p为序列的码元速率，其倒数$1/R_p$为子码宽度。由图可见，由于同步且完全相同的m序列的自相关函数值为1（最大），因此接收机的相关器能够很容易地捕获该信号并进行接收；其他的m序列，即使完全相同，只要时延差τ大于一个子码宽度，自相关函数值就会迅速下降到$-1/p$，相关器就不会捕获该信号了。此外，在接收端和发送端满足序列同步和位同步（由PN码的捕获和跟踪系统保证）的前提下，同一个伪随机序列只要其相位被错动（偏置）不同数目的子码宽度，就可以用作多个用户的扩频序列。

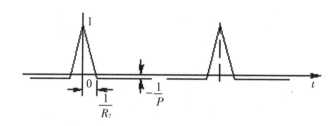

附录图1.2.22　m序列自相关函数曲线

（3）地址码的互相关性。

作为地址码，又希望它要有处处为零的互相关性（又称为正交性）。互相关是指两个不同的码序列之间的相关性的度量。例如有许多用户共用一个信道，要区分不同用户的信号，就得靠相互之间的区别或不相似性来区分，换句话说，就是要选用互相关性小的信号来表示不同的用户。对于两个不同的信号$f(t)$与$g(t)$，它们之间的互相关函数定义为

$$\phi_c(\tau) = \frac{1}{T} \int_{-T/2}^{T/2} f(t)g(t-\tau)\mathrm{d}t$$

如果两个信号都是完全随机的，在任意延迟时间τ都不相同，则上式的结果为0，同时称这两个信号是正交的。如果二者有一定的相似性，则结果不完全为0。通常希望两个信号的互相关函数值越小越好，这样它们就越容易被区分，且相互之间的干扰也就越小。

（4）常用码序列及应用。

在实际的CDMA系统中常选用自相关性好的PN码作为扩频码，而另外选择互相关性好的码作为地址码，最常用的就是Walsh码。下面分别对这些常用码序列进行分析。

①m序列。

m序列是目前CDMA系统中采用的最基本的PN序列。它是最长线性反馈移位寄存器序列的简称。顾名思义，m序列发生器是由移位寄存器、线性反馈抽头和模2加法器组成的，而且，m序列是其相应组成器件所能生成的最长的码序列。若移位寄存器为n级，则其周期$p=2^n-1$。

下面结合附录图1.2.23和附录表1.2.1，举例说明3级m序列的产生。规定移位寄存器的状态是各级从右至左的顺序排列而成的序列，这样的状态叫正状态，反之，称移位寄存器状态是各级从左至右的次序排列而成的序列叫反状态。以反状态为例，对于初始状态，经过一个时钟节拍后，各级状态自左向右移到下一级，末级输出一位数，与此同时模2加法器输出值加到移位寄存器第一级，从而形成移位寄存器的新状态，下一个时钟节拍到来又继续上述过程，表中的末级输出序列就是m序列。例如设移位寄存器各级的初始状态为111，图中的反馈逻辑为第一级输入=A2+A3，在输出周

期为 $2^3-1=7$ 的码序列后，又回到 111 状态，在时钟脉冲的驱动下，输出序列做周期性的重复。因 7 位为所能产生的最长的码序列，1110010 则为 m 序列。

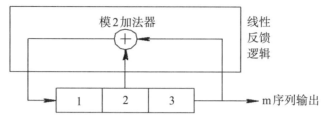

附录图 1.2.23　3 级 m 序列发生器

附录表 1.2.1　3 级 m 序列发生器各输出端的输出序列

第一级输出	第二级输出	第三级输出
1	1	1
0	1	1
0	0	1
1	0	0
0	1	0
1	0	1
1	1	0

从上述例子可以得到下列结论，m 序列是一个周期序列，其最大周期长度决定于线性移位寄存器的级数。级数相同的线性移位寄存器的输出序列和反馈逻辑有关，同一个线性移位寄存器的输出序列还和初始状态有关。不同的抽头组合可以产生不同长度和不同结构的码序列。有的抽头组合并不能产生最长周期的序列。对于何种抽头能产生何种长度和结构的码序列，已经进行了大量的研究工作，现在已经得到 3-100 级 m 序列发生器的连接图和所产生的 m 序列的结构。

下面给出 m 序列的一些基本性质。

a. m 序列的周期取决于移位寄存器的级数 n，周期 $p=2^n-1$

b. 在 m 序列的一个周期内"1"与"0"的数目大致相同，"1"比"0"多 1 个。例如，在上述 7 位码中有 4 个"1"和 3 个"0"。

c. m 序列自相关函数的简单计算方法为

$$R(\tau) = \frac{A-D}{A+D}$$

其中，A 表示"0"的位数，D 表示"1"的位数。令 $p=A+D=2^n-1$，则

$$R(\tau) = \begin{cases} 1, \tau = 0 \\ -\dfrac{1}{p}, \tau = \pm1, \pm2, \ldots \pm(p-1) \end{cases}$$

设 $n=3$，$p=2^3-1$，则

$$R(\tau) = \begin{cases} 1, \tau = 0 \\ -\dfrac{1}{7}, \tau = \pm 1, \pm 2, \ldots \pm (p-1) \end{cases}$$

d. m序列和其移位后的序列逐位模2相加，所得的序列仍然是m序列，只是相移不同而已。例如m序列1110100与其向右移三位后的序列1001110逐位模2加后的序列为0111010，相当于原序列向右移一位后的序列，仍是m序列。

e. m序列发生器中移位寄存器的各种状态除全0状态外，其他状态只在m序列中出现一次。如7位的m序列1110100中，顺序出现的状态为111，110，101，010，100，然后尾首接续为001和011，最后又回到初始状态111。

f. m序列发生器中，并不是任何抽头组合都能产生m序列。理论分析指出，产生的m序列数由下式决定

$$\Phi(X) = \Phi(2^n - 1) / n$$

其中，$\Phi(X)$ 为欧拉数（即包括1在内的小于 X 并与它互质的正整数的个数）。例如，5级移位寄存器产生的31位m序列只有 Φ（31）=6个。

g. 一个m序列中共有 2^n-1 个游程：长度为 R（$1 \leqslant R \leqslant n-2$）的游程数占游程总数的 $1/2^R$；长度为 $n-1$ 的游程只有1个，且是连0码；长度为 n 的游程也只有1个，且是连1码。

m序列的优点是容易产生、规律性强、自相关特性好，因而在直扩系统中得到了广泛的应用。但是它可提供的跳频图案少、互相关性不理想，又加之是线性反馈逻辑，容易被敌人破译，即保密性、抗截获性差，因此，在跳频系统中并不采用。

在IS-95CDMA系统中，有两种m序列，各自的用处不同。

一个是PN短码，周期为215，速率为1.2288Mchip/s，是用于QPSK的同相和正交支路的直接序列扩频码。15级移位寄存器的m序列周期为215-1，当插入一个全"0"状态后，形成的序列周期为215=32768 chips，在CDMA中，该序列称为引导PN序列，其作用是给不同基站发出的信号赋予不同的特征。不同的基站使用相同的引导PN序列，但各自却采用不同的时间（相位）偏置，不同的时间偏置用不同的偏置系数表示，其相位差至少为64个码片，这样最多可有512个不同的相位可用，偏置系数共512个（0～511），一个引导PN序列偏离0偏移引导PN序列的偏移量为相应的偏置系数乘以64码片。该短码也被用于对反向业务信道进行正交调制，但因为在反向信道上不需要标识属于哪个基站，所以对于所有移动台而言都使用同一相位的m序列，其相位偏置是0。

另一个是PN长码，周期为242-1，速率为1.2288 Mchip/s，CDMA系统利用该码对数据进行扩频和扰码，为通信提供保密。在前向信道中，长度为242-1的m序列被用

作对业务信道进行扰码（注意不是被用作扩频，在前向信道中使用正交的 Walsh 函数进行扩频），作用类似于加密。在反向 CDMA 信道中，其被用作直接扩频，长码的各个 PN 子码是用一个 42 位的掩码和序列发生器的 42 位状态矢量进行模 2 加产生的，如附录图 1.2.24 所示。只要改变掩码，产生的 PN 子码的相位将随之改变。

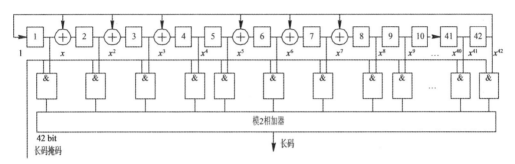

附录图　1.2.24　长码发生器

IS-95 中，每个用户特定的掩码对应一个特定的 PN 码相位，每一个长码和相位偏移量就是一个确认的地址。掩码的码型随信道类型的不同而异，下面介绍三种信道掩码。

a. 接入信道的掩码：接入信道的掩码格式如附录图 1.2.25（a）所示。M41 ~ M33 要置成 "110001111"，M32 ~ M28 要置成选用的接入信道号码，M27 ~ M25 要置成对应的寻呼信道号码（范围是 1 ~ 7），M24 ~ M9 要置成当前的基站标志，M8 ~ M0 要置成当前的 CDMA 信道的引导偏置。

b. 正向（反向）业务信道的掩码：在正向（反向）业务信道，移动台可使用公用掩码或专用掩码。公用掩码格式如附录图 1.2.25（b）所示，要置成 "1100011000"，M31 ~ M0 要置成移动台的电子序号（ESN）。ESN 是制造厂家给移动台的设备序号，为 32 位。由于电子序号（ESN）是顺序编码，为了减少同一地区移动台的 ESN 带来的掩码间的高相关性，在掩码格式中的 ESN 是要经过置换的。所谓置换就是对出厂的 32 位的 ESN 重新排列，其置换规则如下

出厂的序列 ESN=（E31，E30，E29，…，E3，E2，E1，E0）

置换后的序列 ESN=（E0，E31，E22，E13，E4，E26，E17，E8，E30，E21，E12，E3，E25，E16，E7，E29，E20，E11，E2，E24，E15，E6，E28，E19，E10，E1，E23，E14，E5，E27，E18，E9）

专用掩码是用于用户的保密通信，其格式由 TIA（美国电信工业协会）规定。

c. 寻呼信道的掩码：如附录图 1.2.25（c）所示。

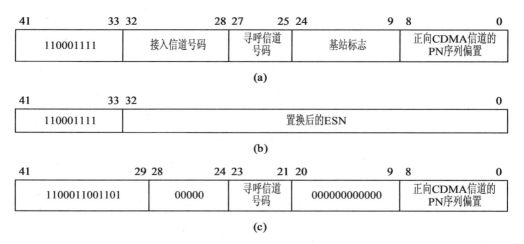

41		33	32		28	27		25	24		9	8		0
110001111			接入信道号码			寻呼信道号码			基站标志			正向CDMA信道的PN序列偏置		

(a)

41		33	32		0
110001111			置换后的ESN		

(b)

41		29	28		24	23		21	20		9	8		0
1100011001101			00000			寻呼信道号码			000000000000			正向CDMA信道的PN序列偏置		

(c)

附录图 1.2.25　用户掩码格式
（a）接入信道掩码；（b）公开掩码；（c）寻呼信道掩码

②Gold序列。

m序列虽然性能优良，但同样长度的m序列个数不多，且序列之间的互相关性不够好。R·Gold提出了一种基于m序列的PN码序列，称为Gold码序列。在介绍Gold码序列发生器之前，先给出优选对的概念。

如果有两个m序列，它们的互相关函数的绝对值有界，且满足以下条件

$$|R(\tau)| = \begin{cases} 2^{\frac{n+1}{2}} + 1, & n\text{为奇数} \\ 2^{\frac{n+1}{2}} + 1, & n\text{为偶数（不是4的倍数）} \end{cases}$$

则称这一对m序列为优选对。如果把两个m序列发生器产生的优选对序列作模2加运算，生成的新的码序列即为Gold序列。附录图1.2.26（a）所示为Gold码发生器的原理结构图，附录图1.2.26（b）所示为两个5级m序列优选对构成的Gold码发生器，这两个m序列虽然码长相同，但模2加后生成的并不是m序列，也不具备m序列的性质。

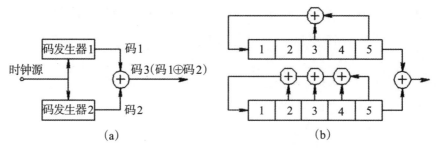

(a)　　　　　　　(b)

附录图 1.2.26　Gold码发生器

Gold码序列的性质主要有以下三点。

a. Gold码序列具有三值自相关特性，其旁瓣的极大值满足上式所表示的优选对的

条件。

b. 两个m序列优选对不同移位相加产生的新序列都是Gold序列。因为总共有2^n-1个不同的相对位移，加上原来的两个m序列本身，所以，两个n级移位寄存器可以产生2^n+1个Gold序列。因此，Gold序列的序列数比m序列数多得多。

c. 同类Gold序列互相关特性满足优选对条件，互相关峰值和主瓣与旁瓣之比都比m序列小得多，这一特性在实现码分多址时非常有用。在附录表1.2.2中列出了m序列和Gold序列互相关函数旁瓣的最大值。

附录表1.2.2　m序列和Gold序列互相关性比较

n	$P=2^n-1$	m序列数	m序列互相关峰值φ_{max}	$\varphi_{max}/\varphi(0)$	Gold序列互相关峰值	$\varphi_{max}/\varphi(0)$
3	7	2	5	0.71	5	0.71
4	15	2	9	0.60	9	0.60
5	31	6	11	0.35	9	0.29
6	63	6	23	0.36	17	0.27
7	127	18	41	0.32	17	0.13
8	255	16	95	0.37	33	0.13
9	511	48	113	0.22	33	0.06
10	1023	60	383	0.37	65	0.06
11	2047	176	287	0.14	65	0.03
12	4095	144	1407	0.34	129	0.03

③Walsh函数。

如前所述，尽管伪随机序列具有良好的自相关特性，但其互相关特性不是很理想（互相关值不是处处为零），如果把伪随机序列同时用作扩频码和地址码，系统性能将受到一定影响。因此，通常将伪随机序列用作扩频码，而就地址码而言，目前则采用Walsh（沃尔什）函数，离散沃尔什函数简称为沃尔什序列或沃尔什码，可由哈达马（Hadamard）矩阵的行或列构成。Walsh码是一种同步正交码，即在同步传输情况下，利用Walsh码作为地址码具有良好的自相关特性和处处为零的互相关特性。此外，Walsh码生成容易，应用方便。但是，Walsh码的各码组由于所占频谱带宽不同等原因，不能作为扩频码。

a. alsh函数波形。

某连续Walsh函数的波形如附录图1.2.27所示，若对图中的Walsh函数波形在8个等间隔上取样，可得到离散Walsh函数，可用8x8的Walsh函数矩阵表示。

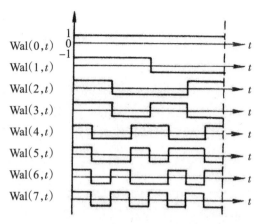

附录图 1.2.27　Walsh 函数波形

b. Walsh 函数矩阵（哈达玛矩阵）的递推关系。

$$H_0 = \begin{vmatrix} 0 \end{vmatrix} \qquad\qquad H_2 = \begin{vmatrix} 0 & 0 \\ 0 & 1 \end{vmatrix}$$

$$H_4 = H_{2\times2} = \begin{vmatrix} H_2 & H_2 \\ H_2 & \overline{H}_2 \end{vmatrix} = \begin{vmatrix} 00 & 00 \\ 01 & 01 \\ 00 & 11 \\ 01 & 10 \end{vmatrix}$$

$$H_8 = H_{2\times4} = \begin{vmatrix} H_4 & H_4 \\ H_4 & \overline{H}_4 \end{vmatrix} = \begin{vmatrix} 00 & 00 & 00 & 00 \\ 01 & 01 & 01 & 01 \\ 00 & 11 & 00 & 11 \\ 01 & 10 & 01 & 10 \\ 00 & 00 & 11 & 11 \\ 01 & 01 & 10 & 10 \\ 00 & 11 & 11 & 00 \\ 01 & 10 & 10 & 01 \end{vmatrix}$$

$$H_{2N} = \begin{vmatrix} H_N & H_N \\ H_N & \overline{H_N} \end{vmatrix}$$

式中，N 取 2 的幂，$\overline{H}_N$ 是 H_N 的补。

利用 Walsh 函数矩阵的递推关系，可得到 64×64 阵列的 Walsh 序列。IS-95A 定义的 CDMA 系统采用 64 阶 Walsh 函数，它们在前、反向链路中的作用是不同的。

对于前向链路，依据两两正交的 Walsh 序列，将前向信道划分为 64 个码分信道，码分信道与 Walsh 序列一一对应，Walsh 序列码速率与 PN 码速率相同，均为 1.2288Mchips/s，前向多址接入方案通过采用正交 Walsh 序列来实现，一个编码比特周期对应一个 Walsh 序列（64chip）。

对于反向链路，Walsh 序列作为调制码使用，即 64 阶正交调制。6 个编码比特对应一个64位的Walsh序列，64阶Walsh编码后的数据速率为307.2kchips/s，经用户PN长码加扰/扩频，生成1.2288Mchips/s码流，该码流经PNI、PNQ短码覆盖、滤波等处理后交由RFS发射。

三、认知移动通信网络

（一）蜂窝移动通信网络概述

1.蜂窝移动通信网络的区域划分

蜂窝移动通信也称小区制移动通信，在移动通信中处于统治地位，是目前应用最广泛、用户数量最多、与人们日常生活最紧密的移动通信网络。

它的特点是把一个通信服务区域分为若干个小无线覆盖区，每个小区的半径在2km～20 km左右，用户容量可达上千个。每个小区设置一个基站，负责本区移动台的联系和控制，各个基站通过移动业务交换中心相互联系，并与市话局连接。每个小区只需提供较少的几个无线电信道就可满足通信的要求，邻近的小区使用不同的信道组。

小区制采用信道复用技术，大大缓解了频率资源紧缺的问题，提高了频率利用率，增加了用户数目和系统容量；小区半径较小，所以发射机功率较低，互调干扰亦较小；但同时由于小区半径较小，当移动台从一个小区驶入另一个无线区时，即越区过程中必须进行信道自动切换，以保证移动台越区时通话不间断，这又涉及越区切换技术。

陆地移动通信大部分是在一个宽广的平面上实现的，平面服务区内的无线小区组成方法要比带状服务区复杂得多。这些无线小区的实际形状取决于电波传播条件和天线的方向性。如果服务区的地形、地物相同，且基站采用全向天线，其覆盖范围大体是一个圆。为了不留空隙地覆盖整个服务区，无线小区之间会有大量的重叠。在考虑重叠之后，每个小区实际上的有效覆盖区是一个圆的内接多边形。根据重叠情况的不同，这些多边形有正三角形、正方形和正六边形，如附录图1.3.1所示。

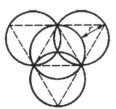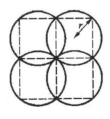

（a）正三角形　　　（b）正四角形　　　（c）正六边形

附录图1.3.1　小区构成几何形状

对于三种多边形，在辐射半径相同的条件下，可以分别计算出每个无线小区之间的中心距离、区域面积、重叠区宽度和重叠区的面积，如附录表1.3.1所示。为便于比较，设在整个服务区域内的无线小区面积均相等。从表可见，采用正六边形无线小区邻接构成整个面状服务区为最好，因此这种六边形结构得到了广泛的应用。因为这种面状服务区的形状很像蜂窝，所以又称为蜂窝网。

附录表 1.3.1　不同小区形状参数的比较

	正三角形	正方形	正六边形
相邻区域的中心距离	r	$\sqrt{2}r$	$\sqrt{3}r$
小区面积	$3\sqrt{3}r^2/4$	$2r^2$	$3\sqrt{3}r^2/2$
重叠区宽度	r	$\left(2-\sqrt{2}\right)r$	$\left(2-\sqrt{3}\right)r$
重叠区面积	$\left(2\pi-3\sqrt{3}/2\right)r^2$	$\left(2\pi-4\sqrt{3}\right)r^2$	$\left(2\pi-3\sqrt{3}\right)r^2$
重叠区与小区面积比	1.41	0.57	0.21
所需频率最少个数	6	4	3

在蜂窝移动通信网络中，区域定义如附录图 1.3.2 所示。

小区是采用基站识别码（BSIC）或全球小区识别码（CGIC）进行标识的无线覆盖区域。在采用全向天线结构的模拟网中，小区即为基站区；在采用120°角天线结构的数字蜂窝移动网中，小区是每个120°角的天线所覆盖的正六边形区域的三分之一。

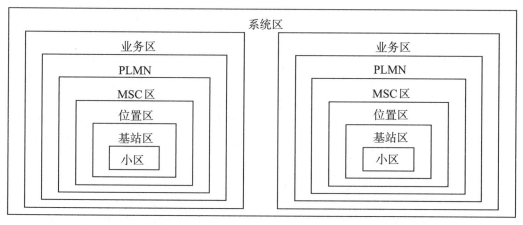

附录图 1.3.2　蜂窝移动系统区域划分

基站区指的是一个基站所覆盖的区域。一个基站区可包含一个或多个小区，故不是所有的小区都设有一个专有的基站，但必须被一个特定的基站所覆盖。

位置区指的是一个移动台可以自动移动而不必重新"登记"其位置（位置更新）的区域，一个位置区由一个或若干个小区（或基站区）组成。要想向一个位置区中的某个移动台发出呼叫，可以在这个位置区中向所有基站同时发出寻呼信号。

移动业务交换中心简称MSC，一个MSC区指的是由一个MSC覆盖的区域。一个MSC区可由若干个位置区组成。

PLMN（Public Land Mobile Network）是公用陆地移动网的简称，即陆地蜂窝移动通信网络。在该系统内具有共同的编号制度（如相同的国内地区号）和共同的路由计划。一个PLMN可以由若干个MSC组成。MSC构成固定网与PLMN移动网之间的功能接口，用于呼叫接续等。

业务区指的是由一个或多个移动通信网所组成的区域。只要移动台在业务区中，就可以被另一个网络的用户找到，而该用户也无须知道这个移动台在该区内的具体位置。这里的另一个网络可以是另一个PLMN、PSTN（市话网）或ISDN（综合业务数字网）。一个业务区可由若干个PLMN组成，也可由一个或若干个国家组成，也可能是一个国家的一部分。

2. 蜂窝移动通信网络的组网技术

（1）信道复用技术。

所谓信道复用技术指的是：相邻小区不使用相同的信道组，但相隔几个小区间隔的不相邻小区可以重复使用同一组信道，以充分利用频率资源。不使用同一组信道的若干个相邻小区就组成了一个小区群，即整个通信服务区也可看成是由若干个小区群构成的。

为了实现频率复用，而又不产生同信道干扰，要求每个小区群中的无线小区不得使用相同的频率，只有在不同小区群中的无线小区（并保证同频无线小区之间的距离足够大）时，才能进行频率复用。

无线小区群的构成应该满足两个条件，一是若干个无线小区群彼此之间可以互相邻接，并且无空隙地带；二是邻接之后的小区群应保证同频无线小区之间的距离相同。

蜂窝式移动通信网通常是先由若干个邻接的正六边形小区构成一个无线小区群，再由单位小区群彼此邻接形成整个服务区域。满足以上条件的单位无线小区群中小区的个数 K 为

$$K = a^2 + b^2 + ab \qquad a,b \text{为不同时为0的自然数}$$

K 愈大，同频无线小区的间距就愈大，说明同频干扰愈小，通信质量愈好；但在覆盖同样服务区的情况下，频率利用率就愈低。即通信质量和频率利用率是相互矛盾的。根据上式可计算出选取的 K 值如附录表1.3.2所示。

附录表1.3.2　无线区群的小区数

a	1	0	1	0	2	1	0	2	1	0	3	2
b	1	2	2	3	2	3	4	3	4	5	3	4
K	3	4	7	9	12	13	16	19	21	25	27	28

一个网络中有许多同信道的小区，整个频谱分配被划分为 K 个频率复用的模式，即单位无线小区群中小区的个数。如附录图1.3.3所示，其中 $K=3$，当然还有其他复用

方式，如K=4、7、9、12等。

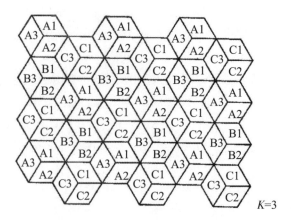

附录图1.3.3　K=3无线区群的图形

允许同频率重复使用的最小距离取决于许多因素，如中心小区附近的同信道小区数、地理地形类别、每个小区基站的天线高度及发射功率。频率复用距离D由下式确定

$$D\!\!\Big/\!\!R = \sqrt{3K}$$

式中K是频率复用模式数，R是小区半径。如果所有小区基站发射相同的功率，则K增加频率复用距离D也增加，增加了的频率复用距离将减小同信道干扰发生的可能。从理论上来说，K应该大些，然而分配的信道总数是固定的（由可用的频带宽度决定），如果K太大，则K个小区中分配给每个小区的信道数将减少。如果随着K的增加而划分K个小区中的信道总数，则中继效率就会降低。因此现在面临的问题是在满足系统性能的条件下，如何得到一个最小的K值。解决它必须估算同信道干扰，并选择最小的频率复用距离D，以减小同信道干扰。

（2）激励技术。

小区制的激励方式一般分为中心激励和顶点激励。中心激励是指基站位于无线小区的中心，并采用全向天线实现无线小区的覆盖。如果服务区域内有大的障碍物，采用中心激励方式难免会出现电波辐射的阴影区，若在每个正六边形间隔的三个顶角上设置基台，并采用三个120°扇形张角的定向天线，同样也可以覆盖整个无线小区，这种方式称为顶点激励。由于顶点激励方式采用定向天线，除对消除障碍物阴影有利外，对来自120°主瓣之外的同频干扰信号，天线方向性能提供一定的隔离度，从而降低了干扰。因而允许减小同频无线小区之间的距离，降低了无线小区群中无线小区的个数，对进一步提高频率利用率、简化设备、降低成本都有一定的好处。

（二）GSM蜂窝移动通信网络

GSM数字蜂窝移动通信网络是采用TDMA/FDD技术的第二代移动通信网络，它是由欧洲主要电信运营商和制造厂家组成的标准化委员会设计出来的。

我国在1994年开始全面建设GSM网络。截至2008年6月，全球GSM用户数近30亿，中国移动GSM用户达到了4.15亿；中国联通GSM用户达到1.26亿。为了满足数据业务发展的需求，GSM系统向2.5代的GPRS（General Packet Radio Service）过渡，GPRS是基于GSM的移动分组数据业务，是在GSM网络上叠加了一个基于IP的分组交换网络，从而获得更高的数据传输速率。第三代移动通信网络中的TD-SCDMA和WCDMA系统支持的核心网协议都向下兼容GSM网络。

1. GSM的频率配置与规划

（1）频率配置。

GSM系统根据所使用频段主要分为GSM900MHz和DCS1800MHz。GSM系统为FDD/TDMA，即频分双工/时分多址的接入方式。900MHz段双工间隔为45MHz，1800MHz段双工间隔为95MHz；载频间隔为200KHz，每载频采用TDMA方式划分为8个物理TS（时隙）。GSM频率划分见附录表1.3.3。

附录表1.3.3　GSM频率划分

频段	上行链路（MS→BTS）	下行链路（BTS→MS）	带宽	载频频道号
GSM900MHz	890MHz～915MHz	935MHz～960MHz	25MHz	1～124
DCS1800MHz	1710MHz～1785MHz	1805MHz～1880MHz	75MHz	512～885

按照中国无线电的规定，在我国GSM900MHz频段，中国移动占用890MHz～909MHz上行、935MHz～954MHz下行的各19MHz带宽；中国联通占用909MHz～915MHz上行、954MHz～960MHz下行的各6MHz带宽。在DCS1800MHz频段，中国移动占用1710MHz～1720MHz上行、1805MHz～1815 MHz下行的各10MHz带宽；中国联通占用1745MHz～1755MHz上行、1840MHz～1850MHz下行的各10MHz带宽。

GSM载频频道中心频率与载频号的关系可以按以下公式计算，见附录表1.3.4。按表中公式可以得到，中国移动对应的频道号为1～95和512～561；中国联通对应的频道号为96～124和687～736。

附录表1.3.4　载频中心频率计算公式

频段	上行链路（MS→BTS）	下行链路（BTS→MS）	备注
GSM900MHz	$f_{(n)}=890+0.2n\,MHz$	$f_{(n)}=935+0.2n\,MHz$	n 为绝对频道号
DCS1800MHz	$f_{(n)}=1710+0.2(n-511)MHz$	$f_{(n)}=1805+0.2(n-511)MHz$	

（2）频率规划。

为了避免系统内同频干扰，覆盖区通常规划最基本的同频复用结构，即单位无线小区群，由若干单位无线小区群邻接而成覆盖区，单位无线小区群中频率不再复用。GSM系统中通常采用4×3结构的频率复用方式，对于业务量较大的地区，还可以采用更紧密的复用方式，如3×3、1×3、2×3、2×6、1×1，以及多层频率复用、同心圆等技术。下面以4×3复用方式为例说明频率规划方法。

4×3复用方式中，"4"表示4个基站，"3"表示每个基站由3个120°扇区组成，12个扇形小区为一个无线小区群，在这12个小区内使用12组不同的频率，如附录图1.3.4所示。在另一个复用单位小区群中使用与之相同的频率组，达到同频复用。

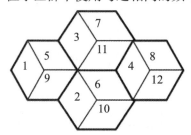

附录图1.3.4 4×3频率复用

以中国联通使用GSM900MHz频段的6MHz带宽为例，共有30个载频（6MHz/0.2MHz=30），其频道序号为96～124。为保护使用相邻频段的其他无线业务或运营商，通常可以不使用两端序号的频道。对频道分组如附录表1.3.5所示，每个小区需要至少1个载频做广播控制信道，12个小区需要占用124号～113号的12个频道，112号和111号为控制信道备用预留，其余全部分配做业务信道，其中110号～99号可均分到12个扇区，剩余3个频道可按话务密度选择性分配到各小区，必要时也可考虑预留微蜂窝频点。因此，一个基站中三个扇区的载频配置为3/3/2、3/2/2或2/2/2。

附录表1.3.5 6MHz频率复用分组表

组号	1组	2组	3组	4组	5组	6组	7组	8组	9组	10组	11组	12组
频道号	124	123	122	121	120	119	118	117	116	115	114	113
	110	109	108	107	106	105	104	103	102	101	100	99
	98	97	96									

同理，中国移动GSM900MHz有19MHz带宽，共有95个载频，其频道序号为1～95，95为靠近其他运营商端，可不用。对频道分组如附录表1.3.6所示。94号～83号的12个频道为控制信道，82号、81号、80号和79号为控制信道备用预留，其余全部分配做业务信道，其中78号～7号可均分到12个扇区，剩余6个频道可按话务密度选择性分配到各小区，必要时也可考虑预留微蜂窝频点。因此，一个基站中三个扇区的载频配置为8/8/7、8/7/7或7/7/7等。

附录表1.3.6 19MHz频率复用分组表

组号	1组	2组	3组	4组	5组	6组	7组	8组	9组	10组	11组	12组
频道号	94	93	92	91	90	89	88	87	86	85	84	83
	78	77	76	75	74	73	72	71	70	69	68	67
	66	65	64	63	62	61	60	59	58	57	56	55
	54	53	52	51	50	49	48	47	46	45	44	43

续表

组号	1组	2组	3组	4组	5组	6组	7组	8组	9组	10组	11组	12组
频道号	42	41	40	39	38	37	36	35	34	33	32	31
	30	29	28	27	26	25	24	23	22	21	20	19
	18	17	16	15	14	13	12	11	10	9	8	7
	6	5	4	3	2	1						

3×3复用是以3基站9扇区为单位进行频率复用，这种复用方式控制信道仍然采用4×3，业务信道分9组。该方式可以增加扇区业务载频，不需增加基站就能提高容量，但要达到同频干扰保护比的要求，还需要使用跳频技术。

1×3是最为紧密的复用方式，它用1个基站的3个小区作为复用单位，控制信道仍然采用4×3，业务信道分3组。相邻基站区使用相同的业务信道频率组，因为复用距离缩小，同频载干比进一步下降，所以必须采用跳频及其他（如动态功控、不连续发射、天线分集等）抗干扰技术。

2. GSM的结构

GSM移动通信系统由网络交换子系统（NSS）、基站子系统（BSS）、移动台（MS）和操作维护中心（OMC）四大部分组成，如附录图1.3.5所示。

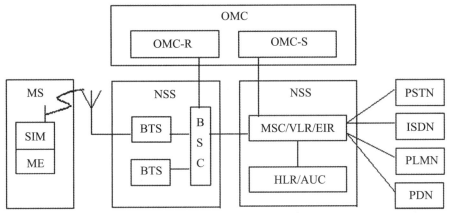

PSTN—公众电话交换网　　ISDN—综合业务数字网　　PLMN—公众陆地移动网
PDN—公众数据网　　　　　NSS—网络交换子系统　　　BSS—基站子系统
MS—移动台　　　　　　　　OMC—操作维护中心　　　　MSC—移动交换中心
VLR—拜访位置登记器　　　EIR—设备识别登记器　　　HLR—归属位置登记器
AUC—鉴权中心　　　　　　BSC—基站控制器　　　　　BTS—基站收发信台
SIM—用户识别模块　　　　ME—移动设备　　　　　　　OMC-R—无线操作维护中心
OMC-R—交换操作维护中心

附录图1.3.5　GSM系统组成

（1）网络交换子系统（NSS）。

网络交换子系统主要完成交换功能、用户数据与移动性管理和安全性管理所需的数据库功能。NSS由一系列功能实体所构成，包括MSC、HLR、VLR、AUC、EIR等部分。

①移动交换中心MSC。

MSC是GSM系统的核心部分，是对位于它所覆盖区域中的移动台进行控制和完成话路交换的功能实体，也是移动通信网络与其他公用通信网之间的接口。MSC提供交换功能，完成移动用户寻呼接入、信道分配、呼叫接续、话务量控制、计费、基站管理等功能；还完成BSS、MSC之间的切换和辅助性的无线资源管理、移动性管理等；每个MSC还可完成入口MSC（即关口移动交换中心GMSC）的功能，并起到GSM网络和其他电信网络PSTN/ISDN/PLMN/PDN等的接口作用。

②归属位置登记器HLR。

HLR是一个用来存储归属地用户数据信息的静态数据库。每个移动用户都应在其归属地的HLR中注册登记，HLR主要存储两类信息：一是有关用户的永久性参数，如用户号码、移动用户识别号、接入的优先级、预定的业务类型等；二是暂时性的需要随时更新的参数，如用户当前所处位置（当前所处MSC/VLR）信息，即使用户漫游到归属HIR以外的其他区域也要传送回位置信息登记到归属HLR中，以保证任何时候呼叫用户都可以从归属HLR中查询到用户所在的MSC/VLR，进而建立至移动台的呼叫路由。

③拜访位置登记器VLR。

VLR又称访问者位置登记器，是一个用于存储当前位于MSC服务区域内所有移动用户（归属用户+漫游用户）信息的动态数据库。每个MSC通常都有一个它自己的VLR；VLR、MSC、EIR常合设于一个物理实体中，特定情况可以相邻的几个MSC共用一个VLR。每个移动用户到达一个新的MSC管辖区域区（或打开手机）时，都自动向所在地的VLR申请登记，VLR从用户的归属HLR中获得相关参数，VLR同时分配给用户一个漫游号码，并通知归属HLR更新位置信息。如从一个VLR到达另一个VLR时，归属HLR还要通知原VLR删除信息。

当呼叫某移动用户时，首先接入MSC（又称GMSC），查询归属HLR询问用户现在的MSC/VLR和所在地的漫游号码，GMSC根据漫游号码确定到达目的交换机的路由，并查询所处VLR的位置区信息，在该位置区内一齐呼叫。如附录图1.3.6所示。

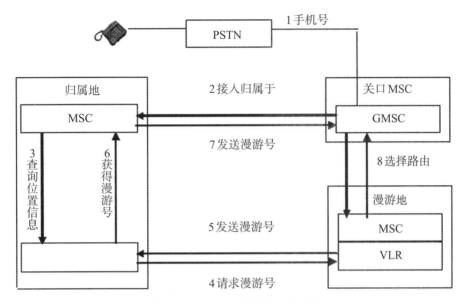

附录图1.3.6 呼叫漫游用户过程

④鉴权中心AUC。

AUC属于HLR的一个功能单元部分，通常与HLR连在一起，专用于安全性管理。它是产生鉴权、加密的三个参数—随机号码RAND、响应数SRES、密钥Kc，以及认证移动用户身份的功能实体。每张SIM卡写卡时，在SIM卡和AUC中对应产生唯一相同的用户密钥Ki，AUC中为用户产生一个随机数RAND，RAND和Ki经AUC加密算法运算产生Kc，再经算法产生响应数SRES；RAND、Kc、SRES组成一个三参数组传到HLR，用户登记时VLR请求HLR后传到VLR。用户请求接入时VLR将RAND传到SIM卡，同样运算后传回VLR中比较，相同允许接入，不同则拒绝。

⑤设备识别登记器EIR。

EIR是一个存储移动台设备参数的数据库。主要完成对移动设备ME的识别、监视、闭锁等功能，以防止非法移动台的使用。每个ME都有一个国际移动设备识别号IMEI，厂家未经许可不得生产，IMEI要在EIR中登记。EIR中列出三种数据清单，分别是白名单—准许使用的IMEI；黑名单—出现故障需监视的IMEI；灰名单—失窃不准使用的IMEI。移动台使用时就可以查询EIR是否允许使用。

（2）基站子系统（BSS）。

BSS系统是在一定的无线覆盖区中由MSC控制，与MS进行通信的系统设备，它主要负责完成无线发送接收和无线资源管理等功能。按功能实体可分为基站控制器BSC和基站收发信台BTS两个部分。

①基站控制器BSC。

BSC是BTS和MSC之间的连接点，也提供OMC接口。一个BSC可控制多个BTS，其主要功能是进行无线信道管理，实施呼叫和通信链路的建立拆除，完成小区配置数据管理、功率控制、定位和切换等。一般由两部分构成，一是编译码设备，将64kbit/s的话音信道压缩编码为13kbit/s或6.5kbit/s，反之译码；二是基站中央设备，主要用于用户移动性的管理以及BTS、MS的动态功控等。

②基站收发信台BTS。

BTS是为小区提供服务的无线收发信设备，由BSC控制，主要负责无线传输，完成无线与有线的转换、无线分集、无线信道加密、跳频等功能。包括无线收发信机和天线等。

（3）移动台（MS）。

MS是用户终端设备，包括移动终端设备ME和用户识别模块SIM卡两部分。可完成话音编码、信道编码、信息加密、信息的调制和解调、信息发射和接收。

（4）操作维护中心（OMC）。

OMC主要是对整个GSM网络进行管理和监控。通过OMC实现对GSM网内各种部件功能的监视、系统自检、状态报告、故障诊断与处理、话务统计等功能。OMC分为OMC-R和OMC-S，分别完成无线部分操作维护和交换部分操作维护，也可合二为一。

3.GSM的编号

（1）移动用户ISDN号（MSISDN）。

MSISDN号码是GSM系统中标识移动用户的签约号码，是呼叫移动用户时所拨的号码。号码的组成结构为：

CC+NDC+SN

其中，CC—国家码，中国为86；

NDC—国内目的地码，即网络接入号，如中国移动的139，中国联通的130等；

SN—用户号码，由H0H1H2H3+ABCD两部分构成，其中H0H1H2H3是移动业务本地网的HLR标识号码，相当于区号，由全国和省级网管中心统一分配，ABCD为移动用户码。

如一个移动用户的手机号码为8613981080008，86是国家码，139是网络接入号，8108是用于识别归属区的HLR号码，0008是用户码。

（2）国际移动用户识别码（IMSI）。

IMSI是GSM网中唯一地标识移动用户的号码。IMSI储存在SIM卡、用户所在的归属HLR和用户当前所在的访问VLR内。号码的组成结构为：

MCC+MNC+MSIN

其中，MCC—移动国家码，标识移动用户所属的国家，中国为460；

MNC—移动网络号，用于识别移动用户所归属的移动网，如中国移动是00，中国联通是01；

MSIN—移动用户识别码，组成为H0H1H2H3+ABCD，其中H0H1H2H3是移动业务本地网的HLR标识号码，与MSISDN相同，ABCD为移动用户码。

（3）移动用户漫游码（MSRN）。

MSRN是为了网络进行路由选择，由用户当前所在的VLR分配的一个临时号码。为了提供给入口MSC（GMSC）/VLR一个用于选路由的临时号码，HLR请求被叫，所在业务区的MSC/VLR给该被叫用户分配一个MSRN，并将此号码送至HLR，HLR收到后再发送给GMSC，GMSC根据此号码选路由，将呼叫接至被叫用户目前正在访问的MSC/VLR交换局。路由一旦建立，此号码就可立即释放，分配给其他用户使用。

MSRN的组成结构为：

$$CC+NDC+SN$$

它与MSISDN组成结构相同，实际上移动交换端局在分配用户号码时，总是预留一部分MSISDN号码作为MSRN，以便漫游移动用户来访时分配一个MSRN。

（4）移动用户设备识别码（IMEI）。

IMEI是GSM系统中唯一地识别一个移动台设备的编码，是和移动台终端设备相对应，又被称作移动台系列号，每个手机的背面都标注有它的IMEI。组成结构为：

$$TAC+FAC+SNR+SP$$

其中，TAC—型号批准码，由欧洲型号认证中心分配；

FAC—工厂装配码，由厂家编码，表示生产厂家及其装配地；

SNR—序号，由厂家分配的设备流水号；

SP—备用。

（5）临时移动用户识别码（TMSI）。

TMSI是为了对用户IMSI保密，用在无线信道上替代IMSI的临时标识，由MSC/VLR给来访移动用户分配一个与IMSI对应的TMSI号码，长度为4字节编码，仅限在本MSC业务区内使用。TMSI可用做位置更新、切换、呼叫等操作时的用户识别码，在每次鉴权成功之后可重新分配。

（6）切换号码（HONR）。

HONR是当进行移动交换局间越局切换时，为用户选择到目标MSC的路由，由目标MSC（即切换要转移到的MSC）临时分配给移动用户的一个号码，它是由目标MSC收到源MSC的切换请求后分配给这次切换的，此号码可看做是MSRN的一部分，组成与MSRN相同。

（7）位置区识别码（LAI）。

LAI代表不同的位置区，用于移动用户的位置更新。组成结构为：

$$MCC+MNC+LAC$$

其中，MCC—移动国家码，用于标识一个国家，中国为460；

MNC—移动网络号，用于识别国家内的不同GSM移动网，如中国移动是00，中国联通是01；

LAC—位置区号码，为一个2字节16bit的编码，在一个GSM网络中可定义最多65536个不同的位置区。

（8）小区全球识别码（CGI）。

CGI是用来识别一个位置区内的小区。组成结构为：

$$MCC+MNC+LAC+CI$$

其中，LAC=MCC+MNC+LAC，即位置区识别码；

CI—是位置区内的小区识别代码，为一个2字节16bit的编码，在一个位置区内可定义最多65536个小区。

（9）基站识别码（BSIC）。

BSIC是用于识别采用相同载频的相邻基站，特别用于区别在不同国家或省的边界地区采用相同载频的相邻BTS。组成结构为：

$$NCC+BCC$$

其中，NCC—国家色码，主要用于识别不同的GSM网络，特别是用来区分不同的运营者或者网络内区别不同的省，为3bit的编码，格式XY1Y2，如中国移动X=1、中国联通X=0，Y1Y2则统一分配，如00代表了国内吉林、甘肃、西藏、广西、福建、湖北、北京、江苏等省；

BCC—基站色码，用于识别基站，为3bit。

在GSM网络中，任何一个过程都是各种号码配合使用的过程，下面以一个A地固定电话用户拨打归属于B地但当前在C地漫游的移动用户接续过程，来了解各种号码的应用。

（1）主叫拨号。

A地固定电话用户拨打移动用户的MSISDN号码013981080008，PSTN网络中的固定电话端局分析0139，判断为移动用户，如A地有MSC则就近接入该MSC，这称为GMSC；如A地没有MSC则接入PSTN长途局就近接入GMSC。

（2）GMSC分析被叫号码。

A地GMSC分析H0H1H2H3即8108，判断该号码所在的HLR为B地，将呼叫送至B地HLR，查询该移动归属用户目前所在的位置信息。

（3）HLR申请漫游号码。

B地HLR把MSISDN转换成该用户的IMSI后，查询出用户目前位于C地MSC/VLR，然后将该IMSI发送至C地MSC，请求分配对应的漫游号码MSRN。C地MSC从预留的漫游号码中为该IMSI用户分配一个对应的漫游号码，并将此号码送回B地归属HLR；B地HLR将此漫游号码再送回A地的GMSC选择路由。

（4）GMSC选路连接被叫。

GMSC收到MSRN后，用此号码选择一条中继路由到达C地MSC。

（5）MSC寻呼被叫。

C地MSC在该移动用户所在位置区内的所有基站中一起呼叫。呼叫信息含被叫用户的IMSI（或与IMSI对应的TMSI）信息，通过基站广播控制信道发送。MS收到与自己相同的IMSI（或TMSI）信息后向基站发回响应信号。经VLR鉴权识别后，MSC分配业务信道，向主叫送回铃音、向被叫振铃。被叫应答，开始通话，开始计费。MSC负责本次呼叫的移动用户计费功能。

4. GSM的接口

接口是两个相邻功能实体间的连接点，不同的功能实体通过接口在一定的协议规定下，完成数据的传送。GSM系统内包含有多个接口，这些接口协议不尽相同，但都是基于No.7系统分层结构的。GSM系统的接口如附录图1.3.7所示。

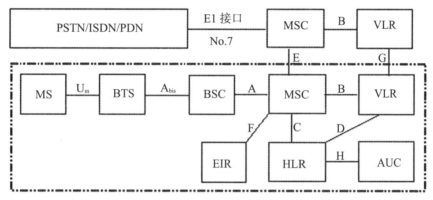

附录图1.3.7 GSM系统中的接口

（1）A接口。

A接口定义为网络交换子系统（NSS）与基站子系统（BSS）之间的通信接口，从系统的功能实体来说，就是移动业务交换中心（MSC）与基站控制器（BSC）之间的互联接口，其物理链接通过采用标准的2.048 Mb/s的PCM数字传输链路来实现。此接口传递的信息包括移动台管理、基站管理、移动性管理和接续管理等。

（2）Abis接口。

Abis接口定义为基站子系统的两个功能实体—基站控制器（BSC）和基站收发信台（BTS）之间的通信接口，用于BTS与BSC之间的远端互连，物理链接通过采用标准的2.048 Mb/s或64 kb/s的PCM数字传输链路来实现。Abis接口是系统内部接口，不同厂家通常不能共用。

（3）B接口。

B接口定义为VLR与MSC之间的通信接口。用于MSC向VLR询问MS的当前位置信息或业务信息的有关操作；或者通知VLR更新MS的当前位置信息；或用于补充业务和短消息的有关操作等。由于MSC与VLR一般合设在同一物理实体中，因此，该接口一般为MSC的内部接口。

（4）C接口。

C接口定义为MSC与HLR之间的通信接口。当MS被叫时，C接口用于发端MSC从HLR获得被叫MS的路由信息；当向MS传短消息时，用于关口MSC从HLR获得MS目前所在的MSC号码。实际上是内置于MSC中的VLR与HLR之间的数据传送接口。

（5）D接口。

D接口定义为VLR与HLR之间的通信接口。用于与交换有关的移动台位置信息及用户管理信息。为保证移动用户在整个服务区内能够建立和接受呼叫，则必须要在VLR与HLR之间交换数据。当VLR内置MSC时，C接口和D接口可以走同一物理连接。

（6）E接口。

E接口定义为MSC与MSC之间的通信接口。E接口用于MSC之间交换数据以启动和实现切换操作，同时还可用于传送短消息。

（7）F接口。

F接口定义为MSC与EIR之间的通信接口。当MSC需要检查IMEI的合法性时，需要通过F接口和EIR交换与IMEI有关的信息。

（8）G接口。

G接口定义为VLR与VLR之间的接口，当移动用户漫游到新的VLR控制区域并且采用TMSI发起位置更新时，此接口用于当前VLR从前一个VLR中取得IMSI及鉴权集。当VLR内置MSC时，E接口和G接口可以走同一物理连接。

（9）Um接口。

Um接口（空中接口）定义为移动台MS与基站收发台BTS之间的通信接口，用于移动台与GSM系统的固定部分之间的互通，其物理链接通过无线方式实现。此接口传递的信息包括无线资源管理，移动性管理和接续管理等。无线接口物理层采取了FDD/TDMA的方式。

（10）与其他网络的接口。

GSM系统与PSTN的互联方式采用7号信令系统的TUP接口，GSM系统和ISDN的互联方式采用7号信令系统的ISUP接口，其物理链路是由MSC引出的标准2.048Mb/s数字链路实现。

此外，GSM系统中还有L接口，L接口定义为智能网中SSP（业务交换点）与SCP（业务控制点）之间的通信接口，用于智能业务中SSP触发智能业务时向SCP上报主被叫的位置信息和SCP向SSP下发计费信息，以及智能业务时SSP和SCP交换相关的控制信息。

5. GSM的无线信道

GSM系统中的信道包括有线信道和无线信道，其中MSC—BSC、BSC—BTS为有线信道，BTS—MS为空中无线信道。GSM系统无线信道将实际存在的频道上的时隙TS称为物理信道，依据物理信道所传输的信息不同又被称为不同的逻辑信道。

（1）物理信道。

GSM系统有严格的频率规划，在无线接口上采用FDD、FDMA/TDMA方式。一段频带按载频间隔200KHz划分为若干对频道，每个频道即一个载频再进行时分，分为8个时隙，一个TS就是一个物理信道。用户在物理TS上发出数据bit流即"脉冲串"，从而完成接入、通信等。

（2）逻辑信道。

GSM无线物理信道上要传送不同的信息，依据物理信道所传输的信息不同来定义不同的逻辑信道。也就是说，逻辑信道可按一定的组合映射到物理信道上传送数据。

逻辑信道分为业务信道TCH和控制信道CCH，如附录图1.3.8所示。

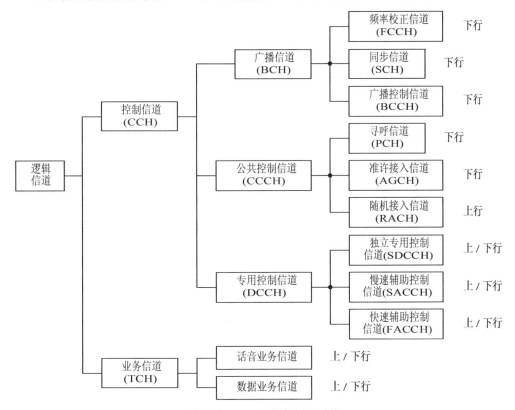

附录图1.3.8　逻辑信道的分类

业务信道主要用于传输用户编码及加密后的话音和数据，其次还传输少量的随路控制信令。业务信道采用的是点对点的传输方式，即一个BTS对一个MS（下行信道），或是一个MS对一个BTS（上行信道）。

根据传输速率不同，业务信道有全速率业务信道（TCH/F）和半速率业务信道（TCH/H）之分。半速率业务信道所用时隙是全速率业务信道所用时隙的一半。目前使用的是全速率业务信道，将来采用低比特率语音编码器后可使用半速率业务信道，从而可以在信道传输速率不变的情况下，使时隙的数目加倍。

根据传输业务不同，业务信道可分为话音业务信道和数据业务信道两种。

①话音业务信道。

载有编码话音的业务信道分为全速率话音业务信道（TCH/FS）和半速率话音业务信道（TCH/HS），两者的总速率分别为22.8kb/s和11.4kb/s。对于全速率语音编码，话音帧长度为20ms，每帧含有260bit的话音信息，提供净速率为13kb/s。

②数据业务信道。

在全速率或半速率信道上，通过不同的速率适配和信道编码，用户可以选用下列各种不同的数据业务：

- 9.6kb/s，全速率数据业务信道（TCH/F9.6）；
- 4.8kb/s，全速率数据业务信道（TCH/F4.8）；
- 4.8kb/s，半速率数据业务信道（TCH/H4.8）；
- ≤2.4kb/s，全速率数据业务信道（TCH/F2.4）；
- ≤2.4kb/s，半速率数据业务信道（TCH/H2.4）。

此外，在业务信道中还可以设置慢速辅助控制信道或快速辅助控制信道。

控制信道传输各种信令信息，控制信道分为以下三类。

①广播信道（BCH，Broadcast Channel）。

a. 频率校正信道（FCCH，Frequency Correcting Channel）：负责传输供移动台校正其工作频率的信息。移动台的工作必须要在特定的频率上进行。

b. 同步信道（SCH，Synchronous Channel）：传输供移动台进行帧同步的信息（即TDMA帧号）和对基站的收发信台进行识别的信息（即BTS的识别码BSIC）。

c. 广播控制信道（BCCH，Broadcast Control Channel）：传输系统公用控制信息，如公共控制信道（CCCH）号码以及是否与独立专用控制信道（SDCCH）相组合等。

②公共控制信道（CCCH，Common Control Channel）。

a. 寻呼信道（PCH，P Channel）：用于传输基站寻呼（搜索）移动台的信息。属于下行信道、点对多点传输方式。

b. 随机接入信道（RACH，Random Access Channel）：用于移动台向基站随时提出的入网申请，即请求分配一个独立专用控制信道（SDCCH），或者用于传输移动台对基站对它的寻呼做出的响应信息。属于上行信道、点对点传输方式。

c. 准许接入信道（AGCH，Agree Channel）：用于基站对移动台的入网申请做出应答，即分配给移动台一个独立专用控制信道（SDCCH）。属于下行信道、点对点传输方式。

③专用控制信道（DCCH，Dedicated Control Channel）。

专用控制信道是一种"点对点"的双向控制信道，其用途是在呼叫接续阶段以及在通信进行过程中，在移动台和基站之间传输必要的控制信息。其中又分为以下几种。

a. 独立专用控制信道（SDCCH，Standalone Dedicated Control Channel）：用于在分配业务信道之前的呼叫建立过程中传输有关信令，如传输登记、鉴权等信令。

b. 慢速辅助（随路）控制信道（SACCH，Slow Associated Control Channel）：用于移动台和基站之间连续地、周期性地传输一些控制信息。例如，移动台对为其正在服务的基站的信号强度的测试报告。这对实现移动台辅助参与切换功能是必要的。另外，基站对移动台的功率管理、时间调整等命令也在此信道上传输。SACCH可与一个业务信道或一个独立专用控制信道联用。SACCH安排在业务信道时，以SACCH/T表示；安排在控制信道时，以SACCH/C表示。

c. 快速辅助（随路）控制信道（FACCH，Fast Associated Control Channel）：用于传输与SACCH相同的信息，但只有在没有分配SACCH的情况下，才使用这种控制信道。它与一条业务信道联合使用，工作于借用模式，即中断原来业务信道上传输的话音或数据信息，把FACCH插入。这一般是在切换时发生，因而FACCH常用于传输诸如"越区切换"等紧急性指令。这种传输每次占用时间很短，约18.5ms。由于语音译码器会重复最后20ms的话音，因此这种中断不会被用户觉察到。

（3）逻辑信道应用。

一个基本的逻辑信道应用过程如下：MS开机，在FCCH上接收频率校正信息；在SCH上接收同步信号；在BCCH上接收系统消息；在RACH上接入申请；在AGCH上允许接入并分配SDCCH；在SDCCH/SACCH上的SDCCH进行鉴权，在SACCH上功率控制；在TCH上通信，通话期间短消息在SACCH上传送、切换信令在FACCH上传送；通信结束后BCCH进入空闲状态，MS再次守候在BCCH信道。

6. GSM的接续流程和移动性管理

GSM系统中移动台存在着三种状态：分离状态（关机）、空闲状态（附着）和通信状态（通话）。当MS开机，就会进行网络选择、小区选择等位置登记过程，进入空闲状态，守候在性能最好的BCCH载频上，当位置变动时还会完成位置更新。当MS通信时，就会出现接续、切换、释放等通信事件。

为了更好地了解GSM系统的整体工作流程，下面描述GSM用户主叫过程和切换过程。

（1）移动用户主叫过程。

移动用户输入被叫号码按摘机（发送）键，MS便开始启动了主叫过程。从MS向BTS发起请求信道开始，到MS获得TCH指配和建立链路为止，主叫主要经过四个阶段：接入阶段、鉴权加密阶段、TCH指配阶段和获得被叫路由信息阶段。之后进入呼叫连接过程，呼叫连接过程与固话呼叫连接过程相似。如附录图1.3.9所示。

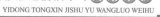
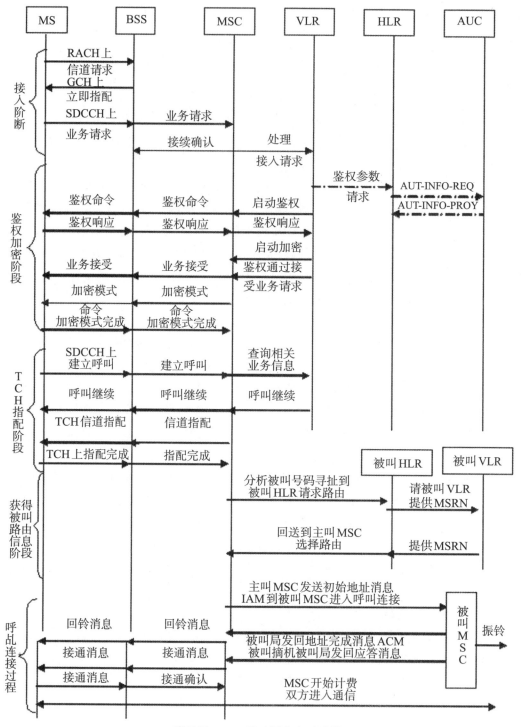

附录图1.3.9　移动用户主叫过程

①接入阶段。

MS用户拨打用户号码，MS在公共控制信道上行链路上通过随机接入信道RACH向BTS发送"信道请求"信息，要求网络提供一条独立专用控制信道SDCCH。该次消息中还含有一个MS发起呼叫的5bit随机数RAND。

BTS将此信道请求消息附上BTS对该MS到BTS传输延时（TA）估算消息后的报文发送给BSC。

BSC选择一条空闲信道，经过与BTS进行应答证实激活以确认资源可用，然后在准予接入信道AGCH中通过立即指配消息通知MS，从而完成独立专用控制信道SDCCH的分配。这个下行消息中还含有如时间提前量TA、随机数RAND等信息。每个在AGCH信道上等待分配的MS都可以通过随机数RAND来判断这个分配信息是否是属于自己的，以避免争抢引起混乱。

MS收到消息后转入SDCCH上，从而和BSS之间建立起一条信令传输链路，通过BSS，MS向MSC发送"业务请求"信息。BSS通过A接口上的信令链路透明地传送到MSC，MSC通知VLR处理接入请求，同时，MSC向BSC回传连接确认消息。

②鉴权加密阶段。

MSC/VLR收到业务接入请求后，系统将首先对主叫MS进行移动用户身份鉴定，即启动鉴权过程。

VLR首先查看该MS的鉴权三参数组RAND、Kc、SRES，MSC/VLR通过BSS向MS下发鉴权命令（含鉴权参数），MS收到后SIM卡运算，将响应消息传回MSC/VLR，在VLR中比对从而完成鉴权过程。

鉴权通过后MSC/VLR通知MS鉴权通过，接受接入请求，同时下发加密模式命令，MS收到后回传加密模式完成的响应。

③TCH指配阶段。

鉴权加密完成后，MS再在SDCCH上向MSC发送"建立呼叫"消息，该消息包括业务类型、被叫号码等更详细的信息。VLR查询通过后MSC向MS回送"呼叫继续"消息。同时MSC向BSC发"指配请求"消息，该消息含选定A接口电路的消息。BSC在SDCCH上向MS指配空闲业务信道TCH。

④获得被叫路由信息阶段。

MS收到指配TCH信息后，转入TCH，并同时在占用成功后用FACCH方式回送"分配信道完成"的消息。MSC收到消息后分析被叫号码，寻址到被叫的归属HLR，发送"路由请求"消息。HLR收到消息，根据被叫IMSI查询被叫当前VLR，请求漫游号码，VLR分配漫游号码回传HLR，HLR再传回主叫MSC选择路由。

⑤呼叫连接过程。

MSC选定到达被叫交换端局的路由后，发送初始地址消息IAM到被叫端局；被叫局返回地址完成的ACM消息，同时振铃；主叫MSC向移动台发回铃消息。当对方摘机后，主叫MSC收到应答消息，主叫MSC向主叫MS发接通消息返回接通确认（这个过程是通过BSS在借用TCH的FACCH上传送）。主被叫接通，MSC开始计费，双方进入通信。

概括起来，手机主叫过程包括了以下步骤：

a. 手机给基站发送通道需求，即手机发送一个短的随即接入突发脉冲；

b. 由BCH指定传输信道SDCCH；

c. 手机和基站在独立专用信道（SDCCH）上通信；

d. 权限认证；

e. 指定手机在一个业务信道（TCH）上通信；

f. 在TCH上进行语音通信。

（2）切换过程。

一个正在通信的移动台因某种原因而从当前使用的无线信道上转换到另一个无线信道上的过程，称为切换。切换是由网络决定的，一般在以下三种情况下要进行切换：第一种是正在通话的MS从一个小区移向另一个小区，这是最常见的越区切换；第二种是由于干扰而通话质量下降，需要改变信道以保持继续通信，这是质量差而进行的紧急切换；第三种是MS在两个小区覆盖重叠区进行通话，可占用的TCH这个小区业务特别忙，这时BSC通知MS测试它邻近小区的信号强度、信道质量，决定将它切换到另一个小区，这是业务平衡所需要的切换。

切换触发条件主要是信号质量作为切换门限，也辅以时间提前量TA值作切换门限。切换过程中GSM系统各部分的作用是：MS负责测量无线下行链路性能和邻小区信号，并不断在SACCH中报告，BTS转发到BSC；BTS负责监测MS上行电平和质量、TA值，以及监测空闲TCH的干扰电平，还把测量报告送到BSC；BSC负责对上报的测量报告进行处理，做出切换判决；MSC负责不同BSC间和不同MSC间的切换等。

切换分小区内切换、BSC内切换、BSC间（同MSC）切换和不同MSC间的切换。

①小区内部切换。

小区内部切换指的是在同一小区（同一基站收发信台BTS）内部不同物理信道之间的切换，包括在同一载频或不同载频的时隙之间的切换。一般是BSC分析MS和BTS的测量报告，发现接收质量门限达到切换门限后，BSC向BTS发信道激活消息来启动切换进程，剩余的过程与接续中的TCH分配和释放过程相同。

②同BSC内小区间切换。

同BSC内小区间切换指的是在同一基站控制器（BSC）控制的不同小区之间的不同信道的切换。这种切换由BSC完成，不需要MSC参与。MS/BTS测量报告送到BSC（无线在SACCH）；BSC判断切换和目标小区，向新小区发信道激活消息；新小区提供空闲TCH后回送信道激活证实消息；BSC通过BTS在FACCH向原小区发切换命令，含新信道的频率、TS等数据；MS收到消息后转到新频点的TCH，通过FACCH向新小区发切换接入的接入突发脉冲串，BTS；新BTS收到后，向BSC发切换检测消息，将TA消息在FACCH上回送MS；MS通过BTS向BSC发切换成功消息，BSC要求原小区释放信道。

③不同BSC下小区间（同MSC）切换。

BSC需向MSC请求切换，然后再建立MSC与新的BSC、新的BTS的链路，选择并保留新小区内空闲TCH供MS切换后使用，然后命令MS切换到新频率的新TCH上。原BSC把切换请求及目标小区标识发给MSC，MSC判断新的BSC发切换请求，其他过程与同BSC内小区间切换相似。释放仍然由MSC将命令发到原BSC执行。

④不同MSC下小区间切换。

不同MSC下小区间切换指的是在同一个PLMN覆盖的不同MSC下小区之间的切换。这种切换涉及原来的服务交换机MSCA和新的目标交换机MSCB。MS原所处的BSC根据MS送来的测量信息作决定需要切换就向MSCA发送切换请求，MSCA查询LAC表发现是相邻的MSCB，再向MSCB发送切换请求，VLRB分配空闲切换号码通过MSCB发到MSCA，MSCB负责建立与新BSC和BTS的链路连接，MSCB向MSCA回送无线信道确认。根据越局切换号码（HON），两交换机之间建立通信链路，由MSCA向MS发送切换命令，MS切换到新的TCH频率上，由新的BSC告诉MSCB，MSCB向MSCA发送切换完成指令。MSCA控制原BSC和BTS释放原TCH。

由于这种切换LAI发生了变化，因此，通话结束后MS立即启动位置更新过程。

（三）CDMA蜂窝移动通信网络

20世纪80年代末，全球范围从模拟向数字蜂窝技术的突然转变，使欧洲的GSM数字技术得以迅速推广，占据了无可争议的市场领先地位。几乎与GSM技术同时诞生的还有CDMA技术，与GSM系统所采用的TDMA技术相对应，CDMA是码分多址（Code Division Multiple Access）技术的英文缩写，它是在数字技术的分支——扩频通信技术的基础上发展起来的一种崭新而成熟的无线通信技术。正是由于它以扩频通信技术为基础的，能够更加充分的利用频谱资源，更加有效的解决频谱短缺问题，因此被视为是实现第三代移动通信的首选。

我国1997年底在北京、上海、西安、广州4个CDMA商用实验网先后建成开通，并实现了网间的漫游。用户发展达到55万户。截至2008年2月，我国CDMA手机用户突破了2256万户。

CDMA技术的标准化，推进了其在世界范围内的应用，迄今经历了几个阶段，如附录图1.3.10所示。

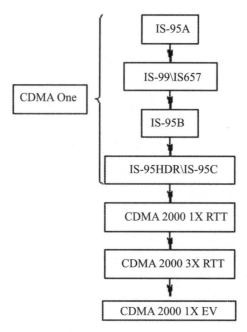

附录图 1.3.10　CDMA标准的演进

CDMA ONE 是基于 IS-95 标准的各种 CDMA 产品的总称。真正在全球得到广泛应用的第一个 CDMA 标准是 IS-95A，这一标准支持 8K 编码话音服务。随着移动通信对数据业务需求的增长，美国高通公司宣布将 IS-95B 标准用于 CDMA 基础平台上，IS-95B 可提高 CDMA 系统性能，并增加用户移动通信设备的数据流量，提供对 64kbps 数据业务的支持。其后，CDMA 2000 成为窄带 CDMA 系统（IS-95）向第三代系统过渡的标准，是一种宽带 CDMA 技术。CDMA 2000 室内最高数据速率为 2Mbit/s 以上，步行环境时为 384kbit/s，车载环境时为 144kbit/s 以上。CDMA 2000-1X 是指 CDMA 2000 的第一阶段（速率高于 IS-95，低于 2Mbit/s），可支持 308kbit/s 的数据传输、网络部分引入分组交换，可支持移动 IP 业务；CDMA 2000-1X EV 是在 CDMA 2000-1X 基础上进一步提高速率的增强机制，采用高速率数据（HDR）技术，能在 1.25MHz（同 CDMA 2000-1X 带宽）内提供 2Mit/s 以上的数据业务，是 CDMA 2000-1X 的边缘技术。

与 GSM 不同，由 GSM 演进的 GPRS 为第 2.5 代产品，CDMA 并无第 2.5 代产品。IS-95 为第二代，CDMA 2000-1X、CDMA 2000-1X EV 等均属第三代产品。

1. CDMA 的主要技术参数

以 IS-95 系统为例，其建立在正交编码、相关接收的基础上，利用扩频通信原理实现多址通信，主要技术参数如附录表 1.3.7 所示。

附录表 1.3.7　IS-95 系统主要技术参数

频段（MHz）	824-849（基站收），869-894（基站发）
频带间隔	1.25MHz
扩频方式	DS-PN
扩频码元速率	1.2288Mchips/s
帧长（ms）	20
可变语音编码及话音激活速率（kbps）	QCELP/CELP8，13
数据调制速率（kbps）	1.2/1.8，2.4/3.6，4.8/7.2，9.6/14.4
调制方式	QPSK，64-Ary OQPSK
数据速率（kbps）	9.6/14.4（IS-95A），64/115.2（IS-95B）

2. CDMA 的无线信道

IS-95CDMA 系统结构、编号等都与 GSM 相似，这里不再赘述，两者的主要区别在无线信道上。

（1）前向 CDMA 信道。

CDMA 前向信道（也可称为下行信道）组成如附录图 1.3.11 所示，它包括：导频信道、同步信道、寻呼信道（最多可以有 7 个）和若干个业务信道。每一个码分信道都要经过一个 Walsh 函数进行正交扩频，然后又由 1.2288Mchip/s 速率的伪随机序列扩频。在基站可按照频分多路方式使用多个前向 CDMA 信道。

前向码分信道最多为 64 个，但前向码分信道的配置并不是固定的，其中导频信道一定要有，其余的码分信道可根据情况配置。例如可以用业务信道一对一地取代寻呼信道和同步信道，这样最多可以达到有 1 个导频信道、0 个寻呼信道、0 个同步信道和63 个业务信道，这种情况只可能发生在基站拥有 2 个以上的 CDMA 信道时（即带宽大于 2.5MHz），其中一个为基本 CDMA 信道，所有的移动台都先集中在基本信道上工作，此时，若基本 CDMA 业务信道忙，可由基站在基本 CDMA 信道的寻呼信道上发出信道支配消息或其他相应的消息将某个移动台指配到另一个 CDMA 信道（辅助 CDMA信道）上进行业务通信，这时这个辅助 CDMA 信道只需要一个导频信道，而不再需要同步信道和寻呼信道。

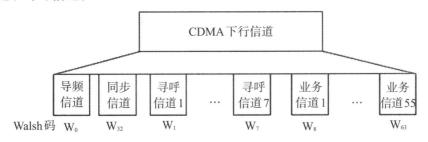

附录图 1.3.11　CDMA 前向信道组成

①前向业务信道。

前向业务信道用于携带用户信息，同时支持速率1（9.6kb/s）和速率2（14.4kb/s）的声码器业务。

②导频信道。

导频信道在CDMA前向信道上是不停发射的，它的主要功能包括：

a. 移动台用它来捕获系统；

b. 提供时间与相位跟踪的参数；

c. 用于使所有在基站覆盖区中的移动台进行同步和切换；

d. 导频相位的偏置用于扇区或基站的识别。

一个前向CDMA信道的所有码分信道使用相同的导频PN序列，基站利用导频PN序列的时间偏置来标识每个前向CDMA信道。因为CDMA系统的频率复用系数为"1"，即相邻小区可以使用相同的频率，所以频率规划变得简单了，在某种程度上相当于相邻小区导频PN序列的时间偏置的规划。在CDMA蜂窝系统中，可以重复使用相同的时间偏置（使用相同时间偏置的基站的间隔距离足够大）。导频信道用偏置指数（0～511）来区别。偏置指数是指相对于0偏置导频PN序列的偏置值。

虽然导频PN序列的偏置值有512个，但实际取值只能是512个值中的一个（2^{15}/64=512）。一个导频PN序列的偏置（用比特片表示）等于其偏置指数乘以64。例如，若导频PN序列偏置指数是4，则该导频的PN序列偏置为4×64=320chips。当在一个地区分配给相邻两个基站的导频PN序列偏置指数相差仅为1时，其导频序列的相位间隔仅为64个比特片，在这种情况下，若其中一个基站发射的时间误差较大，就会与另一基站的延迟信号混淆，所以相邻基站的导频PN序列偏置指数间隔应设置得大一些。

③同步信道。

同步信道使用W_{32}。一旦移动台"捕获"到导频信道，即与导频PN序列同步，即可认为移动台与这个前向信道的同步信道也达到同步。这是因为同步信道和其他所有信道是用相同的导频PN序列进行扩频的，并且同一前向信道上的帧和交织器定时也是用导频PN序列进行校准的。同步信道在发射前要经过卷积编码、码符号重复、交织、扩频和调制等步骤。

基站发送的同步信道消息包括：基站协议版本、基站支持最小的协议版本（移动台使用的版本只有高于或等于此值时，方能接入系统）、系统和网络识别号（SID，NID）、导频PN序列偏置指数、详细的时间信息、寻呼信道数据速率和CDMA信道数量。利用这些信息移动台获得初始的时间同步和知道合适的发射功率，为发起呼叫做好准备。

④寻呼信道。

这些信道是可选的，在一个小区内它们的数量范围是从0到7（W_0到W_7）。寻呼消息包括对一个或多个移动台的寻呼。当基站接收到对移动台的呼叫时，通常发送寻呼信号，并且由几个不同的基站发送寻呼信号。寻呼信道有一个特殊模式称为时隙模式，在这种模式中，确定移动台的消息，只有在某一预先确定的时隙上被传输，此时隙发生在某一预先确定的时间上。通过接入处理，移动台能够指定哪些时隙来监控进入的寻呼信息。这些时隙能够从每2秒发生一次到每128秒发生一次。这种性能允许运行在时隙模式的移动台在时隙上部分的功率下降，但预先确定的时隙除外。移动台侦听部分时隙，而不是全部时隙，这项技术提供了一个非常好的方法，通过这个方法移动台在空闲时，电池功耗大大减少，从而延长一次充电后的手机使用时间。

一旦移动台从同步信道消息处获得信息，它就会把时间调整到相应的正常系统时间。然后，移动台确定并开始监控寻呼信道。正常情况下，一个9600b/s的寻呼信道能够每秒支持大约180个寻呼。在一个单独的CDMA频率上使用所有7个寻呼信道，能每秒支持1260个寻呼。寻呼信道消息把信息从基站发送到移动台，每个移动台的消息地址可通过ESN，IMSI，或TMSI进行寻址。寻呼信道支持以下几种消息。

a. 系统参数消息。在系统参数消息上发送导频PN序列偏置信息、系统识别码和网络识别码。登记信息有地区识别码和不同种类登记信息，这些信息有功率下降、功率上升和参数变化等。参数消息如基站等级、寻呼信道个数、最大时隙周期指数、基站纬度与经度以及功率控制报告阈值等。

b. 接入参数消息。涉及移动台接入方面的信息，经由此消息发送。它包括的信息有接入信道个数、初始接入功率要求、接入尝试次数、接入消息的最大长度、不同过载等级值、接入尝试退出值、鉴权模式和全球随机问题值。移动台用这些信息来修改它的接入程序。

c. CDMA信道列表消息。这个消息指示了CDMA信道的个数。

d. 信道分配消息。此消息是发送到移动台并用来分配信道的。这个被分配的信道能成为一个CDMA业务信道、寻呼信道或是一个模拟语音信道。在CDMA中，万一有多个寻呼信道，则基站分配一个作为监控用的寻呼信道给移动台，基站使用这种机制，通过寻呼信道分散工作量，基站也能指引移动台获得一个模拟系统。如果分配一个模拟语音信道，那么就需提供模拟系统的系统识别信息、模拟语音信道数和色码等，移动台使用这些信息来获得模拟语音信道。如果分配一个CDMA业务信道，那么需提供关于频率、帧偏置和加密模式等信息，基站能选择与移动台协商选择的业务或同意移动台的业务请求。

（2）反向CDMA信道。

反向CDMA信道由接入信道和反向业务信道组成，如附录图1.3.12所示，支持总计62个不同的业务信道和总计32个不同的接入信道。这些信道采用直接序列扩频的CDMA技术共用于同一CDMA频率。在这一反向CDMA信道上，基站和用户使用不同的长码掩码区分每一个接入信道和反向业务信道。当长码掩码输入长码发生器时，会产生唯一的用户长码序列，其长度为$2^{42}-1$。对于接入信道，不同基站或同一基站的不同接入信道使用不同的长码掩码，而同一基站的同一接入信道用户使用的长码掩码则是一致的。进入业务信道以后，不同的用户使用不同的长码掩码，也就是不同的用户使用不同的相位偏置。

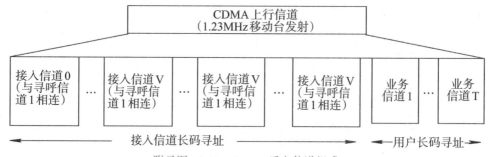

附录图1.3.12　CDMA反向信道组成

①接入信道。

当移动台不使用业务信道时，接入信道提供从移动台到基站的通信，它传输的是一个经过编码、交织以及调制的扩频信号。接入信道由其共用长码掩码唯一识别。移动台在接入信道上发送信息的速率固定为4800bit/s。接入信道帧长度为20ms，仅当系统时间是20ms的整数倍时，接入信道帧才可能开始。

每个接入信道由一个不同的长PN码区分，一个寻呼信道最多可对应32个反向CDMA接入信道，标号从0至31。对于每一个寻呼信道，至少应有一个反向接入信道与之对应，每个接入信道都应与一个寻呼信道相关联。基站根据寻呼信道上的消息在相应的接入信道上等待移动台的接入，同样，移动台在一个相应的接入信道上响应寻呼信道信息。移动台从在小区内活动的一组接入信道中选择一个接入信道，并从一组可用的PN时间队列中选择一个PN时间队列，如果没有两个或多个移动台选择同样的接入信道和PN时间队列，基站就能接收他们的同步传输。接入信道采用ALOHA协议，以防止两个以上移动台同抢（即同步发射）。接入信道消息由登记、命令、数据突发、源、寻呼响应、鉴权响应、状态响应和临时移动用户识别号TMSI分配完成消息组成。所有接入信道消息分享一些共同的参数，这些参数可分成以下几类。

a. 应答和序列数：包括大多数最近接收到的寻呼信道消息的应答、当前消息的消息序列数、是否要求应答当前消息的指示等。

b. 移动识别参数：包括MIN、IMSI、ESN等。

c. 鉴权参数：包括鉴权数据、随机数值和呼叫历史参数等。

②反向业务信道。

反向业务信道是用来在建立呼叫期间传输用户信息和信令信息。根据所使用的声码器种类的不同，反向业务信道支持两种速率。速率1包括四种速度：9600b/s、4800b/s、2400b/s和1200b/s。速率2也包括四种速度：14400b/s、7200b/s、3600b/s和1800b/s。当速率2是可选时，那么移动台不得不支持速率1，移动台在反向业务信道上以可变速率的数据发送信息。

3. CDMA的关键技术

（1）功率控制。

进行功率控制是最大化系统容量的主要方法，同时也是CDMA移动通信网络能够正常工作的先决条件之一。因为CDMA系统不同用户同一时间采用相同的频率，所以CDMA系统为自干扰系统，如果系统采用的扩频码不是完全正交的（实际系统中使用的地址码是近似正交的），就会造成相互之间的干扰。在一个CDMA系统中，每一码分信道都会受到来自其他码分信道的干扰，这种干扰是一种固有的内在干扰。各个用户距离基站距离不同而使得基站接收到各个用户的信号强弱不同，因为信号间存在干扰，尤其是强信号会对弱信号造成很大的干扰，甚至造成系统的崩溃，所以必须采用某种方式来控制各个用户的发射功率，使得各个用户到达基站的信号强度基本一致。在移动传播环境中这需要移动台和基站共同协调进行动态的功率控制才能够实现。在功率控制中需要考虑系统负载的变化、信道状态的快速和慢速的变化以及信道的衰落。

在所有的移动通信网络中都存在远近效应。因为移动台在给定的小区中是移动的，一些移动台距离基站近，而另外一些移动台距离基站远，如果不进行功率控制，距离基站近的移动台到达基站时的信号比较强，所以在反向链路上会对其他移动台造成很大的干扰。在功率控制中，当移动台的信噪比（SNR）超过给定的门限时，基站命令该移动台降低发射功率，反之则要求其提高发射功率。在前向链路，如果要使各个移动台的话音质量相同，则在小区边缘附近的移动台所需要的功率比距离基站近的移动台要高，在移动台的辅助下，基站调整分配给每一个业务信道的功率以使每一个移动台的SNR基本上相同。

CDMA功率控制分为：前向功率控制和反向功率控制，反向功率控制又分为开环和闭环功率控制。

①反向开环功率控制。

反向开环功率控制是移动台根据在小区中所接收功率的变化，迅速调节移动台发射功率。开环功率控制的目的是试图使所有移动台发出的信号在到达基站时都有相同的标称功率。它完全是一种移动台自己进行的功率控制。

因为开环功率控制是为了补偿平均路径衰落的变化和阴影、拐弯等效应，所以它必须要有一个很大的动态范围。根据CDMA空中接口的标准，它至少应该达到±32 dB的动态范围。

开环功率控制只是移动台对发送电平的粗略估计，移动台通过测量接收功率来估计发射功率，而不需要进行任何前向链路的解调。下面具体介绍移动台通过开环功率控制计算发射功率的方法。

a.刚进入接入信道时（闭环校正尚未激活），移动台将按下式计算平均输出功率，以发射其第一个试探序列。

平均输出功率（dBm）=-平均输入功率（dBm）-73+NOM-PWR（dB）+INIT-PWR（dB）。其中：平均功率是相对于1.23MHz标称CDMA信道带宽而言的；INIT-PWR是对第一个接入信道序列所需要做的调整；NOM-PWR是为了补偿由于前向CDMA信道和反向CDMA信道之间不相关造成的路径损耗。这两个参数都需要根据具体传播环境的通信当地噪声电平通过计算得出。

b. 其后的试探序列不断增加发射功率（增加的步长为PRW-STEP），直到收到一个响应或序列结束。这时移动台开始在反向业务信道上发送信号，其平均输出功率电平为

平均输出功率（dBm）=-平均输入功率（dBm）-73+NOM-PWR（dB）+INIT-PWR（dB）+PWR-STEP之和（dB）

c. 在反向业务信道开始发送后一旦收到一个功率控制比特，移动台的平均输出功率将变为

平均输出功率（dBm）=-平均输入功率（dBm）-73+NOM-PWR（dB）+INIT-PWR（dB）+PWR-STEP之和（dB）+所有闭环功率控制校正之和（dB）

NOM-PWR，INIT-PWR和PWR-STEP均为在接入参数消息中定义的参数，在移动台发射之前便可得到这些参数。NOM-PWR参数的范围为（-8～7）dB，标称值为0dB。INIT-PWR参数的范围为（-16～15）dB，标称值为0dB。PWR-STEP参数的范围为（0～7）dB。这些校正参数对平均输出功率所做调整的精确度为0.5 dB。移动台平均输出功率可调整的动态范围至少应为±32dB。

②反向闭环功率控制。

在反向闭环功率控制中，基站起着很重要的作用。闭环控制的设计目标是使基站对移动台的开环功率估计迅速做出纠正，以使移动台保持最理想的发射功率。这种对开环的迅速纠正，解决了前向链路和反向链路间增益容许度和传输损耗不一样的问题。

在对反向业务信道进行闭环功率控制时，移动台将根据在前向业务信道上收到的有效功率控制比特（在功率控制子信道上）来调整其平均输出功率。功率控制比特（"0"或"1"）是连续发送的，其速率为每比特1.25ms（即800b/s）。"0"比特指示移动台增加平均输出功率，"1"比特指示移动台减少平均输出功率。每个功率控制比特使移动台增加或减少功率的大小为1dB。一个功率控制比特的长度正好等于前向业务信道两个调制符号的长度（即104.66us），每个功率控制比特将替代两个连续的前向业务信道调制符号，这个技术就是通常所说的符号抽取技术。

基站接收机应测量所有移动台的信号强度，测量周期为1.25ms。基站接收机利用测量结果，分别确定对各个移动台的功率控制比特值（"0"或"1"），然后基站在相应的前向业务信道上将功率控制比特发送出去。基站发送的功率控制比特较反向业务信道延迟2×1.25ms。例如，基站收到反向业务信道中第7个功率控制组的信号（功率控制组是指：将一个20 ms的帧分为16个时隙，一个时隙就叫作一个功率控制组），其对应的功率控制比特在前向业务信道第7个功率控制组中发送。

③前向功率控制。

在前向功率控制中，基站根据移动台提供的测量结果，调整对每个移动台的发射功率。其目的是对路径衰落小的移动台分配较小的前向链路功率，而对那些远离基站和路径衰落大的移动台分配较大的前向链路功率。

基站通过移动台对前向误帧率的报告决定是增加发射功率还是减少发射功率。移动台的报告分为定期报告和门限报告。定期报告就是隔一段时间汇报一次，门限报告就是当FER（误帧率）达到一定门限时才报告。这个门限是由营运商根据对话音质量的不同要求设置的。这两种报告方式可同时存在，也可只用一种，或者两种都不用，这可根据营运商的具体要求进行设定。

（2）RAKE接收机。

RAKE接收机也称为多径接收机，即是指移动台中有多个RAKE接收机，因为无线信号传播中存在多径效应，所以基站发出的信号会经过不同的路径到达移动台处，经不同路径到达移动台处的信号的时间是不同的，如果两个信号到达移动台处的时间差超过一个信号码元的宽度，RAKE接收机就可将其分别成功解调，移动台将各个RAKE接收机收到的信号进行矢量相加（即对不同时间到达移动台的信号进行不同的时间延迟达到同相），每个接收机可单独接收一路多径信号，这样移动台就可以处理几个多径分量，达到抗多径衰落的目的，提高移动台的接收性能。基站对每个移动台信号的接收也是采用同样的道理，即也采用多个RAKE接收机。另外，在移动台进行软切换的时候，也正是由于使用不同的RAKE接收机接收不同基站的信号才得以实现。

RAKE接收机的基本原理就是将那些幅度明显大于噪声背景的多径分量取出，对它进行延时和相位校正，使之在某一时刻对齐，并按一定的规则进行合并，变矢量合并为代数求和，有效地利用多径分量，提高多径分集的效果。由于用户的随机移动性，接收到的多径分量的数量、幅度大小、时延、相位均为随机量。若无RAKE接收机，多径信号的合成如多径信号的矢量合成附录图1.3.13（a）所示，若采用RAKE接收机，多径信号的合成如多径信号的矢量合成附录图1.3.13（b）所示。可见，通过RAKE接收，将各路径分离开，相位校准，加以利用，变矢量相加为代数相加，有效地利用了多径分量。

根据CDMA系统中可分离的径的概念，当两信号的多径时延相差大于一个扩频码片宽度时，可以认为这两个信号是不相关的，或者说是路径可分离的。反应在频域上，即信号的传输带宽大于信号的相干带宽时，认为这两个信号是不相关的，或者说是路径可分离的。由于CDMA系统是宽带传输的，所有信道共享频率资源，所以CDMA系统可以使用RAKE接收技术，而其他两种多址技术TDMA、FDMA则无法使用。

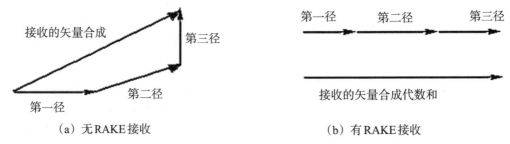

（a）无RAKE接收　　　　　　　　　　（b）有RAKE接收

附录图1.3.13　矢量合成图

M支路RAKE接收机如附录图1.3.14所示，图中多个相关器分别检测多径信号中最强的M个支路信号，然后对每个相关器的输出进行加权及合并，最后进行检测和判决。

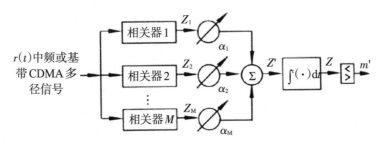

附录图1.3.14　M支路RAKE接收机

M个相关器的输出分别为Z_1，Z_2，$\cdots$，Z_M，其权重分别为a_1，a_2，$\cdots$，a_M，权重大小是由各支路的输出功率或SNR决定的。如果支路的输出功率或SNR小，那么相应的权重就小。正如最大比率合并分集方案一样，总的输出信号Z'为

$$Z' = \sum_{m=1}^{M} a_m Z_m$$

（3）软切换。

CDMA系统中的切换有两类：硬切换和软切换。

硬切换是指在切换的过程中，业务信道有瞬时的中断的切换过程。硬切换包括以下两种情况：

①同一MSC中的不同频道之间；

②不同MSC之间。

软切换是指在切换过程中，在中断与旧的小区的联系之前，先用相同频率建立与新的小区的联系。手机在两个或多个基站的覆盖边缘区域进行切换时，手机同时接收多个基站（大多数情况下是两个）的信号，几个基站也同时接收该手机的信号，直到满足一定的条件后手机才切断同原来基站的联系。如果两个基站之间采用的是不同频率，则这时发生的切换是硬切换。软切换包括以下四种情况：

①同一基站的两个扇区之间（如果切换发生在两个相同频率的扇区之间的话，这种切换称为更软切换（Softer Handoff））；

②不同基站的两个小区之间；

③不同基站的小区和扇区之间的三方切换；

④不同基站控制器之间。

能够实现软切换的原因在于：CDMA系统可以实现相邻小区的同频复用，手机和基站对于每个信道都采用多个RAKE接收机，可以同时接收多路信号，在软切换过程中各个基站的信号对于手机来讲相当于是多径信号，手机接收到这些信号相当于是一种空间分集。

软切换过程如附录图1.3.15所示：

a. 当导频强度达到T_ADD，移动台发送一个导频强度测量消息，并将该导频转到候选导频集合；

b. 基站发送一个切换指示消息；

c. 移动台将此导频转到有效导频集并发送一个切换完成消息；

d. 当导频强度掉到T_DROP以下时，移动台启动切换去掉定时器；

e. 切换去掉定时器到期，移动台发送一个导频强度测量消息；

f. 基站发送一个切换指示消息；

g. 移动台把导频从有效导频集移到相邻导频集并发送切换完成消息。

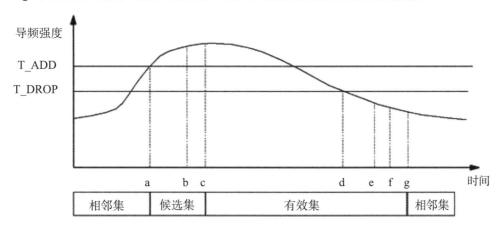

附录图1.3.15　软切换实现过程

其中各术语的含义如下所示。

导频：指导频信道。

导频集合：指所有具有相同频率但不同PN码相位的导频集。

有效导频集：与正在联系的基站相对应的导频集合。

候选导频集：当前不在有效导频集里，但是已有足够的强度表明与该导频相对应的基站的前向业务信道可以被成功解调的导频集合。

相邻导频集：当前不在有效导频集或候选导频集里但又根据某种算法被认为很快就可以进入候选导频集里的导频集合。

剩余导频集：不被包括在相邻导频集、候选导频集和有效导频集里的所有其他导频的导频集合。

4. CDMA的显著特点

CDMA网络采用码分多址的技术及扩频通信的原理，使得可以在系统中使用多种先进的信号处理技术，为系统带来许多优点。以下介绍CDMA移动通信网络的几个显著特点。

（1）大容量。

根据理论计算及现场试验表明，CDMA系统的信道容量是模拟系统的10～20倍，是TDMA系统的4倍。CDMA系统的高容量很大一部分因素是因为它的频率复用系数远远超过其他制式的蜂窝系统，同时CDMA使用了话音激活和扇区化，快速功率控制等。

按照香农定理，各种多址方式（FDMA、TDMA和CDMA）都应有相同的容量。但这种考虑有几种欠缺。一是假设所有的用户在同一时间内连续不断地传送消息，这对话音通信来说是不符合实际的；二是没有考虑在地理上重新分配频率的问题；三是没有考虑信号传输中的多径衰落。

决定CDMA数字蜂窝系统容量的主要参数是：处理增益、Eb/No、话音负载周期、频率复用效率和基站天线扇区数。

若不考虑蜂窝系统的特点，只考虑一般扩频通信系统，接收信号的载干比定义为载波功率与干扰功率的比值，可以写成

$$\frac{C}{I} = \frac{R_b E_b}{I_o W} = \frac{\left(\dfrac{E_b}{I_o}\right)}{\left(\dfrac{W}{R_b}\right)}$$

其中，E_b——信息的比特能量；

R_b——信息的比特率；

I_o——干扰的功率谱密度；

W——总频段宽度（这里也是CDMA信号所占的频谱宽度，即扩频宽度）；

E_b/I_o——类似与通常所说的归一化信噪比，其取值决定于系统对误比特率或话音质量的要求，并与系统的调制方式和编码方案有关；

W/R_b——系统的处理增益。

若N个用户共用一个无线信道，那么每一个用户的信号都受到其他N-1个用户信号的干扰。假定到达一个接收机的信号强度和各干扰强度都相等，则载干比为

$$\frac{C}{I} = \frac{1}{N-1} \quad \text{或} \quad N-1 = \frac{\left(\dfrac{W}{R_{\mathrm{b}}}\right)}{\left(\dfrac{E_{\mathrm{b}}}{I_{\mathrm{o}}}\right)}$$

若 $N \gg 1$，则

$$N = \frac{\left(\dfrac{W}{R_{\mathrm{b}}}\right)}{\left(\dfrac{E_{\mathrm{b}}}{I_{\mathrm{o}}}\right)}$$

结果说明，在误比特率一定的条件下，所需要的归一化信噪比越小，系统可以同时容纳的用户数越多。应该注意这里的假定条件，所谓到达接收机的信号强度和各个干扰强度都一样，对单一小区（没有邻近小区的干扰）而言，在前向传输时，不加功率控制即可满足；但是在反向传输时，各个移动台向基站发送的信号必须进行理想的功率控制才能满足。

其次，还应根据以下的CDMA蜂窝通信系统的特征对这里得到的公式进行修正。

①话音激活期的影响。

在典型的全双工通话中，每次通话中话音存在时间一般为40%。如果在话音停顿时停止信号发射，对CDMA系统而言，减少了对其他用户的干扰，使系统的容量提高到原来的1/0.35=2.86倍。虽然FDMA和TDMA两种系统都可以利用这种停顿，使容量获得一定程度的提高，但是要做到这一点，必须增加额外的控制开销，而且要实现信道的动态分配必然会带来时间上的延迟，而CDMA系统可以很容易地实现。

②扇区化。

CDMA小区扇区化有很好的容量扩充作用，其效果好于扇区化对FDMA和TDMA系统的影响。小区一般划分为三个扇区，天线波束宽度一般小于120度，因为天线方向幅度宽而且经常出现传播异常，这些天线覆盖区域有很大的重叠，扇区之间的隔离并不可靠。所以，窄带系统在小区扇区化时小区频率复用并无改善。而对于CDMA系统来说，扇区化之后（采用方向性天线），干扰可以看成近似减少为原来的三分之一，因此网络容量增加为原来的三倍。

③频率再用。

在CDMA系统中，若干小区的基站都工作在同一频率上，这些小区内的移动台也工作在同一频率上。因此，任一小区的移动台都会受到相邻小区基站的干扰，任一小区的基站也都会受到相邻小区移动台的干扰。这些干扰的存在必然会影响系统的容量。因此必须采取措施限制来自临近小区的干扰，才能提高系统的频率再用效率。

④低的 $E_{\mathrm{b}}/N_{\mathrm{o}}$。

$E_{\mathrm{b}}/N_{\mathrm{o}}$ 是数字调制和编码技术借以比较的标准。由于CDMA系统采用很宽的信道带宽，可以采用高冗余的强纠错编码技术，而窄带数字系统由于信道带宽限制，只能采用低冗余的纠错编码，纠错能力也较低。因此，CDMA系统要求的Eb/No比窄带系统要低，降低干扰，扩大了容量。

（2）软容量。

在FDMA、TDMA系统中，当小区服务的用户数达到最大信道数，已满载的系统再无法增添一个信号，此时若有新的呼叫，该用户只能听到忙音。而在CDMA系统中，用户数目和服务质量之间可以相互折中，灵活确定。例如系统运营者可以在话务量高峰期将某些参数进行调整，可以将目标误帧率稍稍提高，从而增加可用信道数。同时，在相邻小区的负荷较轻时，本小区受到的干扰较小，容量就可以适当增加。

体现软容量的另外一种形式是小区呼吸功能。所谓小区呼吸功能就是指各个小区的覆盖大小是动态的。当相邻两个小区负荷一轻一重时，负荷重的小区通过减小导频发射功率，使本小区的边缘用户由于导频强度不够切换到相邻的小区，使负荷分担，即相当于增加了容量。这项功能可以避免在切换过程中由于信道短缺造成的掉话。在模拟系统和数字TDMA系统中，如果没有可用信道，呼叫必须重新被分配到另一条候选信道，或者在切换时中断。但是在CDMA中，建议可以适当提高用户的可接受的误比特率直到另外一个呼叫结束。

（3）软切换。

所谓软切换是指移动台需要切换时，先与新的基站连通再与原基站切断联系，而不是先切断与原基站的联系再与新的基站连通。软切换只能在同一频率的信道间进行，因此，模拟系统、TDMA系统不具有这种功能。软切换可以有效地提高切换的可靠性，大大减少切换造成的掉话，据统计，模拟系统、TDMA系统无线信道上的掉话90%发生在切换中。

同时，软切换还提供分集，在软切换中，各个小区采用同一频带，因而移动台可同时与小区A和邻近小区B同时进行通信。在反向信道，两基站分别接收来自移动台的有用信号，以帧为单位进行变换后分别传给移动交换中心，移动交换中心内的声码器/选择器（Vocoder/Selector）也以帧为单位，通过对每一帧数据后面的CRC校验码来分别校验这两帧的好坏，如果只有一帧为好帧，则声码器就选择这一好帧进行声码变换；如果两帧都为好帧，则声码器就任选一帧进行声码变换；如果两帧都为坏帧，则声码器放弃当前帧，取出前面的一个好帧进行声码变换。这样就保证了基站最佳的接收结果。在前向信道，两个小区的基站同时向移动台发射有用信号，移动台把其中一个基站来的有用信号实际作为多径信号进行分集接收。这样在软切换中，由于采用了空间分集技术，大大提高了移动台在小区边缘的通信质量，增加了系统的容量。从反向链路来说，移动台根据传播状况好的基站情况来调整发射功率，减少了反向链路的干扰，从而增加了反向链路的容量。

（4）采用多种分集技术。

分集接收是克服多径衰落的一个有效方法，采用这种方法，接收机可对多个携有相同信息且衰落特性相互独立的接收信号在合并处理之后进行判决。因为衰落具有频率、时间和空间的选择性，所以分集技术包括频率分集、时间分集和空间分集。

减弱慢衰落的影响可采用空间分集，即用几个独立天线或在不同的场地分别发送和接收信号，以保证各信号之间的衰落独立。由于这些信号在传输过程中的地理环境不同，所以各信号的衰落各不相同。采用选择性合成技术选择较强的一个输出，降低了地形等因素对信号的影响。

根据衰落的频率选择性，当两个频率间隔大于信道的相关带宽时，接收到的两种频率的衰落信号不相关。市区的相关带宽一般为50KHz左右，郊区的相关带宽一般为250KHz左右。而码分多址的一个信道带宽为1.23MHz，无论在郊区还是在市区都远远大于相关带宽的要求，因此码分多址的宽带传输本身就是频率分集。

时间分集是利用基站和移动台的Rake接收机来完成的。对于一个信道带宽为1.23MHz的码分多址系统，当来自两个不同路径的信号的时延差为$1\mu s$，也就是这两条路径相差大约为0.3km时，Rake就可以将它们分别提取出来而不互相混淆。CDMA系统对多径的接收能力在基站和移动台是不同的。在基站处，对应于每一个反向信道，都有四个数字解调器，而每个数字解调器又包含两个搜索单元和一个解调单元。搜索单元的作用是在规定的窗口内迅速搜索多径，搜索到之后再交给数字解调单元。这样对于一条反向业务信道，每个基站都同时解调四个多径信号，进行矢量合并，再进行数字判决恢复信号。如果移动台处在三方软切换中，三个基站同时解调同一个反向业务信道（空间分集），这样最多时相当于12个解调器同时解调同一反向信道，这在TDMA中是不可能实现的。而在移动台里，一般只有三个数字解调单元，一个搜索单元。搜索单元的作用也是迅速搜索可用的多径。当只接收到一个基站的信号时，移动台可同时解调三个多径信号进行矢量合并。如果移动台处在三方软切换中，三个基站同时向该移动台发送信号，移动台最多也只能同时解调三个多径信号进行矢量合并，也就是说，在移动台端，对从不同基站来的信号与从不同基站来的多径信号一起解调。但这里也有一定的规则，如果处在三方软切换中，即使从其中一个基站来的第二条路径信号强度大于从另外两个基站来的信号的强度，移动台也不解调这条多径信号，而是尽量多地解调从不同基站来的信号，以便获得来自不同基站的功率控制比特，使自身发射功率总处于最低的状态，以减少对系统的干扰。这样就加强了空间分集的作用。

CDMA系统中就这样综合利用了频率分集、空间分集和时间分集来抵抗衰落对信号的影响，从而获得高质量的通信性能。

（5）话音激活。

典型的全双工双向通话中，每次的通话的占空比小于35%，在FDMA和TDMA系统中，因为通话停顿等重新分配信道存在一定的时延，所以难以利用话音激活因素。CDMA系统因为使用了可变速率声码器，在不讲话时传输速率低，减轻了对其他用户的干扰，这即是CDMA系统的话音激活技术。

（6）保密。

CDMA系统的信号扰码方式提供了高度的保密性，使这种数字蜂窝系统在防止串话、盗用等方面具有其他系统不可比拟的优点。

（7）低发射功率。

由于CDMA（IS-95）系统中采用快速的反向功率控制、软切换、语音激活等技术，以及IS-95规范对手机最大发射功率的限制，使CDMA手机在通信过程中辐射功率很小而享有"绿色手机"的美誉，这是与GSM相比，CDMA的重要优点之一。

（8）大覆盖范围。

在CDMA的链路预算中包含以下的一些因素：软切换增益、分集增益等，这些都是CDMA技术本身带来的，是GSM中所没有的。虽然CDMA在链路预算中还要考虑自干扰对覆盖范围的影响（加入了干扰余量因子）以及CDMA手机最大发射功率低于GSM手机的最大发射功率，但是从总体来说，CDMA的链路预算所得出的允许的最大路径损耗要比GSM大（一般是5dB～10dB）。这意味着，在相同的发射功率和相同的天线高度条件下，CDMA有更大的覆盖半径，因此需要的基站也更少（对于覆盖受限的区域这一点意义重大）；另外的好处是，对于相同的覆盖半径，CDMA所需要的发射功率更低。

附录2 认知3G无线网络基础

一、3G概述

（一）含义

第三代移动通信系统是由国际电信联盟（ITU）率先提出并负责组织研究的，采用宽带码分多址（CDMA）数字技术的新一代通信系统，是近20年来现代移动通信技术和实践的总结和发展。3G在最早提出时被命名为未来公共陆地移动通信系统（FPLMTS, Futuristic Public Land Mobile Telecommunication System），后更名为IMT-2000（International Mobile Telecommunications 2000）。

（二）实现目标

总的来说第三代移动通信系统的目标可以概括为以下几点。

（1）能实现全球漫游：用户可以在整个系统甚至全球范围内漫游，且可以在不同的速率、不同的运动状态下获得服务质量的保证。

（2）能提供多种业务：语音、可变速率的数据、视频，特别是多媒体业务。

（3）能适应多种环境：可以综合现有的公众电话交换网（PSTN）、综合业务数字网、无绳系统、地面移动通信系统、卫星通信系统，提供无缝覆盖。

（4）足够的系统容量，强大的用户管理能力，高度的保密性能和极佳的服务质量。

为实现上述目标，对其无线传输技术提出了以下要求：

（1）高速传输以支持多媒体业务，室内环境至少2Mb/s，室内外步行环境至少384kb/s，室外车辆运动中至少144kb/s，卫星移动环境至少9.6kb/s；

（2）传输速率能够按需分配；

（3）上下行链路能适应业务的不对称需求。

（三）频谱规划

1. 主要工作频段

频分双工（FDD）方式：1920MHz～1980MHz、2110MHz～2170MHz。

时分双工（TDD）方式：1880MHz～1920MHz、2010MHz～2025MHz。

2. 补充工作频段

频分双工（FDD）方式：1755MHz～1785MHz、1850MHz～1880MHz。

时分双工（TDD）方式：2300MHz～2400MHz，与无线电定位业务共用，均为主要业务，共用标准另行制定。

3.卫星移动通信系统工作频段

1980MHz～2010MHz、2170MHz～2200MHz。

（四）应用

1. Internet应用

2. 无线视频、图像的传输

3. 多媒体服务

4. 各种承载服务

（五）系统结构

IMT-2000系统包括三个组成部分和四个接口，如附录图2.1.1所示。

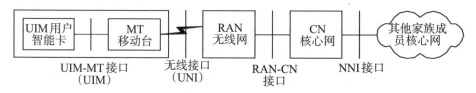

附录图2.1.1　IMT-2000系统结构图

三个组成部分包括：

（1）用户终端；

（2）无线接入网（RAN，Radio Access Network）；

（3）核心网（CN，Core Network）。

四个接口包括：

（1）网络与网络接口（NNI，Network and Network Interface），指的是IMT-2000家族核心网之间的接口，是保证互通和漫游的关键接口；

（2）无线接入网与核心网之间的接口（RAN-CN），对应于GSM系统的A接口；

（3）移动台与无线接入网之间的无线接口（UNI）；

（4）用户识别模块和移动台之间的接口（UIM-MT）。

（六）标准简述

目前国际电联接受的3G标准主要有以下三种：WCDMA、CDMA 2000与TD-SCDMA。CDMA是Code Division Multiple Access（码分多址）的缩写，是第三代移动通信系统的技术基础。CDMA系统以其频率规划简单、系统容量大、频率复用系数高、抗多径能力强、通信质量好、软容量、软切换等特点显示出巨大的发展潜力。

1. WCDMA

全称为 Wideband CDMA，这是基于 GSM 网发展出来的 3G 技术规范，是欧洲提出的宽带 CDMA 技术，它与日本提出的宽带 CDMA 技术基本相同，目前正在进一步融合。该标准提出了 GSM—GPRS—EDGE—WCDMA 的演进策略。GPRS 是 General-Packet Radio Service（通用分组无线业务）的简称，EDGE 是 Enhanced Data rate for GSM Evolution（增强数据速率的 GSM 演进）的简称，这两种技术被称为 2.5 代移动通信技术。中国移动正是采用这一方案向 3G 过渡，并已将原有的 GSM 网络升级为 GPRS 网络。

WCDMA 标准由 3GPP 组织制定，目前已经有四个版本，即 R99、R4、R5 和 R6，其中 R99 版本已经稳定。它的主要特点是无线接入网采用 WCDMA 技术，核心网分为电路域和分组域，分别支持话音业务和数据业务，并提出了开放业务接入（OSA）的概念，最高下行速率可以达到 384kbit/s。R4 版本是向全分组化演进的过渡版本，与 R99 比较其主要变化在电路域引入了软交换的概念，将控制和承载分离，话音通过分组域传递，另外，R4 中也提出了信令的分组化方案，包括基于 ATM 和 IP 的两种可选形式。R5 和 R6 是全分组化的网络，在 R5 中提出了高速下行分组接入（HSDPA）的方案，可以使最高下行速率达到 10Mbit/s。

2. CDMA 2000

CDMA 2000 是由窄带 CDMA（IS-95）技术发展而来的宽带 CDMA 技术，由美国主推，该标准提出了从 CDMA IS-95—CDMA 2000-1X—CDMA 2000-3X 的演进策略。CDMA 2000-3X 与 CDMA 2000-1X 的主要区别在于应用了多路载波技术，通过采用三载波使带宽提高。

CDMA2 000-1X 标准由 3GPP2 组织制订，版本包括 Release0、ReleaseA、EV-DO 和 EV-DV，Release0 的主要特点是沿用基于 ANSI-41D 的核心网，在无线接入网和核心网增加支持分组业务的网络实体，此版本已经稳定，单载波最高上下行速率可以达到 153.6kbit/s。ReleaseA 是 Release0 的加强，单载波最高速率可以达到 307.2kbit/s，并且支持话音业务和分组业务的并发。EV-DO 采用单独的载波支持数据业务，可以在 1.25MHz 标准载波中支持峰值速率为 2.4Mbit/s 的高速数据业务。到 EV-DV 阶段，可在一个 1.25MHz 的标准载波中，同时提供语音和高速分组数据业务，最高速率可达 3.1Mbit/s。

3. TD-SCDMA

全称为 Time Division-Synchronous CDMA（时分同步 CDMA），是由我国大唐电信公司提出的 3G 标准。

TD-SCDMA 标准也由 3GPP 组织制定，目前采用的是中国无线通信标准组织（China Wireless Telecommunication Standard，CWTS）制定的 TSM（TD-SCDMAoverGSM）标准，基于 TSM 标准的系统其实就是在 GSM 网络支持下的 TD-SCDMA 系统。TSM

系统的核心思想就是在GSM的核心网上使用TD-SCDMA的基站设备，其A接口和Gb接口与GSM完全相同，只需对GSM的基站控制器进行升级。一方面利用3G的频谱来解决GSM系统容量不足，特别是在高密度用户区容量不足的问题，另一方面可以为用户提供初期最高达384kbit/s的各种速率的数据业务，因此基于TSM标准的TD-SCD-MA系统对已有GSM网的运营商是一种很好的选择。

WCDMA、CDMA 2000-1X与TD-SCDMA都属于宽带CDMA技术。宽带CDMA进一步拓展了标准的CDMA概念，在一个相对更宽的频带上扩展信号，从而减少由多径和衰减带来的传播问题，具有更大的容量，可以根据不同的需要使用不同的带宽，具有较强的抗衰落能力与抗干扰能力，支持多路同步通话或数据传输，且兼容现有设备。WCDMA、CDMA 2000-1X与TD-SCDMA都能在静止状态下提供2Mbit/s的数据传输速率，但三者的一些关键技术仍存在着较大的差别，性能上也有所不同。

（1）双工模式。

WCDMA与CDMA 2000-1X都是采用FDD（频分数字双工）模式，而TD-SCD-MA采用TDD（时分数字双工）模式。

FDD是将上行和下行的传输使用分离的两个对称频带的双工模式，需要成对的频率，通过频率来区分上、下行，对于对称业务（如语音）能充分利用上下行的频谱，但对于非对称的分组交换数据业务时，由于上行负载低，频谱利用率则大大降低。

TDD是将上行和下行的传输使用同一频带的双工模式，根据时间来区分上、下行并进行切换，物理层的时隙被分为上、下行两部分，不需要成对的频率，上下行链路业务共享同一信道，可以不平均分配，特别适用于非对称的分组交换数据业务。TDD的频谱利用率高，而且成本低廉，但由于采用多时隙的不连续传输方式，基站发射峰值功率与平均功率的比值较高，造成基站功耗较大，基站覆盖半径较小，同时也造成抗衰落和抗多普勒频移的性能较差，当手机处于高速移动的状态下时通信能力较差。WCDMA与CDMA 2000-1X能够支持移动终端在时速500公里左右时的正常通信，而TD-SCDMA只能支持移动终端在时速120公里左右时的正常通信，其在高速公路及铁路等高速移动的环境中处于劣势。

（2）码片速率与载波带宽。

WCDMA采用直接序列扩频方式，其码片速率为3.84Mchip/s。CDMA 2000-1X与CDMA 2000-3X的区别在于载波数量不同，CDMA 2000-1X为单载波，码片速率为1.2288Mchip/s，CDMA 2000-3X为三载波，其码片速率为1.2288×3=3.6864Mchip/s。TD-SCDMA的码片速率为1.28Mchip/s。码片速率高能有效地利用频率选择性分集以及空间的接收和发射分集，可以有效地解决多径问题和衰落问题，WCDMA在这方面最具优势。

在载波带宽方面，WCDMA具有5MHz的载波带宽。CDMA 2000-1X采用了1.25MHz的载波带宽，CDMA 2000-3X利用三个1.25MHz载波的合并形成3.75MHz的载波带宽。TD-SCDMA每载波具有1.6MHz的带宽。载波带宽越高，支持的用户数就越多，在通信时发生阻塞的可能性就越小。在这方面WCDMA具有比较明显的优势。

TD-SCDMA系统仅采用1.28Mchip/s的码片速率，采用TDD双工模式，因此只需占用单一的1.6MHz带宽，就可传送2Mbit/s的数据业务。而WCDMA与CDMA 2000-1X要传送2Mbit/s的数据业务，均需要两个对称的带宽，分别作为上、下行频段，因而TD-SCDMA对频率资源的利用率是最高的。

（3）智能天线技术。

智能天线技术是TD-SCDMA采用的关键技术，已由大唐电信申请了专利。TD-SCDMA智能天线的高效率是基于上行链路和下行链路的无线路径的对称性而获得的。智能天线还可以减少小区间及小区内的干扰。智能天线的这些特性可显著提高移动通信系统的频谱效率。

（4）越区切换技术。

"软切换"是相对于"硬切换"而言的。FDMA和TDMA系统都采用"硬切换"技术，先中断与原基站的联系，再与新的基站进行连接，因而容易产生掉话。"软切换"是先通后断，即当手机发生移动或是目前与手机通信的基站话务繁忙使手机需要与一个新的基站通信时，并不先中断与原基站的联系，而是先与新的基站连接后，再中断与原基站的联系，由于软切换在瞬间同时连接两个基站，对信道资源占用较大。

WCDMA与CDMA 2000-1X都采用了越区"软切换"技术，这是经典的CDMA技术。

而TD-SCDMA则是采用了越区"接力切换"技术，智能天线可大致定位用户的方位和距离，基站和基站控制器可根据用户的方位和距离信息，判断用户是否移动到应切换给另一基站的临近区域，如果进入切换区，便由基站控制器通知另一基站做好切换准备，达到接力切换目的。接力切换是一种改进的硬切换技术，可提高切换成功率，与软切换相比可以减少切换时对邻近基站信道资源的占用时间。

在切换的过程中，需要两个基站间的协调操作。WCDMA无须基站间的同步，通过两个基站间的定时差别报告来完成软切换。CDMA 2000-1X与TD-SCDMA都需要基站间的严格同步，因而必须借助GPS（Global Positioning System，全球定位系统）等设备来确定手机的位置并计算出到达两个基站的距离。由于GPS依赖于卫星，CDMA 2000-1X与TD-SCDMA的网络部署将会受到一些限制，而WCDMA的网络在许多环境下更易于部署，即使在地铁等GPS信号无法到达的地方也能安装基站，实现真正的无缝覆盖。而且GPS是美国的系统，若将移动通信系统建立在GPS可靠工作的基础上，将会受制于美国的GPS政策，有一定的风险。

（5）与第二代系统的兼容性。

WCDMA由GSM网络过渡而来，虽然可以保留GSM核心网络，但必须重新建立WCDMA的接入网，并且不可能重用GSM基站，CDMA 2000-1X从CDMA IS-95过渡而来，可以保留原有的CDMA IS-95设备，TD-SCDMA系统的建设只需在已有的GSM

网络上增加 TD-SCDMA 设备即可。三种技术标准中，WCDMA 在升级的过程中耗资最大。

（6）系统性能。

下面主要对系统容量和覆盖这两个方面进行比较。

对于话音业务，由于三种系统载波带宽不同，一般比较单位带宽内的平均容量。虽然不同公司在进行系统仿真时设定的条件不完全相同，但是 WCDMA 和 CDMA 2000-1X 的结果相近，TD-SCDMA 也没有大的差别。对于数据业务容量，一般用系统的单位带宽内的数据吞吐量来表示，3G 引入了多种速率的数据业务，即使是对同一系统，不同的业务组合也会产生不同的数据吞吐量。一般对数据吞吐量的比较都针对同一小区内用户均使用相同速率的数据业务，对于中低速数据，WCDMA 和 CDMA 2000-1X 是基本相当的，但是 WCDMA 在高速数据业务上具有优势。TD-SCDMA 由于其技术特点，在理论上具有较高的频谱效率，适合提供数据业务。

基站的覆盖范围主要由上下行链路的最大允许损耗和无线传播环境决定。在工程上一般通过上下行链路预算来估算基站的覆盖范围，在相同的频带内，WCDMA 和 CDMA 2000-1X 的覆盖基本相同。由于 TD-SCDMA 采用 TDD 方式，在覆盖上要逊于采用 FDD 方式的其他两种技术。

二、WCDMA 无线网络

（一）WCDMA 无线网络的结构

WCDMA 的无线网络称为 UTRAN（通用接入网），如附录图 2.2.1 所示，UTRAN 包含多个 RNS（Radio Network Subsystem），一个 RNS 包括一个 RNC（Radio Network Controller）和一个或多个 Node B（Node B，也称 Base Station，简称 BS）。

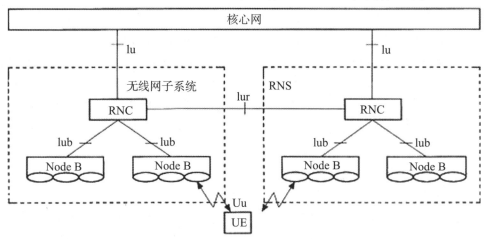

附录图 2.2.1　UTRAN 体系结构

核心网CN通过Iu接口与UTRAN的RNC相连。其中Iu接口又被分为连接到电路交换域的Iu-CS，分组交换域的Iu-PS，广播控制域的Iu-BC。Node B与RNC之间的接口叫作Iub接口。在UTRAN内部，RNC通过Iur接口进行信息交互，Iur接口可以是RNC之间物理上的直接连接，也可以靠通过任何合适传输网络的虚拟连接来实现。Node B与UE之间的接口叫Uu接口。

1. 基站（Node B）

基站位于Uu接口和Iub接口之间。对用户端而言，Node B的主要要功能是实现Uu接口的物理功能；对于网络端而言，Node B的主要任务是通过使用为各种接口定义的协议栈来实现Iub接口的功能。

2. 无线网络控制器（RNC）

无线网络控制器是UTRAN的交换和控制元素，RNC位于Iub和Iu接口之间，整个功能可以分为两部分：UTRAN无线资源管理（Radio Resource Management，RRM）和控制功能。UTRAN RRM是一系列算法的集合，主要用于保持无线传播的稳定性和无线连接的QoS，UTRAN控制功能包含了所有和无线承载（Radio Bearer，RB）建立、保持和释放相关的功能，这些功能能够支持RRM算法。

（二）WCDMA无线网络的空中接口

Uu（UE-UTRAN）接口是指用户设备和无线接入网之间的接口，通常也被称作是无线空中接口。其协议结构如附录图2.2.2所示。WCDMA空中接口协议的作用是建

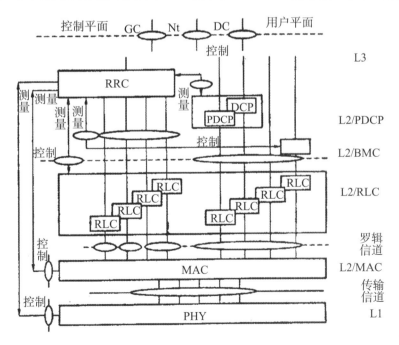

附录图2.2.2　Uu接口协议结构

立、重新配置和释放无线承载业务。WCDMA空中接口分为3层：物理层（L1）、数据链路层（L2）和网络层（L3）。数据链路层从控制平面看，包含媒体接入控制（MAC）和无线链路控制（RLC）协议层；从用户平面看，除了MAC和RLC层之外，还有两个依赖于业务的协议层：分组数据汇聚（PDCP）协议和广播／多播控制（BMC）协议。

物理层完成传输信道到物理信道的映射，实现无线信号的处理过程：包括编码（解码）、交织（解交织）、扩频（解扩）、加扰（解扰）、调制（解调）以及分集发射、功率控制等。

MAC（Media Access Control）层主要功能是根据不同的无线资源分配要求，将来自RLC的不同逻辑信道的数据包映射到传输信道。

RLC（Radio Link Control）层通信协议主要功能是提供不同的传输质量（QoS，Quality of Service）处理，根据不同的传输质量要求，针对所传输的数据或控制命令进行不同的切割、传送、重传与组合处理。在系统中，定义了对话（Conversational）、流式（Streaming）、交互（Interactive）与背景（Background）等四种不同的QoS等级，而RLC以三种模式来进行数据包的切割分封处理，来满足不同的传输质量要求。

（1）透明模式TM（Transparent Mode）根据数据包长度直接进行切割封装，不做任何其他处理，适用于对实时传输要求较高的服务，如Voice Call、Video Streaming等。

（2）非确认模式UM（Unacknowledged Mode）除了切割封装之外，在每个数据包前另加适当的标头，以辅助接收端进行数据包次序的检查与错误数据包的丢弃，适用于对实时传输及数据包次序都有要求的服务，如VoIP、Video Phone等。

（3）确认模式AM（Acknowledged Mode）除了切割封装与数据包次序标头的附加外，在接收端更需针对每个数据包进行次序检查、重复检测以及重传处理，使所有的数据包都能正确地到达接收端，适用于对实时传输要求不高、但对数据正确性要求很高的服务，如Web Browsing、Email、File Transfer等。

PDCP（Packet Data Convergence Protocol）层通信协议是UMTS系统为提高PS业务的传输效率所设计的通信协议，针对所载送的应用数据包IP标头数据进行压缩处理。

BMC（Broadcast Multicast Control）层是为处理广播域产生的广播和多播业务而设计，在用户平面提供广播和多播的发送服务。

RRC（Radio Resource Control）层通信协议为AS部分通信协议的核心，包括无线资源消息交换、无线资源配置控制、QoS控制、通道传输格式设置控制、数据包切割组合处理控制，以及NAS通信协议传输处理等，这些动作都由RRC来进行。

为了减少手机电力的消耗、并使系统无线资源能更有效率地被利用，UMTS系统设计了包括Idle、Cell_DCH、Cell_FACH、Cell_PCH与URA_PCH等不同的RRC服务状态，手机在不同的服务状态下使用不同程度的系统资源，能大大提高系统的使用效率。

（1）Cell-DCH。

UE处于激活状态，正在利用自己专用的信道进行通信，上下行都具有专用信道，UTRAN准确的知道UE所位于的小区。

（2）Cell-FACH。

UE处于激活状态，但是上下行都只有少量的数据需要传输，不需要为此UE分配专用的信道，下行的数据在FACH上传输，上行在RACH上传输，下行需要随时监听FACH上是否有自己的信息，UTRAN准确地知道UE所位于的小区，保留了UE所使用的资源，所处的状态等信息。

（3）Cell-PCH。

UE上下行都没有数据传送，需要监听PICH以便收听寻呼，因此UE此时进入非连续接收，可有效地节电。UTRAN准确的知道UE所位于的小区，这样，UE所位于的小区变化后，UTRAN需要更新UE的小区信息。

（4）URA-PCH。

UE上下行都没有数据传送，需要监听PICH，进入非连续接收，UTRAN只知道UE所位于的URA（UTRAN Registration Area，一个URA包含多个小区），也就是说，UTRAN只在UE位于的URA发生变化后才更新其位置信息，这样更加节约了资源，减少了信令。

（三）WCDMA无线网络的信道

1. 传输信道

一般来说，不同的信道用10ms的帧结构，它对应于38400个码片。每一帧分成15个时隙，每一个时隙的长度为2560个码片。每一帧的容量和每一时隙的容量与信道的类型有关。

（1）公共传输信道CTCH。

公共传输信道可以应用于全体用户或者一个或多个特殊用户。在当一个公共传输信道用于对全体用户传送信息时，不需要特殊的信息地址。公共传输信道可分为以下几类。

➤随机接入信道（RACH）：用于当用户需要接入网络时作上行链路。

➤广播信道（BCH）：用于在整个小区覆盖区域内在下行链路中传输系统信息。

➤寻呼信道（PCH）：当网络欲同一个用户开始通信时，用PCH在下行链路中呼叫某特定UE。

➤前向接入信道（FACH）：用于将下行链路控制信息发送给小区内的一个或多个用户。

➢上行链路公共分组信道（CPCH）：CPCH类似于RACH，但能延续几帧，这样能够比RACH传输更多的数据。

➢下行链路共享信道（DSCH）：用于将专用用户数据或控制信令传送到小区中一个或多个用户。

（2）专用传输信道DCH。

DCH传输用户数据，并且只能为一个用户使用。它的设计是为了传送大量的数据，以及传送扩展数据会话。例如，在话音会话中，应用DCH传输编码话音。DCH存在于上行链路和下行链路中，DCH的数据速率可以逐帧变化。

2. 物理信道

（1）专用物理信道。

DCH对应两个物理信道：专用数据物理信道（DPDCH）和专用控制物理信道（DPCCH）。DPDCH承载DCH的数据，包括高层信令和用户数据，其比特速率可以以无线帧为单位而变化；DPCCH承载必要的物理层控制信息，有固定的比特速率。对于每次连接这两个专用信道是必不可少的。

（2）公共物理信道。

➢同步信道（SCH）。

SCH由基站传送，在小区搜索过程中用于UE。UE为了解读由基站发送的广播信息，必须首先同基站正确同步，同步是SCH的首要条件。同步信道包含主SCH和次SCH。主SCH发送一个包含256个码片的序列，称作主同步码（PSC），每个小区中的PSC是相同的，主同步码序列只有一个，用于WCDMA的所有小区的所有时隙。次SCH发送辅助同步码重复（一帧一次）15个长度为256个码片的序列的组合，共有64种组合，与下行主扰码的64个扰码组一一对应，使UE在接收了次同步码后能够解读BCH信道。在实际系统中，不同小区选用不同的序列模式，不同时隙选用不同的辅助同步码。

➢公共导频信道（CPICH）。

CPICH是一个总是由基站传输的信道，并且由小区的特殊扰码进行加扰（Cch，256，0）。它的扩频增益固定为256，相当于空中接口中的30kbit/s传输速率。

CPICH的一个很重要的功能是终端在切换时或者小区重新选择时要进行测量，终端的测量是基于对CPICH的接收，因此，对CPICH的传输功率的操作能够指示终端去向某个小区或者离开某特定小区。

➢公共控制物理信道（PCCPCH）。

用于下行链路传输BCH传输信道。它的工作扩频增益SF=256，相当于空中接口速率为30kbit/s。实际上在空中接口真实速率会下降到27kbit/s。因为CCPCH与SCH是时分复用的。

➤次公共控制物理信道（SCCPCH）。

用于在下行链路传输两个公共传输信道：FACH 和 PCH。

➤物理随机接入信道（PRACH）。

用于在上行链路中传送 RACH 传输信道。PRACH 的传输结构包括若干个前导和消息部分，上行链路的接入过程开始于终端在特殊的接入时隙传送前导，一旦基站检测到前导，就用捕获指示信道（AICH）向 UE 表明前导已经检测到，则 UE 在 PRACH 信道上发消息部分。

➤公共物理分组信道（PCPCH）。

PCPCH 在上行链路中用于传送上行链路 CPCH 传输信道。PCPCH 的传输结构类似于 PRACH，由若干个接入前导、一个冲突检测前导和一个可变长的消息部分组成。

➤下行物理共享信道（PDSCH）。

用于承载下行共享信道 DSCH。

➤信道指示器。

它包括捕获指示信道 AICH、呼叫指示信道（PICH）、接入前置获取指示信道（AP-AICH）、冲突检测/信道分配指示信道（CD／CA-ICH）和 CPCH 状态指示信道（CSICH）。

①捕获指示信道（AICH）。

AICH 用来指示基站是否收到了 PRACH 信道的前导序列。

②呼叫指示信道（PICH）。

是让特定用户知道何时可以得到 PCH（在 S-PCPCH 上传送）的寻呼消息。

③接入前置获取指示信道（AP-AICH）。

AP-AICH 用来指示基站是否收到 PCPCH 信道的接入前导。

④冲突检测／信道分配指示信道（CD／CA-ICH）。

当在 AP-AICH 上接收到 PCPCH 信道的接入前导的响应时，终端并不继续发送要求的数据。原因是 CPCH 比 RACH 能支持更长的数据。这样，如果发生冲突，将丢失更大数量的数据。因此，终端接着发送一个冲突检测（CD）签名，并且等待基站从冲突检测／信道分配指示信道（CD／CA-ICH）上发出的信息反馈。UE 收到反馈，才能够在 PCPCH 上发送 CPCH 数据。

⑤CPCH 状态指示信道（CSICH）。

作为一个可选择项，基站能够支持 CPCH 状态指示信道，它用于指示小区中定义的任何 CPCH 的事务状况。通过监控这个信道，终端能够提前确定资源是否可用于支持用户对 CPCH 的应用。这样就避免了移动台必定失败的接入尝试。

附录图2.2.3给出了传输信道到物理信道的映射关系。可以看出，物理信道除了有对应于传输的信道之外，还有发送只与物理层过程有关的信息的信道。高层并没有为所有的物理信道设置相应的传输信道，如同步信道（SCH）、捕获指示信道（AICH）、寻呼指示信道（PICH）和公共导频信道（CPICH），都没有直接对应的高层信道，但每个基站都必须具有传输这些物理信道的能力。如果使用了公用分组信道（CPCH），就需要用到 CPCH 状态指示信道（CSICH）和冲突检测/信道分配指示信道（CD/CA-ICH）。

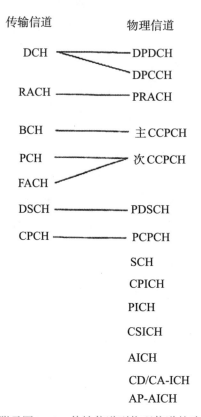

附录图2.2.3　传输信道到物理信道的映射

（四）WCDMA 无线网络的关键技术

1. 功率控制

功率控制一方面提高对某用户的发射功率，改善该用户的服务质量，另一方面由于 CDMA 系统的自干扰性，降低对某用户的发射功率，对其他移动台来说就降低了宽带噪声，会提高其他用户接收质量，同时提高系统容量。

（1）开环功率控制。

开环功率控制一般仅用于初始发射功率的设定，精确的功率控制需要通过闭环功率控制完成。

上行开环功率控制是移动台通过对下行信号功率的测量，估算出信号在传播路径上的功率损失，从而确定上行信道发射功率的一种方法。由于在 FDD 模式下，上、下行的工作频率不一致，所以这种估算是不精确的。

下行开环功率控制是网络侧根据移动台对下行信号接收功率的测量报告，对下行信道的传播衰减进行估计，从而设置下行信道发射功率的方法。由于网络侧接收测量报告的时间与实际测量时间存在一定的时延，故这种估算也是不精确的。

（2）闭环功率控制。

快速内环功率控制是通过比较测量得到的物理信道信干比（SIR）与外环功率控制确定的信干比目标值，调整发射端的发射功率。

上行内环功率控制的最终目的是精确控制移动台的发射功率。基站根据接收到的各移动台的信干比值，并把它同目标SIR值相比较，产生功率控制比特。如果测得的SIR高于目标SIR，功率比特将通知移动台降低功率；如果测得的SIR低于目标SIR，功率比特将通知移动台提高功率。对每一个移动台，这个测量——指示——反应循环的周期为1500次/s，故称作是快速内环功率控制。

当UE处于软切换时，上行内环功率控制采取如下策略：当所有的链路都要求增加发射功率时，移动台才会增加发射功率；否则，降低发射功率。

下行内环功率控制由移动台完成的，移动台将接收到的SIR值与目标SIR值相比较，产生功率控制比特，基站根据功率控制比特，调整发射功率。

（3）外环功率控制。

外环功率控制通过比较测量得到的传输信道质量值与该业务要求的目标质量值，对内环功率控制所需要的信干比目标值进行调整。

同样，外环功率控制也分为上行和下行。它是为配合内环功率控制而进行的。

目标SIR值是支持业务的所需质量的函数。如果在由循环冗余检测（CRC）确定的空中接口中根据误帧率（FER）进行业务质量检测，那么SIR可以被看作是FER的函数。

可以接受的FER因业务的不同而不同。例如，语音业务用的是速率为12.2kb/s的多速率（AMR）语音编码器，能够在1%的FER情况下而没有明显的业务质量下降。

对于一个非实时的数据业务，能够支持更高的FER，因为可以通过重传来纠正错误。然而，实时业务具有严格得多的FER要求，可能是1×10^{-3}或更高。因此，根据业务要求，FER可能需要不同，这就意味着目标SIR可以不同，目标SIR不同则用外环功率控制。它应用闭环功率控制来指示发送者改变发射功率。

2. 切换技术

WCDMA系统的软切换包括软切换和更软切换。当软切换发生在两个Node B之间，分集信号在RNC做选择合并。发生在同一Node B里的软切换，分集信号在Node B做最大增益比合并，被称为更软切换。

WCDMA系统的硬切换包括同频、异频和异系统间切换三种情况。如果目标小区与原小区同频，但是属于不同RNC，而且RNC之间不存在Iur接口，就会发生同频硬切换。异系统硬切换包括FDD Node和TDD Node之间的切换，在R99里还包括WCD-MA系统和GSM系统间的切换，在R4里还包括WCDMA和CDMA 2000-1X之间的切换。异频硬切换和异系统硬切换需要启动压缩模式进行异频测量和异系统测量。

3. HSDPA

HSDPA（High Speed Downlink Packet Access）是指高速下行分组接入，它是3GPP在R5协议中提出的，它可以在不改变已经建设的WCDMA网络结构的情况下，把下行数据业务速率提高到10Mbit/s。

（1）HSDPA的关键技术。

①自适应调制和编码AMC（Adaptive Modulation and Coding）。

AMC是根据无线信道变化选择合适的调制和编码方式，网络侧根据用户瞬时信道质量状况和目前资源选择最合适的下行链路调制和编码方式，使用户达到尽量高的数据吞吐率。

当用户处于有利的通信地点时，可以采用高阶调制和高速率的信道编码方式，例如16QAM和3/4编码速率；当用户处于不利的通信地点时，网络侧则选取低阶调制方式和低速率的信道编码方案，例如QPSK和1/4编码速率，来保证通信质量。

②物理层混合重传HARQ。

快速混合自动重传（HARQ）是指接收方在解码失败的情况下，保存接收到的数据，并要求发送方重传数据，接收方将重传的数据和先前接收到的数据在解码之前进行组合。

③快速调度。

调度算法控制着共享资源的分配，在短期内以信道条件为主，而在长期内应兼顾到对所有用户的吞吐量。向瞬间具有最好信道条件的用户发射数据，同时还要兼顾每个用户的等级和公平性。

调度功能单元放在Node B而不是RNC，同时也将TTI缩短到2ms。

（2）HSDPA引入的信道。

为了支持HSDPA，在MAC层新增了MAC-hs实体，位于Node B，负责HARQ操作以及相应的调度，并在物理层引入以下三种新的信道。

①HS-PDSCH（High Speed Physical Downlink Shared Channel）：下行信道，负责传输用户数据。信道的共享方式为时分复用和码分复用，最基本的方式是时分复用，即按时间段分给不同的用户使用，这样HS-PDSCH信道码每次只分配给一个用户使用，另一种就是码分复用，在码资源有限的情况下，同一时刻多个用户可以同时传输数据。

②HS-SCCH（High Speed Shared Control Channel）：下行信道，传输下行HSDPA信令，如数据传送格式，ARQ相关信令。

③HS-DPCCH（High Speed Dedicated Physical Control Channel）：上行信道，负责

传输必要的控制信息，主要是对 ARQ 的响应以及下行链路质量的反馈信息 ACK／NACK。

4. MIMO技术

MIMO （Multiple-Input Multiple-Output）是在发射端和接收端均采用多天线（或阵列天线）和多通道，MIMO 的多入多出是针对多径无线信道来说的。

MIMO 系统把多径作为一个有利因素来利用，附录图2.2.4 是 MIMO 系统的原理图。传输信息流经过空时编码（将发送分集与编码、调制有机结合起来，组成空时卷积码和分组码）形成 N 个信息子流，由 N 个天线发射出去，N 个子流同时发送到信道，各发射信号占用同一频带，因而并未增加带宽，经空间信道后由 M 个接收天线接收。多入多出系统可以创造多个并行空间信道。通过这些并行空间信道独立地传输信息，数据率必然可以提高。

MIMO 将多径无线信道与发射、接收视为一个整体进行优化，从而实现高的通信容量和频谱利用率。对于发射天线数为 N，接收天线数为 M 的多入多出（MIMO）系统，假定信道为独立的瑞利衰落信道，并设 N、M 很大，则信道容量 C 近似为

$$C = \left[\min(M,N)\right] B \log_2(\rho/2)$$

其中 B 为信号带宽，ρ 为接收端平均信噪比，$\min(M, N)$ 为 M，N 的较小者。上式表明，功率和带宽固定时，多入多出系统的最大容量或容量上限随最小天线数的增加而线性增加。

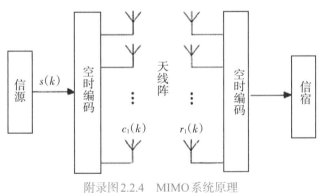

附录图2.2.4　MIMO系统原理

三、CDMA 2000-1X无线网络

CDMA 2000-1X 的无线网络结构和 CDMA IS-95 类似，这里不再赘述。

（一）CDMA 2000-1X 无线网络的信道

CDMA 2000-1X 可以工作在 8 个 RF 频道类，包括 IMT-2000 频段、北美 PCS 频段、北美蜂窝频段、TACS 频段等，其中北美蜂窝频段（上行：824MHz～849MHz，下行：869MHz～894MHz）提供了 AMPS/IS-95 CDMA 同频段运营的条件。

在CDMA 2000-1X中定义了两种SR（扩频速率），SR1的扩频速率是1.2288Mc/s，而SR3系统的扩频速率为3.6864Mc/s。

CDMA 2000-1X中的无线电配置定义了以下的正向和反向业务信道的特性：

（1）速率组（9.6kbit/s或14.4kbit/s）；

（2）扩频速率（SR1或SR3）；

（3）信道编码方式（卷积或Turbo编码）；

（4）信道编码速率；

（5）调制方式（QPSK或BPSK）；

（6）是否允许使用发射分集技术。

CDMA 2000-1X中的前向链路和反向链路的无线电配置分别如附录表2.3.1和附录表2.3.2所示。

附录表2.3.1　前向链路的无线电配置

无线电配置	扩频速率	最大数据速率（kbit/s）	有效FEC码速率	FEC编码	调制
1	1	9.6	1/2	卷积	BPSK
2	1	14.4	3/4	卷积／Turbo	BPSK
3	1	153.6	1/4	卷积／Turbo	QPSK
4	1	307.2	1/2	卷积／Turbo	QPSK
5	1	230.4	3/8	卷积／Turbo	QPSK
6	3	307.2	1/6	卷积／Turbo	QPSK
7	3	614.4	1/3	卷积／Turbo	QPSK
8	3	460.8	1/4或1/3	卷积／Turbo	QPSK
9	3	1036.8	1/2或1/3	卷积／Turbo	QPSK
10	4	3091.2	1/5	卷积／Turbo	QPSK／8PSK/16QAM

附录表2.3.2　反向链路的无线电配置

无线电配置	扩频速率	最大数据速率（kbit/s）	有效FEC码速率	FEC编码	调制
1	1	9.6	1/3	卷积	64阶正交调制
2	1	14.4	1/2	卷积／Turbo	64阶正交调制
3	1	153.6（307.2）	1/4（1/2）	卷积／Turbo	QPSK
4	1	230.4	3/8	卷积／Turbo	QPSK
5	3	153.6（614.4）	1/4（1/3）	卷积／Turbo	QPSK
6	3	460.8（1036.8）	1/4（1/2）	卷积／Turbo	QPSK

CDMA 2000-1X正向信道所包括的导频方式、同步方式、寻呼信道均兼容IS-95系统控制信道特性。

CDMA 2000-1X 反向信道包括接入信道、增强接入信道、公共控制信道、业务信道，其中增强接入信道和公共控制信道除可提高接入效率外，还适应多媒体业务。

1. 前向物理信道

CDMA 2000-1X 的前向物理信道如附录图 2.3.1 所示。

基站在它的覆盖区域内用多个公共信道和几个专用信道将信号发射给用户。对每个 CDMA 2000-1X 用户分配一个前向业务信道，这个前向业务信道包括 1 个前向基本信道、0～7 个前向补充码分信道或 0～2 个前向补充信道。

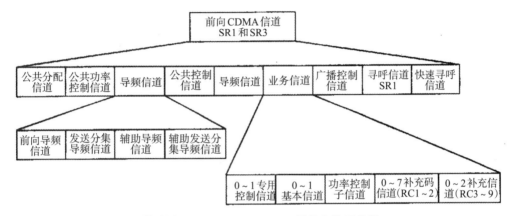

附录图 2.3.1　CDMA 2000-1X 的前向物理信道

附录表 2.3.3 有助于确定用于 CDMA 2000-1X 的每一个信道的类型和数量。

附录表 2.3.3　CDMA 2000-1X 信道的类型和数量

信道类型	最大数量
前向导航信道	1
发送分集导航信道	1
同步信道	1
寻呼信道	7
广播控制信道	8
快速寻呼信道	3
公共功率控制信道	4
公共分配信道	7
前向公共控制信道	7
前向特定控制信道	每个前向业务信道 1 个
前向基本信道	每个前向业务信道 1 个
前向补充编码信道（只有 RC1 和 RC2）	每个前向业务信道 7 个
前向补充信道（只对 RC3、RC4 和 RC5）	每个前向业务信道 2 个

（1）导频信道。

导频信道包括前向导频信道、发射分集导频信道、辅助导频信道和辅助发射分集导频信道，都是未经调制的扩谱信号，用于所有在基站覆盖区中工作的移动台进行捕获、同步和检测。前向导频信道使用的 Walsh 码是 W064，在导频信道需要分集接收的情况下，基站可以增加一个发射分集导频信道，增强导频的接收效果。发射分集导频信道使用的 Walsh 码是 W16128。

为使用更灵活的天线和波束赋型技术，在一个激活的 CDMA 信道中，会有 0 到多个辅助导频信道由基站发射。在辅助导频信道需要发射分集的情况下，基站将增加 1 个辅助发射分集导频信道。

在发射分集导频信道发射时，基站应使前向导频信道有连续的、足够的功率以确保移动台在不使用来自发射分集的导频信道能量情况下，也能捕获和估计前向 CDMA 信道特性。

（2）同步信道。

同步信道在基站覆盖区中使开机状态的移动台获得初始的时间同步。同步信道在发射前要经过卷积编码、码符号重复、交织、扩谱和调制等步骤。

（3）寻呼信道。

寻呼信道用来发送基站的系统信息和移动台的寻呼消息，是经过卷积编码、码符号重复、交织、扰码、扩频和调制的扩频信号。

（4）广播控制信道。

广播控制信道用来发送基站的系统广播控制信息，是经过卷积编码、码符号重复、交织、扰码、扩频和调制的扩频信号。基站利用此信道和覆盖区内的移动台进行通信。

（5）快速寻呼信道。

快速寻呼信道包含寻呼信道指示，用于基站和覆盖区内的移动台进行通信，基站使用快速寻呼信道通知在空闲模式下，工作在分时隙方式的移动台，它们是否应在下一个前向公共控制信道或寻呼信道时隙的开始时接收前向公共控制信道或寻呼信道。快速寻呼信道是一个未编码的开关控制调制扩频信号。

（6）公共功率控制信道。

公共功率控制信道用于基站进行多个反向公共控制信道和增强接入信道的功率控制。公共功率控制子信道（每子信道 1bit）时分复用组成公共功率控制信道。基站支持在一个或更多公共功率控制信道上的工作。

（7）公共指配信道。

公共指配信道只能工作在 RC3 以上，当基站解调出一个 R-EACH 的报头后，通过公共指配信道指示移动台在哪一个反向公共控制信道信道上发送接入消息，接收哪个前向公共功率控制信道 F-CPCH 子信道的功率控制比特。基站可以选择不支持公共指配信道，并在广播控制信道通知移动台这种选择。

（8）前向公共控制信道。

在未建立呼叫连接时，基站使用前向公共控制信道发射移动台特定消息。基站利用此信道和覆盖区内的移动台进行通信。前向公共控制信道是经过卷积编码、码符号重复、交织、扰码、扩频和调制的扩频信号。

（9）前向专用控制信道。

此信道用于在呼叫过程中给某一特定移动台发送用户数据和信令消息。每个前向业务信道可以包括一个前向专用控制信道。

前向专用控制信道用于传送低速的小量数据或相关控制信息，但不支持话音业务。

（10）前向基本信道。

此信道用于在通话过程中给特定移动台发送用户信息和信令消息。每个前向业务信道可以包括一个前向基本信道。在工作于RC1或RC2时，它分别等价于IS-95A或IS-95B的业务信道，允许附带一个前向功率控制子信道。

（11）前向辅助码分信道。

此信道用于在通话过程中给特定移动台发送用户消息和信令消息，在无线配置（RC）为1和2时可能提供。该信道仅在前向分组数据量突发性增大时建立，并在指定的时间段内存在。每个前向业务信道最多可包括7个前向辅助码分信道。

（12）前向辅助信道。

此信道用于在通话过程中给特定移动台发送用户和信令消息，在无线配置（RC）为3到9时可能提供。该信道仅在前向分组数据量突发性增大时建立，并在指定的时间段内存在。

每个前向业务信道最多可包括2个前向辅助信道。两个辅助信道被分配给一个单一移动用户以进行高速数据传输，在版本0中为9.6kbit/s～153.6kbit/s，在版本A中为307.2kbit/s和614.4kbit/s。应该注意到很重要的一点是，每个辅助信道可以分配不同的速率。当只分配一个辅助信道时，前向辅助信道必须与反向辅助信道一起分配。

2. 反向物理信道。

CDMA 2000-1X的反向物理信道如附录图2.3.2所示。

（1）反向导频信道。

反向导频信道是一个移动台发射的未调制扩频信号，主要功能是用于辅助基站进行相关检测。反向导频信道在增强接入信道前缀、反向公共控制信道前缀和反向业务信道前缀发射。

（2）接入信道。

接入信道传输的是一个经过编码、交织以及调制的扩频信号。其主要功能是移动台用来发起同基站的通信或响应基站发来的寻呼信道消息。接入信道通过其公共长码掩码唯一识别。接入信道由接入试探组成，一个接入试探由接入前缀和一系列接入信道帧组成。

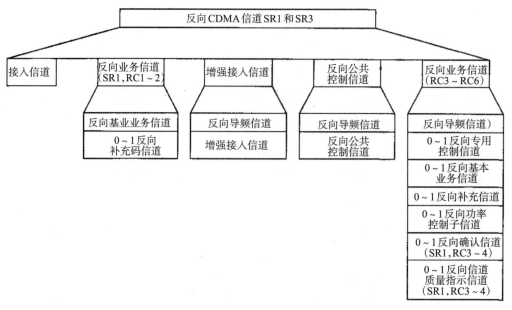

附录图2.3.2　CDMA 2000-1X的反向物理信道

（3）增强接入信道。

增强接入信道用于移动台初始接入基站或响应移动台指令消息，可能用于以下3种接入模式：基本接入模式、功率控制接入模式和预留接入模式。当工作在基本接入模式时，接入试探只包括前缀和数据；当工作在功率控制接入模式时，接入试探包括前缀、头和数据；当工作在备用接入模式时，接入试探包括前缀和头，数据在反向公共控制信道上发送。

（4）反向公共控制信道。

此信道是在不使用反向业务信道时，移动台在基站指定的时间段向基站发射用户控制信息和信令信息。反向公共控制信道传输的是一个经过编码、交织以及调制的扩频信号。该信道通过长码唯一识别。

（5）反向专用控制信道。

此信道用于某一移动台在呼叫过程中向基站传送该用户的特定用户信息和信令信息。反向业务信道中可以包含一个反向专用控制信道。反向专用控制信道用于传送低速的小量数据或相关控制信息，但不支持话音业务。

（6）反向基本信道。

反向基本信道主要用于承载话音业务和信令信息，反向业务信道可以包含一个基本信道。

（7）反向辅助码分信道。

反向辅助码分信道用于移动台在呼叫过程中向基站发射用户信息和信令信息，仅在无线配置RC为1和2时可能提供。该信道仅在反向分组数据量突发性增大时建立，并在基站指定的时间段内存在。反向业务信道可以最多包含7个反向辅助码分信道。

（8）反向辅助信道。

反向辅助信道用于移动台在呼叫过程中向基站发射用户和信令信息，仅在无线配置RC为3到6时可能提供。该信道仅在反向分组数据量突发性增大时建立，并在基站指定的时间段内存在。反向业务信道可以包含2个辅助信道。

（二）CDMA 2000-1X 无线网络的关键技术

1. 前向快速功率控制技术

CDMA 2000-1X采用快速功率控制方法。方法是移动台测量收到业务信道的Eb/Nt，并与门限值比较，根据比较结果，向基站发出调整基站发射功率的指令，功率控制速率可以达到800b/s。

由于使用快速功率控制，可以达到减少基站发射功率、减少总干扰电平，从而降低移动台信噪比要求，最终可以增大系统容量。

2. 反向相干解调

CDMA 2000-1X设置了反向导频信道，基站利用反向导频信道发出扩频信号捕获移动台的发射，进而实现相干解调，与IS-95采用非相干解调相比，提高了反向链路性能，降低了移动台发射功率，提高了系统容量。

3. 前向快速寻呼信道技术

前向快速寻呼信道下行发送三种指示：寻呼指示，用于通知移动台在下一个寻呼信道的时隙是否应该接收；广播指示，用于告诉移动台在前向公共控制信道是否有广播内容；配置改变指示，基站用于通知移动台系统配置参数发生了改变。因此，采用快速寻呼信道可以带来以下2点好处。

（1）移动台寻呼或睡眠状态的选择。

因基站使用快速寻呼信道向移动台发出指令，决定移动台是处于监听寻呼信道还是处于低功耗状态的睡眠状态，这样移动台便不必长时间连续监听前向寻呼信道，可减少移动台激活时间和节省移动台功耗。

（2）快速了解配置改变。

通过前向快速寻呼信道，基站向移动台发出最近几分钟内的系统参数改变消息，使移动台根据此新消息重新接收系统参数信息。

4. 前向链路发射分集技术

CDMA 2000-1X采用前向链路发射分集技术，改善了下行链路信号质量，可以减少发射功率，增大系统容量。

5. 连续的反向空中接口波形

在反向链路中，数据采用连续导频，使信道上数据波形连续，此措施可减少外界电磁干扰，改善搜索性能，支持前向功率快速控制以及反向功率控制连续监控。

6. Turbo 码使用

在 CDMA 2000-1X 中 Turbo 码用于前向辅助信道和反向辅助信道中。Turbo 码具有优异的纠错性能，适于高速率且对译码时延要求不高的数据传输业务，并可降低对发射功率的要求、增加系统容量，

7. 灵活的帧长

与 IS-95 不同，CDMA 2000-1X 支持 5ms、10ms、20ms、40ms、80ms 和 160ms 多种帧长，不同类型信道分别支持不同帧长。较短帧可以减少时延，但解调性能较低；较长帧可降低对发射功率要求。

8. 增强的媒体接入控制功能

媒体接入控制子层控制多种业务接入物理层，保证多媒体的实现。它实现话音、分组数据和电路数据业务同时处理、提供发送、复用和 QoS 控制、提供接入程序。与 IS-95 相比，可以满足更宽带和更多业务的要求。

四、TD-SCDMA 无线网络

TD-SCDMA 总计有 1880MHz ~ 1920MHz、2010MHz ~ 2025MHz 及辅助频段 2300MHz ~ 2400MHz 共计 155MHz 频率的非对称频段。

（一）TD-SCDMA 无线网络的主要特点

1. 优点

（1）兼容性：核心网方面，TD-SCDMA 与 WCDMA 采用完全相同的标准规范；在空中接口高层协议栈上，TD-SCDMA 与 WCDMA 二者也完全相同。

（2）TDD：在物理层技术上，TD-SCDMA 采用时分双工方式，不需要成对的频谱，对称的电波传播特性使之便于使用诸如智能天线等新技术，达到提高性能、降低成本的目的，适用于不对称的上下行数据传输速率，特别适用于 IP 型的数据业务。

（3）窄带宽：它的带宽为 1.6MHz，码片速率为 1.28Mchip/s，最少可以使用 5MHz 带宽进行组网，这样可以大量节省频率资源。

（4）上行同步：采用上行同步，保证上行链路各终端信号在基站解调器完全同步，克服了异步 CDMA 多址技术由于每个移动终端发射的码道信号到达基站的时间不同造成码道非正交所带来的干扰，可以提高 CDMA 系统容量，提高频谱利用率。

（5）智能天线：采用智能天线技术，显著降低多址干扰，增加接收灵敏度和发射的 EIRP。这样基站就可以使用低成本的低输出功率放大器。

（6）联合检测：采用联合检测技术，大幅度降低多径多址干扰，结合使用智能天线和多用户检测，可获得理想效果。

（7）不同程度地引入了新的技术特性，用以进一步提高系统的性能，其中主要包括终端定位功能、高速下行分组接入（HSDPA）、多天线输入输出技术（MIMO）、上行增强技术等。

2. 缺陷

（1）上下行之间保护时间的设置，制约了TD-SCDMA的小区半径最大在11km左右。

（2）由于传播时延的影响，TD-SCDMA不连续发射，抗快衰落和多普勒效应的能力低于FDD系统，在高速移动环境的性能较差。

（3）由于采用约为WCDMA的1/3的带宽，TD-SCDMA在单个载频的带宽上提供高速业务的能力相对不足。单小区单载频理论上仅能同时提供2个384kb/s业务，因此必须同时采用多个载频才能建网。

（4）采用了智能天线和联合检测等先进技术，而这些技术都涉及计算量很大的复杂算法，因此，在很大程度上TD-SCDMA的优势需要可靠而稳定的算法并通过高速DSP芯片才能体现，这大大增加了基带处理单元的技术实现难度。

（二）TD-SCDMA无线网络的空中接口

TD-SCDMA与WCDMA一样，空中接口的协议栈分为三层：物理层、数据链路层和网络层。数据链路层在控制平面包括MAC和RLC两个子层，在用户平面上除了此两子层外，还包括处理分组业务的分组数据汇聚协议（PDCP）子层和用于广播/多播业务的BMC子层。

RLC提供用户和控制数据分段和重传、数据流控制、加密和解密、质量设定以及在不能纠正差错时向高层报告等功能。

MAC完成传输信道和逻辑信道之间信道映射，同时为逻辑信道选择合适的传输格式TF。与WCDMA相比，TD-SCDMA在MAC层增加支持快速DCA的功能。

RRC完成UTRAN和终端间交互的所有信令处理，对呼叫控制、移动性管理及短消息等NAS业务透明处理。RRC层与底层所有协议实体间存在控制接口，RRC通过控制接口进行配置和传输一些控制命令，底层将通过此接口报告相应的测量结果和状态。

TD-SCDMA与WCDMA主要差别还是体现在空中接口的物理层。

1. TD-SCDMA与WCDMA间基本物理参数差别

TD-SCDMA与WCDMA间基本物理参数差别如表附录2.4.1所示。

附录表2.4.1 TD-SCDMA与WCDMA间基本物理参数差别

项 目	WCDMA	TD-SCDMA
码片速率	3.84Mchip／s	1.28Mchip／s
占用带宽	5MHz	1.6MHz
多址方式	CDMA	TDMA／CDMA
双工方式	FDD／TDD	TDD
帧长及结构	10ms／15时隙／帧	5ms／7时隙／子帧
功控	1500Hz	200Hz
基站间同步要求	异步	同步

续表

项　目	WCDMA	TD-SCDMA
联合检测	可选	必需
智能天线	可选	必需
切换	硬切换、软切换	接力切换
DCA	不采用	必需
非对称业务适用性	不够灵活	灵活支持
导频结构	上行专用导频； 下行公共或专用导频	下行公共导频DwPTS； 上行UpPTS同步

2. 空中帧结构

TD-SCDMA采用的码片速率为1.28Mchip/s，扩频带宽为1.6MHz，TD-SCDMA帧结构分4层：超帧、无线帧、子帧和时隙/码。时隙用于在时域上区分不同用户信号，如附录图2.4.1所示。

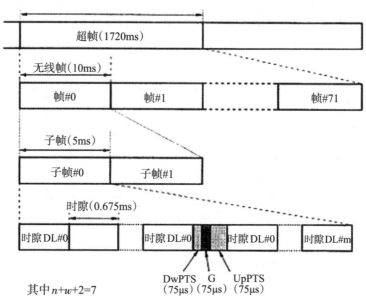

其中 $n+w+2=7$

附录图2.4.1　TD—SCDMA空中帧结构

3GPP规定每个无线帧长10ms，72个无线帧组成一个超帧，每个无线帧分为两个5ms的子帧。每个子帧由7个主时隙（长度675μs）和3个特殊时隙：下行导引时隙（DwPTS）、上行导引时隙（UpPTS）和保护时隙（G）构成。TS0总是用于下行链路，TS1总是用于上行链路。用作上行链路的时隙和用作下行链路的时隙之间由一个转换点（Switch Point）分开。每个5ms的子帧有两个转换点，第一个转换点固定在TS0结束处，第二个转换点取决于小区上下行时隙的配置。

主时隙结构如附录图2.4.2所示。主时隙包括三个域：数据域，一个包含144码片的中间码和一个16码片的保护区。

数据域分2个数据块，用于承载来自传输信道的用户数据或高层控制信息。数据域中每个比特用QPSK调制，扩频系数为1至16，调制符号速率的变化范围在80.0ks/s ~ 1.28Ms/s。帧结构中上下行转换点可以灵活配置。

数据信元 352chips	中间码 144chips	数据信元 352chips	GP 16 CP
675 μs			

附录图2.4.2　主时隙结构

中间码Midamble是作为训练序列，供多用户检测时信道估值使用。整个系统有长度为128chips的基本Midamble码，分成32个码组，每组4个。一个小区采用哪组基本Midamble码由基站决定，因此4个基本Midamble码基站是知道的，并且当建立起下行同步之后，移动台也是知道所使用的Midamble码组。一个载波上的所有业务时隙必须采用相同的基本Midamble码。在同一小区同一时隙上的不同用户所采用的Midamble码由同一个基本的Midamble码经循环移位后产生。

3. 传输信道与物理信道

TD-SCDMA系统中，存在三种信道模式：逻辑信道、传输信道和物理信道。逻辑信道是MAC子层向RLC子层提供的服务，它描述的是传送什么类型的信息。传输信道作为物理层向高层提供的服务，它描述的是信息如何在空中接口上传输。系统通过物理信道模式直接把需要传输的信息发送出去，也就是说在空口传输的都是物理信道承载的信息。

（1）传输信道及其分类。

传输信道作为物理信道提供给高层的服务，通常分为两类，一类为专用信道，此类信道上的信息在某一时刻只发送给单一的用户；另一类为公共信道，通常此类信道上的消息是发送给所有用户或一组用户的，但是在某一时刻，该信道上的信息也可以针对单一用户，这时需要UE的ID来识别。

①专用传输信道。

专用传输信道只存在一种，即专用信道（DCH），是一个上行或下行传输信道。

②公共传输信道。

➢广播信道BCH。

BCH是一个下行传输信道，用于广播系统和小区的特定消息。

➢寻呼信道PCH。

PCH是一个下行传输信道，当系统不知道移动台所在的小区时，用于发送给移动台的控制信息。PCH总是在整个小区内进行寻呼信息的发射，与物理层产生的寻呼指示的发射是相随的，以支持有效的睡眠模式，延长终端电池的使用时间。

➢前向接入信道FACH。

FACH是一个下行传输信道，用于在随机接入过程，UTRAN收到了UE的接入请求，可以确定UE所在小区的前提下，向UE发送控制消息。有时，也可以使用FACH发送短的业务数据包。

➤随机接入信道RACH。

RACH是一个上行传输信道，用于向UTRAN发送控制消息，有时，也可以使用RACH来发送短的业务数据包。

➤上行共享信道USCH。

USCH被一些UE共享，用于承载UE发出的控制和业务数据。

➤下行共享信道DSCH。

DSCH被一些UE共享，用于承载发往UE的控制和业务数据。

（2）传输信道的一些基本概念。

①传输块（Transport Block，TB）：定义为物理层与MAC子层间的基本交换单元，物理层为每个传输块添加一个CRC。

②传输块集（Transport Block Set，TBS）：定义为多个传输块的集合，这些传输块是在物理层与MAC子层间的同一传输信道上同时交换。

③传输时间间隔（Transmission Time Intervat，TTI）：定义为一个传输块集合到达的时间间隔，等于在无线接口上物理层传送一个TBS所需要的时间。在每一个TTI内MAC子层送一个TBS到物理层。

④传输格式组合（Transport Format Combination，TFC）：一个或多个传输信道复用到物理层，对于每一个传输信道，都有一系列传输格式（传输格式集）可使用。对于给定的时间点，不是所有的组合都可应用于物理层而只是它的一个子集，这就是TFC。它定义为当前有效传输格式的指定组合，这些传输格式能够同时提供给物理层，用于UE侧编码复用传输信道（CCTrCH）的传输，即每一个传输信道包含一传输格式。

⑤传输格式组合指示（Transport Format Combination Indicator，TFCI）：它是当前TFC的一种表示。TFCI的值和TFC是一一对应的，TFCI用于通知接收侧有效的TFC，即如何解码、解复用以及在适当的传输信道递交接收到的数据。

（3）物理信道及其分类。

在TD-SCDMA系统中时隙用于在时间域上区分不同用户信号，这在某种意义上有些TDMA的成分。TDMA系统的时隙在码域上区分不同用户信号。

TDD模式下的物理信道是一个突发，在分配到的无线帧中的特定时隙发射。无线帧的分配可以是连续的，即每一帧的相应时隙都可以分配给某物理信道，也可以是不连续的分配，即仅有部分无线帧中的相应时隙分配给该物理信道。一个发射机可以同时发射几个突发，在这种情况下，几个突发的数据部分必须使用不同OVSF的信道码，但应使用相同的扰码。

一个物理信道是由频率、时隙、信道码和无线帧分配来定义的。物理信道根据其承载的信息不同被分成了不同的类别，有的物理信道承载传输信道的数据，而有些物理信道仅用于承载物理层自身的信息。物理信道也分为专用物理信道和公共物理信道两大类。

①专用物理信道。

专用物理信道DPCH（Dedicated Physical Channel）用于承载来自专用传输信道DCH的数据。物理层将根据需要把来自一条或多条DCH的数据组合在一条或多条编码组合传输信道CCTrCH（Coded Composite Transp Channel）内，然后再根据所配置物理信道的容量将CCTrCH数据映射到物理信道的数据域。DPCH可以位于频带内的任意时隙和任意允许的信道码，信道的存在时间取决于承载业务类别和交织周期。一个UE可以在同一时刻被配置多条DPCH，若UE允许多时隙能力，这些物理信道还可以位于不同的时隙。DPCH采用前面介绍的突发结构，由于支持上下行数据传输，下行通常采用智能天线进行波束赋形。

②公共物理信道。

根据所承载传输信道的类型，公共物理信道可划分为一系列的控制信道和业务信道。

➢主公共控制物理信道。

主公共控制物理信道（P-CCPCH，Primary Common Control PhysicalChannel）用于承载来自传输信道BCH的数据，提供全小区覆盖模式下的系统信息广播。在TD-SCDMA中，P-CCPCH的位置（时隙／码）是固定的（TSO）。P-CCPCH总是采用固定扩频因子SF=16的1号码和2号码。

➢辅公共控制物理信道。

辅公共控制物理理信道（S-CCPCH，Secondary Common Control Physical Channel）用于承载来自传输信道FACH和PCH的数据。S-CCPCH总是采用固定扩频因子SF=16。S-CCPCH所使用的码和时隙在小区中广播。

➢物理随机接入信道。

物理随机接入信道（PRACH，Physiacal Random Access Channel）用于承载来自传输信道RACH的数据。PRACH可以采用扩频因子SF=16／8／4，使用的时隙和码道通过小区系统信息广播。

➢快速物理接入信道。

快速物理接入信道（FPACH，Fast Physical Access Channel）不承载传输信道信息，因而与传输信道不存在映射关系。Node B使用FPACH来响应在UpPTS时隙收到的UE接入请求，调整UE的发送功率和同步偏移。FPACH使用扩频因子SF=16，使用的时隙和码道通过小区系统信息广播。

➢物理上行共享信道。

物理上行共享信道（PUSCH，Physical Uplink Shared Channel）用于承载来自传输

信道USCH的数据。所谓共享指的是同一物理信道可由多个用户分时使用。一个UE可以并行存在多条USCH。

➤物理下行共享信道。

物理下行共享信道（PDSCH，Physical Downlink Shared Channel）用于承载来自传输信道DSCH的数据。

➤寻呼指示信道。

寻呼指示信道（PICH，Paging Indicator Channel）与寻呼信道配对使用，用以指示特定的UE是否需要解读其后跟随的寻呼信道。PICH的扩频因子SF=16。

4. 传输信道与物理信道的映射

物理层和MAC层的接口处将完成第二层中的传输信道到物理层中物理信道的映射。具体映射见附录表2.4.2。

表2.4.2　传输信道及其向物理信道的映射

传输信道	物理信道	类型和方向	用途
DCH	PDCH	专用；上下行	传输一个用户的控制和信息
BCH	P-CCPCH	公用；下行	广播系统及小区专用信息
FACH	S-CCPCH	公用；下行	系统知道用户位置时，向用户传输控制信息或短用户数据包
RACH	PRACH	公用；上行	传输来自一个用户的控制信息或短用户数据包
DSCH	PDSCH	公用；下行	向多个用户分时传输专用用户数据
USCH	PUSCH	公用；上行	用于多个用户分时传输专用用户数据
	PICH	公用；下行	向UE发寻呼指示
	FPACH	公用；下行	响应UpPTS
	DwPCH/UpPCH	公用；下行/上行	系统同步

5. L1控制信号发送

在TD-SCDMA系统中，有3种类型的L1控制信号：TFCI（传输格式组合指示）、TPC（传输功率控制）和SS（同步偏移）。

（1）TFCI（传输格式组合指示）传输。

TD-SCDMA的常规时隙只有一种突发类型，它为在上、下行传送TFCI提供了可能。对每一个用户，TFCI信息将在每10ms无线帧里发送一次。TFCI的发送可以在已建立起的呼叫过程中进行商议确定，也可以在呼叫过程中重新进行确定。对每一个CCTrCH，高层信令将指示所使用的TFCI格式。除此之外，对每一个所分配的时隙是否承载TFCI信息也由高层分别告知。

TFCI是在各自相应物理信道的数据部分发送，这就是说，TFCI和数据比特具有相同的扩频过程。

（2）TPC（传输功率控制）的发送。

TPC可以在呼叫建立过程中商议确定，也可以在呼叫过程中重新确定。对每一个用户，TPC信息在每一个5ms子帧里发送一次，这使得TD-SCDMA系统可以进行快速功率控制。

（3）SS（同步偏移）的发送。

SS用于命令每 M 帧进行一次时序调整，调整步长为 $(k/8)$ TC，默认时的 M 值和 k 值由网络设置，并在小区中进行广播。或可以在呼叫建立过程中商议确定，也可以在呼叫过程中重新确定。下行中的SS信息直接跟在Midamble之后进行发送，作为L1的一个信号，SS在每一个5ms子帧里发送一次。在上行链路中，突发的SS符号位置保留，以备将来使用。

（三）TD-SCDMA无线网络的关键技术

1. 接力切换

接力切换是TD-SCDMA无线网络的核心技术之一。其设计思想是利用智能天线获取UE的位置距离信息，同时使用上行预同步技术，在切换测量期间，使用上行预同步的技术，提前获取切换后的上行信道发送时间、功率信息，从而达到减少切换时间，提高切换的成功率、降低切换掉话率的目的。

完成接力切换的条件是网络知道UE的准确位置信息，通过上行同步技术使系统获得用户信号传输的时间偏移，进而计算出UE与基站的距离。同时，智能天线及其基带数字信号处理技术使网络能精确知道DOA（信号到达角）。

接力切换分三个过程，即测量过程、判决过程和执行过程。

（1）接力切换的测量。

当前服务小区的导频信号强度在一段时间内持续低于某一个门限值时，UE向RNC发送由接收信号强度下降事件触发的测量报告，从而可启动系统的接力切换测量过程。

接力切换测量开始后，当前服务小区不断地检测UE的位置信息，并将它发送到RNC。RNC可以根据这些测量信息分析确定哪些相邻小区最有可能成为UE切换的目标小区，并作为切换候选小区。在确定了候选小区后，RNC通知UE对它们进行监测和测量，把测量结果报告给RNC。RNC根据确定的切换算法判断是否进行切换。如果判断应该进行切换，则RNC可根据UE对候选小区的测量结果确定切换的目标小区，然后系统向UE发送指令，开始实行切换过程。

UE测量报告的门限值设置基本上是以满足业务质量为基准，并有一定的滞后。因为TD-SCDMA采用TDD方式，上、下行工作频率相同，其环境参数可互为估计，这是优于FDD的一大特点，在接力切换测量中可以得到充分利用。接力切换利用Node B的测量来估计下行测量值，所以具有快速的特点。如果Node B的测量处于基准值以下，则可发送报告请求切换，这样可以防止UE的测量报告处理不当或延迟较大而造成掉话。同时，测量报告反映目标小区，RNC决定切换时机。

接力切换的切换候选小区数目较少。在精确知道UE位置的情况下，对接力切换来说就可以不必把与当前小区相邻的6个小区全都作为切换候选小区，而只需把UE移动方向一侧的少数几个相邻小区作为切换候选小区。小区切换候选小区数目的减少，使得UE所需的切换测量时间减少，切换时延也相应减少，掉话率下降。

（2）接力切换的判决。

接力切换的判决过程是根据各种测量信息合并综合系统信息，根据一定的准则和算法，来判决UE是否应当切换和如何进行切换的。

首先处理当前小区的测量结果，测量结果有三种情况。第一种，其服务质量足够好，则判决不对其他监测小区的测量报告进行处理。第二种，服务质量介于业务需求门限和质量好门限之间，则激活切换算法对所有的测量报告进行整体评估。如果评估结果表明，监测小区中存在比当前服务小区信号更好的小区，则判决进行切换。第三种，当前小区的服务质量已低于业务需求门限，则立即对监测小区进行评估，选择信号最强的小区进行切换。

（3）接力切换的执行过程。

一旦判决切换，则RNC立即执行控制算法，判断目标基站是否可以接受该切换申请。如果允许接入，当前服务小区将UE的位置信息及其他相关信息传送到RNC，RNC再将这些信息传送给目标小区，通知目标小区对UE进行扫描，确定信号最强的方向，对UE进行精确的定位和波束成型，做好建立信道的准备并反馈给RNC。

UE在与当前服务小区保持业务信道连接的同时，RNC通过当前服务小区的广播信道或前向接入信道通知UE目标小区的相关系统信息（同步信息、目标小区使用的扰码、传输时间和帧偏移等），并通知UE向目标基站发SYNC_UL，与目标小区取得上行同步。由于UE获得了目标小区的相关系统信息，可以使UE在接入目标小区时，缩短上行同步的过程（这也意味着切换所需要的执行时间较短）。

当UE的切换准备就绪时，由RNC通过当前服务小区向UE发送切换命令。UE在收到切换命令之后开始执行切换过程。UE根据已得到的目标小区的相应信息，接入目标小区，同时网络释放原有链路。

接力切换是介于硬切换和软切换之间的一种新的切换方法。接力切换的突出优点是切换高成功率和信道高利用率。其特点如下所示。

①与软切换相比，两者都具有较高的切换成功率、较低的掉话率以及较小的上行干扰等优点。它们的不同之处在于接力切换并不需要同时有多个基站为一个移动台提供服务，因而克服了软切换需要占用的信道资源较多、信令复杂导致系统负荷加重，以及增加下行链路干扰等缺点。

②与硬切换相比，两者都具有较高的资源利用率、较为简单的算法，以及相对较

轻的信令负荷等优点。不同之处在于接力切换断开原基站并与目标基站建立通信链路几乎是同时进行的，因而克服了传统硬切换掉话率较高、切换成功率较低的缺点。

③从测量过程来看，接力切换是在精确知道UE位置的情况下进行切换测量的。因此，一般情况下它只需对与UE移动方向一致的靠近UE一侧少数几个小区进行测量。UE所需要的切换测量时间减少，测量工作量减少，切换时延也就相对减少，所以切换掉话率随之下降。另外，由于需要监测的相邻小区数目减少，因而也相应减少了UE、Node B和RNC之间的信令交互，缩短了UE测量的时间，减轻了网络的负荷，进而使系统性能得到优化。

2. 智能天线

智能天线目前仅适用于在基站系统中应用。

智能天线采用空分复用的概念，利用在信号入射方向上的差别，将同频率、同时隙、同码道的信号区分开来，因此可以成倍地扩展通信容量，并和其他复用技术相结合，最大限度地利用有限的频谱资源。

（1）智能天线的原理。

智能天线是自适应天线阵，其原理是：对来自移动台发射的多径电波方向进行到达角（DOA）估计，并进行空间滤波，抑制其他移动台的干扰；对基站发送信号进行波束赋形，使基站发出的信号能够沿着移动台电波的到达方向发送回移动台，从而降低发射功率，减少对其他移动台的干扰。

上行波束赋形是借助有用信号和干扰信号在入射角度上的差异（DOA估计），选择恰当的合并权值（赋形权值计算），形成正确的天线接收模式，将主瓣对准有用信号，低增益旁瓣对准干扰信号。

下行波束赋形是在TDD方式的系统中，由于其上下行电波传播条件相同，则可以直接将此上行波束赋形用于下行波束赋形，形成正确的天线发射模式，即将主瓣对准有用信号，低增益旁瓣对准干扰信号。

智能天线是一个天线阵列。阵列天线就是一列取向相同、同极化、低增益的天线按一定方式排列和激励，利用波的干涉原理可以产生强方向性的方向图，形成所希望的波束，这种多单元的结构称为天线阵，组成这种阵列的天线称为阵元，天线阵的阵元大多采用对称振子。天线阵的排列方式有多种几何形状，一般是等距的。天线阵列又分为固定多波束天线阵和自适应天线阵两种。

固定多波束天线阵用一组预先设计好的相互重叠的波束覆盖整个空域，系统扫描每个波束的输出，选择具有最大功率的波束或较大功率的几个波束，合并作为最终判决信号的输出，能达到对工作波束以外的干扰的抑制。固定多波束天线阵的每个波束的指向是固定的，波束宽度也随天线元数目而确定。当用户在小区中移动时，基站在不同的相应波束中进行选择，使接收信号最强。因为用户信号并不一定在波束中心，当用户位于波束边缘及干扰信号位于波束中央时，接收效果最差，所以多波束天线不能实现信号最佳接收。

自适应天线阵的天线各阵元通过自适应网络，自适应调整加权值，根据噪声、干扰和多径情况，形成若干个自适应波束，达到自适应改变天线方向图，自适应跟踪多个用户的目的。自适应天线阵一般采用4～16天线阵元结构，阵元间距为半个波长。天线阵元分布方式有直线型、圆环型和平面型，可以完成用户信号接收和发送。自适应天线阵列系统采用数字信号处理技术识别用户信号到达方向，并在此方向形成天线主波束，主波束方向指向目标用户，而在其他方向上抑制干扰用户。一个阵列至少可以在M-1个方向上形成方向图零点。

智能天线技术研究的核心是波束赋形的算法。算法可以分为非盲算法、半盲算法和盲算法三类。

非盲算法是须借助参考信号的算法。采用非盲算法时，由于发送时的参考信号是预先知道的，对接收到的参考信号进行处理可以确定出信道响应，再按一定准则确定各加权值，或者直接根据某一准则自适应地调整权值，以使输出误差尽量减小或稳定在可预知的范围内。常用的准则有MMSE（最小均方误差）、LMS（最小均方）和RLS（递归最小二乘）等。非盲算法相对盲算法而言，通常误差较小，收敛速度也较快，但发送参考信号浪费了一定的系统带宽。

盲算法无须发送参考信号或导频信号，而是充分利用调制信号本身固有的、与具体承载信息比特无关的一些特征来调整权值以使输出误差尽量小。常见的算法有常数模算法（CMA）、子空间算法、判决反馈算法等。

半盲算法则先用非盲算法确定初始权值，再用盲算法进行跟踪和调整。这样做一方面可综合二者的优点，一方面也是与实际的通信系统相一致的，因为通常导频信息不是时时发送而是与对应的业务信道时分复用的。

（2）智能天线的技术实现。

如附录图2.4.3所示，智能天线系统主要包含如下部分：智能天线阵列、多RF通道收发信机系统、基带智能天线算法。

对于采用智能天线的TD-SCDMA系统，Node B端的处理分为上行链路和下行链路处理。上行链路处理主要包括见下几部分。

①各个天线的射频（RF）单元对接收的信号进行下变频以及A/D转换，形成接收到的天线阵列基带信号。

②根据用户训练序列的循环偏移的形成特性，采用算法对各个天线上接收到的训练序列进行快速信道估计，得到各个用户的信道冲激响应。

③对于信道估计的结果，一方面用于形成联合检测的系统矩阵；另一方面用于用户的DOA估计，为下行链路的波束赋形选择方向。

④根据用户到各天线的信道冲激响应以及用户分配的码信息形成的系统矩阵进行联合检测，同时获取多用户的解扰和解扩以及解调后的比特信息，然后经过译码，就

可以得到用户的发送数据。

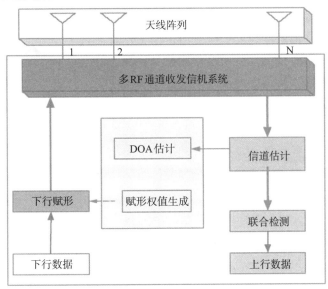

附录图2.4.3　智能天线系统

下行链路处理主要包括见下几部分。

①首先对用户的下行链路的发送数据进行编码调制，然后根据用户分配的码信息和小区信息进行扩频加扰，形成用户的发送码片信息。

②然后根据上行链路中确定的用户DOA，选择下行波束赋形的权值，对用户进行下行波束赋形，以便形成用户的发射波束，达到空分的目的，并最终生成用户待发送的各个天线上的基带信号。

③对基带信号进行D/A转换和上变频操作，最终由天线单元发送出去。

（3）智能天线的校准。

智能天线的校准主要有两种方法。第一种是使用直接测量方法，即对每一套射频收发信机进行测量，获得与幅度、相位有关的数据，然后加上由测量获得的天线单元及馈线电缆的幅度、相位特性，耦合成一组校准数据。该方法的校准过程非常复杂，所有测量都难以在现场进行，特别是对于已经投入业务运行的移动通信系统来说，更是一个复杂且难以保证实行的过程。第二种校准方法是用信标收发信机进行校准，该方法将信标收发信机放在没有多径传播的远场区域收集阵列天线单元的幅度、相位特性和传输系数，然后形成阵列的响应，并耦合成一组校准数据。该方法也受到实际系统的限制。

TD-SCDMA系统采用的智能天线校准方法是由耦合结构、馈电电缆和信标收发信机连接成的校准链路。耦合结构是指信标天线与智能天线阵的天线单元成耦合连接；信标收发信机与基站的射频收发信机结构相同，并通过数字总线连接到基站的基带处理器。校准的过程分为以下三步。

①耦合结构校准：由矢量网络分析仪对耦合结构进行校准，分别记录每个天线的接收和发射传输系数。

②接收校准：由信标收发信机在给定的工作载波频率发射有确定电平的信号，被校准的天线单元接收该信号，由基站的基带处理器分别检测各链路的输出，并根据此计算各链路的传输系数与参考链路的传输系数之比，通过可变增益放大器控制调节各链路的相位和幅度。

③发射校准：让其中一个被校准的天线单元发射，由信标收发信机在给定的工作载波频率分别接收各条链路发射的有确定电平的信号，由基站的基带处理器检测并处理，并据此计算各链路的传输系数与参考链路的传输系数之比，通过可变增益放大器控制调节各链路的相位和幅度。

通过以上三步，可以实现智能天线的实时校准。该方法不仅简单方便，而且可以在实际系统中很好地工作。

（4）使用智能天线的好处。

①提高了基站接收机的灵敏度。基站接收到的信号是来自各天线单元和收信机所接收到的信号之和。智能天线波束成型的结果等效于增大天线的增益，提高接收灵敏度。

②提高了基站发射机的等效发射功率。智能天线波束成型算法可以将多径传播综合考虑，克服了多径传播引起数字无线通信系统性能恶化，还可利用多径的能量来改善性能。

③减少了小区间干扰。智能天线波束成型后，只有来自主瓣和较大副瓣方向的信号才会对有用信号形成干扰，大大降低了多用户干扰问题，同时波束成型后也大大减少了小区间干扰。

④实现用户定位。智能天线获取的DOA提供了用户终端的方位信息，以用来实现用户定位。

⑤降低基站的成本。智能天线系统虽使用了多部发射机，但可以用多只小功率放大器来代替大功率放大器，这样可降低基站的成本。同时，多部发射机增加了设备的冗余，提高了设备的可靠性。

⑥扩大覆盖范围。采用智能天线可以使发射需要的输入端信号功率降低，同时也意味着能承受更大的功率衰减量，使得覆盖距离和范围增加。

⑦实现信道的动态分配。智能天线具备定位和跟踪用户终端的能力，从而可以自适应地调整系统参数以满足业务要求。这表明使用智能天线可以改变小区边界，能随着业务需求的变化为每个小区分配一定数量的信道，即实现信道的动态分配。

⑧实现接力切换。智能天线获得的移动用户的位置信息，可以实现接力切换，避免了软切换中所占用的大量无线资源及频繁地切换，提高了系统容量和效率。

另外，在TD-SCDMA系统中，智能天线结合联合检测和上行同步，理论上系统能工作在满码道情况。

（5）单独采用智能天线存在的问题。

①组成智能天线的阵元数有限，所形成的指向用户的波束有一定的宽度，同时还有副瓣，对其他用户而言仍然是干扰。

②在TDD模式下，上、下行波束赋形采用同样的空间参数，由于用户的移动，其传播环境是随机变化的，从而使波束赋形产生偏差，特别在用户高速移动时更为显著。

③当用户都在同一方向时，智能天线作用有限。

④对时延超过一个码片宽度的多径干扰没有简单有效的办法。

（6）智能天线和其他抗干扰技术的结合。

目前，在智能天线算法的复杂性和实时实现的可能性之间必须进行折中。在多径严重的高速移动环境下，必须将智能天线和其他抗干扰的数字信号处理技术结合使用，才可能达到最佳的效果。这些数字信号处理技术包括联合检测（Joint Detection）、干扰抵消及Rake接收等。目前，智能天线和联合检测或干扰抵消的结合已有实用的算法，而与Rake接收机的结合算法还在研究中。

3. 联合检测

（1）联合检测原理。

CDMA系统中多个用户的信号在时域和频域上是混叠的，接收时需要用一定的信号分离方法把各个用户的信号分离开来。信号分离的方法大致可以分为单用户检测和多用户检测技术两种。

①单用户检测（Single-user Detection）是将单个用户的信号分离看作是各自独立的过程的信号分离技术，技术实现简单，通过扰码可以降低其他用户的干扰，基站侧通过扰码的匹配相同增强信号，不同则减弱信号，但是其他用户的干扰不能消除仍然存在，只是会降低，并将其他用户作为干扰处理。但是，随着用户数的增加，其他用户的干扰也会随着加重，使信噪比恶化，降低了系统的性能和容量。

②多用户检测技术（Multi-user Detection）充分利用MAI中的先验信息而将所有用户信号的分离看作一个统一的过程。多用户检测又包括联合检测（JD）和干扰抵消（IC）。

联合检测技术（Joint Detection）：目前第三代移动通信技术中的热点，是在传统检测技术的基础上，充分利用造成MAI干扰的所有用户信号及其多径的先验信息，把用户信号的分离当作一个统一的相互关联的联合检测过程来完成，从而具有优良的抗干扰性能，降低了系统对功率控制精度的要求，因此可以更加有效地利用上行链路频谱资源，显著地提高系统容量。

干扰抵消技术（Interference Cancellation）：基本思想是判决反馈，它首先从总的接收信号中判决出其中部分的数据，根据数据和用户扩频码重构出数据对应的信号，再从总接收信号中减去重构信号，如此循环迭代，直到预先设定的条件得到满足后停止。IC技术并没有完全利用多用户信息，在判断信号的时候，其他没有被抵消的信号仍然被看作噪声来处理，但与单用户检测相比，确实有进步。

联合检测的性能优于干扰抵消，但是复杂度也高于干扰抵消。因此，一般在基站侧主要采用联合检测，而在终端侧多采用干扰抵消。

联合检测算法的前提是能得到所有用户的扩频码和信道冲激响应。TD-SCDMA系统中在帧结构中设置了用来进行信道估计的训练序列（Midamble码），根据接收到的训练序列部分信号和已知的训练序列就可以估算出信道冲激响应，而扩谱码也是确知的，那么就可以达到估计用户原始信号的目的。

联合检测算法的具体实现方法有多种，大致分为非线性算法、线性算法和判决反馈算法等三大类。根据目前的情况，在TD-SCDMA系统中采用了线性算法中的一种，即迫零线性块均衡（ZF-BLE）法。

（2）联合检测技术的好处。

①降低干扰。联合检测技术的使用可以降低甚至完全消除MAI干扰。

②扩大容量。联合检测技术充分利用了MAI的所有用户信息，使得在相同误码率的前提下，所需的接收信号SNR可以大大降低，这样就大大提高了接收机性能并增加了系统容量。

③削弱"远近效应"的影响。由于联合检测技术能完全消除MAI干扰，所以产生的噪声量将与干扰信号的接收功率无关，从而大大减少"远近效应"对信号接收的影响。

④降低功率控制的要求。联合检测技术可以削弱"远近效应"的影响，从而降低对功控模块的要求，简化功率控制系统的设计。

⑤减小呼吸效应。联合检测将参与干扰作为可知信号，从用户信号中消除，因此随着用户增加，干扰不会累加，信号质量更好。这带来的另一个好处TD-SCDMA系统呼吸效应不明显。

（3）单独采用联合检测遇到的问题。

①对小区间的干扰没有办法解决。

②信道估计的不准确性将影响到干扰消除的效果。

③当用户增多或信道增多时，算法的计算量会非常大，难于实时实现。

（4）智能天线技术和联合检测技术的结合。

智能天线技术和联合检测技术相结合，不等于将两者简单相加。如果只是将两者简单相加，就相当于N个单根天线使用联合检测技术的系统，虽然获得了分集增益，但是由于运算量也增加了N倍，难以实现实时处理。在TD-SCDMA系统中，智能天线技术和联合检测技术相结合的方法使得在计算量未大幅增加的情况下，上行能获得分集接收的好处，下行能实现波束成型。

4. 动态信道分配

基于移动无线系统的CDMA一般受到两种系统自身干扰：小区内干扰也称之为多

用户接入干扰（MAI），作为典型的CDMA传输方案，它是由在一个小区内的多用户接入产生的；小区间干扰是在小区复用过程中由周围小区的相互间作用所产生的。

上述两种干扰使得系统的数据吞吐量减小，尽可能地最小化他们相互间所产生的影响是非常有必要的。TD-SCDMA系统的小区内干扰是通过联合检测来最小化的，小区间干扰发生在典型的移动无线网络的频率再利用过程里，将小区间干扰最小化的最好方法是通过动态信道分配技术来逃逸干扰。

动态信道分配技术一般包括两个方面：一是把资源分配到小区，也叫慢速动态信道分配（慢速DCA）；二是把资源分配给承载业务，也叫快速动态信道分配（快速DCA）。

（1）慢速动态信道分配。

慢速动态信道分配的重要任务是对小区资源分配或信道指派，其功能是在每个小区内分配和调整上、下行链路资源，并根据本地干扰和业务情况为小区的不同信道分配不同的优先级别，为接纳控制DCA提供参考，以提高其执行速度。

某一特定信道优先级划分的依据是其他信道在本信道所产生的累积干扰低于某一给定门限值的概率。该优先级的值一般根据基站或移动终端所进行的干扰测量值计算获得并根据系统负荷动态调整。对于每一个小区，不同信道按照不同的优先级进行排序，当有新的信道占用需要产生时，将首先占用最高优先级的时隙。根据这一原则，可以保证系统首先使用干扰最小的信道，并可根据相邻小区间的实际业务负荷分配网络资源。

（2）快速动态信道分配。

快速动态信道分配主要用于进行信道调整。信道调整是在呼叫接入后，系统根据承载业务要求和干扰受限条件以及终端移动要求，由RNC所进行的时隙和码道的动态调整以及信道间的切换。

信道间切换的触发原因主要有两种：第一是某一信道通信质量恶化而该恶化无法用功率控制加以克服；第二是为了提高系统资源利用率，RNC需对已占用资源重新组织。

在TD-SCDMA系统，采用TDMA方式，在上下链路上每个移动用户设备只活动在上/下链路每帧的一个时隙中以操作一个双工无线链路。这样在非激活状态的时隙，可以通过使用用户设备以分析在其所在的时隙和其他信道里的干扰情况。基于这种方式，通过移动台协助的小区内切换，受干扰的移动用户既可以避开时隙的干扰又可以避开无线载波的干扰。"干扰逃逸"存在有三种不同的动态信道分配形式。

①时域动态信道分配：如果在目前使用的无线载波的原有的时隙中发生干扰，通过改变时隙可进行时域的动态信道分配。

②频域动态信道分配：如果在目前使用的无线载波的所有时隙中发生干扰，通过改变无线载波可进行频域动态信道分配。

③空域动态信道分配：通过选择用户间最有利的方向去耦，进行空域动态信道分配。空域动态信道分配是通过智能天线的定向性来实现的。它的产生与时域和频域动态信道分配有关。

通过合并时域、频域和空域的动态信道分配技术，TD-SCDMA能够自动将系统自身的干扰降低。

参 考 文 献

[1] 罗文兴.移动通信技术[M].北京：机械工业出版社，2010.

[2] 张敏，蒋招金.3G无线网络规划与优化[M].北京：人民邮电出版社，2014.

[3] 蒋远，汤利民.TD-LTE原理与网络规划设计[M].北京：人民邮电出版社，2012.

[4] Erik Dahlman，Stefan Parkvall，Johan Skold. 4G移动通信技术权威指南 LTE 与 LTE-Advanced[M].北京：人民邮电出版社，2015.

[5] 张守国，张建国，李曙海.LTE无线网络优化实践[M].北京：人民邮电出版社，2014.